U0839918

动物营养与饲料配制技术丛书

猪的营养与饲料配制

李同洲　主编

中国农业大学出版社

主　编　李同洲

副主编　臧素敏　管武太　陈宝江

编　者（按姓氏笔画）

王小睿　王红云　王志刚　车向荣

张力圈　张秋良　李爱民　李同洲

陈宝江　房国芳　侯建华　郝满良

高玉红　崔亚利　管武太　臧素敏

责任编辑　冯雪梅

封面设计　郑　川

前　　言

养猪在我国国民经济中占有重要地位，是我国农村经济和畜牧业的一大支柱产业。近年来，养猪业发展迅速，养猪方式正由家庭副业式的千家万户散养猪迅速向规模化、专业化养猪转变，规模不断扩大，集约化程度迅速提高，圈舍循开放式—半开放式—封闭式演变，饲养管理方式由粗放型转向精细型，品种遗传性、生产性能迅速提高，同时，猪对营养、饲料、环境等的要求也变得更加苛刻、严格。因此，有关猪营养方面的研究十分活跃，从概念到内容等方面都在不断更新和拓宽。同时，一些中小饲料厂及使用商品预混料自配全价料的猪场，在饲料配制工艺、技术等方面也亟待提高，为了及时总结养猪生产、饲料生产及科研中有关营养、饲养饲料加工等方面的经验与成果，特组织了有关专家、教授编写了这本《猪的营养与饲料配制》。

本书编写的原则是照顾系统性，突出实用性，并适当阐述必要的理论基础，以提高本书解决问题的广度和深度。本书内容丰富、翔实，取材新颖，理论联系实际，适于广大养猪生产者、猪场技术人员、饲料加工工作人员、畜牧专业、动物营养专业学生以及从事养猪或营养的科研、教学等各专业人员参考。

本书编写过程中参阅了大量国内外专家、教授的著作和论文，在此特致谢意。由于编者水平有限，书中难免有错误和不足之处，敬请读者指正。

编　者

2003年1月

目　录

第一章　猪体组成与猪的采食消化

第一节　饲料养分与猪体组成

动物和植物是自然界中物质循环的两个基本环节。植物利用太阳能、水、土壤和空气中的各种成分合成植物体本身，而动物则利用植物的成分形成体组织，为人类提供各种畜产品。

由于猪与植物的生活方式不同，所含各种营养物质的量及其形式也就有差别，但所含营养物质的种类、各种营养物质的基本组成单位及其元素组成却基本一致(图1-1)。

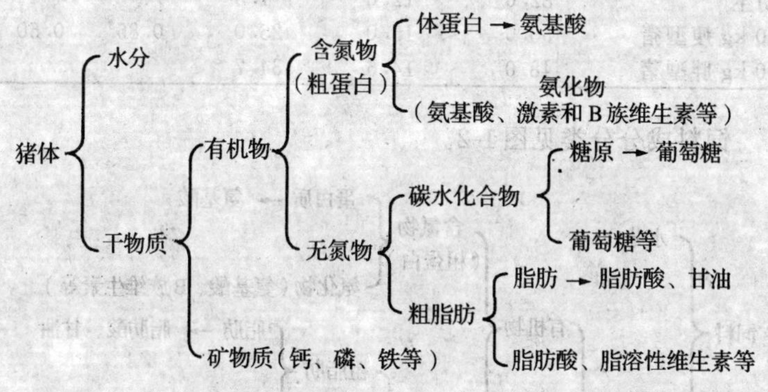

图1-1　猪体成分分类图

仔猪出生后，随着年龄的增长和体重的增加，猪体化学成分将发生一系列变化(表1-1)；体重在15～120 kg时，蛋白质和矿物质所占比例变化不大，稍有下降；而水分和脂肪的变化很大，水分明显下降，脂肪显著增加。不同品种类型的猪，猪体化学成分也有差异（表1-2）。因此，在给猪配制饲粮时，应注意考虑猪的类型、品种、体重等因素。

表1-1　不同体重猪的化学组成　%

体重(kg)	水分	蛋白质	脂肪	灰分
初生	81.7	11.5	0.8	—
15	70.4	16.0	9.5	3.7
20	69.6	16.4	10.1	3.6
40	65.7	16.5	14.1	3.5
60	61.8	16.2	18.5	3.3
80	58.0	15.6	23.2	3.1
100	54.2	14.9	27.9	2.9
120	50.4	14.1	32.7	2.9

表1-2　不同体重和类型猪的化学组成　%

体重(kg)	水分	蛋白质	脂肪	钙	磷
初生	82.0	12.0	1.3		
90 kg 瘦型猪	53.0	15.0	25.0	0.85	0.50
90 kg 胖型猪	48.0	14.5	34.7		

饲料成分分类见图1-2。

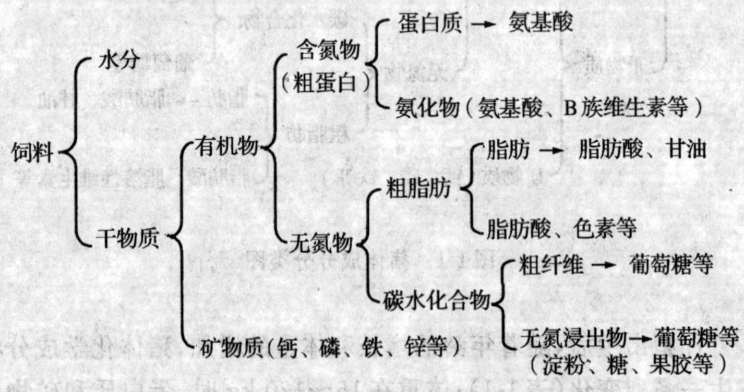

图1-2　饲料成分分类图

第二节 猪的采食与消化吸收

一般将饲料中所含营养物质分为五大类，即蛋白质、碳水化合物、脂肪、矿物质和维生素，猪体也是由这五大营养物质组成，猪为了生存、生长和繁殖，就要不断地从外界采食饲料，把其中所含的蛋白质、碳水化合物、脂肪、矿物质、维生素等营养物质消化成氨基酸、葡萄糖、脂肪酸、甘油等，经肠壁吸收入血液，再转送到各组织，以保证猪的各种生命活动的需要和形成体组织。

猪的采食受位于下丘脑的采食中枢调节，在一般情况下，饥饿时食欲加强，采食后，尤其是经过消化和营养物质被吸收后，食欲下降。猪采食量的大小在神经中枢的控制调节下，还受多种因素影响，包括遗传、生理、体重、人为、环境、饲料等的影响。

一、生理因素

包括遗传、生理阶段、体重等。饲料采食量与遗传有关，不同品种间的采食量有差异，据Bereskin(1976)测定，杜洛克猪较大约克夏猪采食量大，据李同洲等(1985)测定，定县猪的食欲与采食量较深县猪高。

饲料采食量与猪的生理状况有关，去势猪的采食量比母猪高，发情母猪的采食量可减少84.5%(Friend,1973)。

饲料采食量与猪的体重和生理阶段有关。各体重或生理阶段猪的每日消化能采食量为：哺乳仔猪(13.5日龄后)。

DE摄入量(kJ/d)＝ －635＋(47×日龄)　　$R^2=0.72$ (NRC,1987)

断乳仔猪(20 kg以下，W为体重)

DE摄入量(kJ/d)＝ －556＋(1 050×W)－(4.14×W^2)

(NRC,1998)

生长肥育猪(20～120 kg)

DE 摄入量(kJ/d)= $-5\,230+(787\times W)-(5.86\times W^2)+(0.018\,4\times W^3)$ (NRC,1998)

泌乳母猪(t 为泌乳天数)

DE 摄入量(kJ/d)=$54+(2.49\times t)-(0.072\times t^2)$ (NRC,1987)

二、人为因素

根据猪的生理阶段和生产目的,有时需让猪尽可能多采食饲料,一般采用随意(自由)采食,如生长肥育猪多采用此种方式;有时需控制猪的采食量,即限量采食(限制饲养),如妊娠母猪的饲养。

三、环境因素

温度是影响饲料采食量的重要因素之一,高温显著降低猪的采食量,据Verstegen(1978)报道,以15℃时的采食量为100%,5℃时为108.3%,10℃时为104.7%,20℃时为96.1%,25℃时为94.7%。另外,猪舍湿度、猪群大小、圈养密度、猪舍有害气体浓度、食槽结构、位置以及每头猪所占食槽宽度等都可影响猪的采食量,生产上应加以注意。

四、饲料因素

饲料的适口性、形态和营养组成影响猪的采食量。猪一般喜欢甜食,优质饲料或饲料中添加调味剂可提高饲料适口性,增加猪的采食量。颗粒料与粉料相比,猪喜欢吃颗粒料,干粉料与湿拌料相比,猪喜欢吃湿拌料,且采食时间短,采食量大,干粉料粉碎过细会降低适口性，影响采食量。饲粮能量浓度高时，采食量（重量）减小，但采食的消化能数值增加。

饲料的消化、吸收与代谢将在以后有关章节详细叙述。

第二章　猪的蛋白质与氨基酸营养

蛋白质是维持动物机体正常生命活动的重要结构物质和功能物质，猪的肌肉、神经、结缔组织、皮肤、被毛和血液等的基本成分都是蛋白质。在体内起催化作用的酶以及抵御一切对机体产生有害作用的抗体也是蛋白质，因此蛋白质是生命活动的体现者，在动物体内发挥着至关重要的作用。

第一节　蛋白质的概念与功能

一、概念

蛋白质是以氨基酸为基本结构单位的高分子有机化合物，氨基酸之间以肽键连接而成。饲料中的含氮物质除纯蛋白质外，还有非蛋白质含氮化合物，如游离氨基酸、硝酸盐、酰胺、生物碱、尿素等。饲料中的粗蛋白质是所有含氮物质的总称。

二、功能

蛋白质作为重要的结构物质和功能物质，是一切生命活动的参与者和体现者，其基本功能如下：

蛋白质的一个主要功能是作为机体的结构成分。猪的肌肉、神经、结缔组织、皮肤、被毛和血液等的基本成分都是蛋白质。

蛋白质的另一个重要功能是作为机体新陈代谢的催化剂——酶。猪体内几乎所有的生物化学反应都是在酶的催化下进行和完成的，这些酶有些属水解酶，在分解代谢中起作用，有些则在合成代谢中起作用。

有些蛋白质具有激素的功能，对营养物质的代谢起调节作用，如胰岛素参与血糖的代谢调节，能降低血液中葡萄糖的含量。

有些蛋白质（抗体或免疫球蛋白）能与外来的蛋白质或其他的高分子化合物（抗原）结合，使猪体具有免疫力，排除外来物质对机体正常生命活动的干扰。

蛋白质还具有控制或调节遗传物质核酸的作用。

此外，在猪体内，当供给能量的碳水化合物和脂类不足时，蛋白质可以在体内分解、氧化供能，以弥补能源的不足。

第二节 猪对蛋白质的消化和吸收

一、猪对蛋白质的消化

猪采食的饲料蛋白质进入体内后必须在消化道酶的作用下先分解为小分子的氨基酸和短肽才能通过肠黏膜吸收入血。消化道的水解酶来自胃黏膜、肠黏膜和胰腺，由于这些酶的协同作用使得饲料蛋白质最终被分解为氨基酸和短肽。

胃黏膜分泌的胃蛋白酶原在胃酸的作用下被激活成胃蛋白酶，饲料蛋白质进入猪胃后，胃中的酸性条件使蛋白质变性、分解，暴露其对胃蛋白酶敏感的大多数多肽键。一旦蛋白酶能发挥作用，肠道的蛋白水解酶对多肽键的水解作用就迅速增加。由胃蛋白酶水解产生的多肽就会受到胰蛋白酶、糜蛋白酶和弹性蛋白酶的进一步分解。

由胰腺分泌而来的蛋白酶是肠道激活的。肠道的肠激酶可以使蛋白酶原激活，产生胰蛋白酶，胰蛋白酶又使糜蛋白酶原激活产生糜蛋白酶。

仔猪的凝乳酶可能与其他家畜相同，凝结酪蛋白，延长其在消化道滞留时间。凝乳酶连同胰蛋白酶水解乳蛋白。随着仔猪日龄的增长，固体食物的增多，消化道的凝乳酶的活性下降，胃蛋白酶活性则加强。初生仔猪，吸吮母体初乳可获得一种抗胰蛋白酶因子，它保护免疫球蛋白不被分解，以大分子被吸收。

二、猪对蛋白质的吸收

蛋白质的吸收主要是氨基酸的吸收，还有少量短肽的吸收。肠道黏膜细胞对氨基酸的吸收形式为主动转运，在大多数情况下需要钠离子参与。维生素B_6有可能促进氨基酸的吸收。在蛋白质的消化吸收过程中，由于只有游离氨基酸能通过门脉进入肝脏，所以氨基酸的吸收率取决于肠道中氨基酸的组成成分。肠黏膜细胞对氨基酸和短肽的吸收是一个快速过程。当氨基酸进入血液后，门脉循环中氨基酸的浓度迅速上升，随后又逐渐下降。

单胃动物的小肠可将短肽直接吸收入血，而且这些短肽的吸收率比游离的氨基酸还高，其顺序为三肽＞二肽＞游离氨基酸。但在血浆中测得的由肠黏膜吸收的短肽其量甚微。肽在黏膜细胞内也分解为氨基酸。

消化道内还有相当数量的内源性蛋白质，又叫代谢氮。这些蛋白质来自唾液、胃液、胰液、肠黏膜的脱落细胞以及胃肠道细胞分泌的黏蛋白。当给猪喂无氮日粮时可测得猪的“代谢粪氮”与“代谢尿氮”。

初生仔猪可以在出生后的24 h内直接吸收母乳中完整的蛋白质，如初乳中的γ-球蛋白，使机体获得免疫力。

虽然L型和D型氨基酸都以主动转运的形式被吸收，但L型氨基酸一般比D型氨基酸吸收得快。在转运体系中，L型具有优先的位点，中性L型氨基酸对此位点有较高的亲和力。D型氨基酸的亲和力都很低，但蛋氨酸例外，L型、D型和DL型的蛋氨酸的吸收率相近。

进入后肠的残余蛋白质或氨基酸，经微生物活动或合成细菌蛋白或脱氨基，然后随粪排出，但这部分蛋白质不能被吸收。

三、影响蛋白质消化、吸收的因素

（一）日粮的蛋白质水平　消化道各种酶的分泌受胃肠道蛋白质的影响。比如，胰腺分泌的蛋白酶就受肠道蛋白质的影响。当饲粮的蛋白质从10％增加到30％时，糜蛋白酶活性可增加2.5倍，这可能是蛋白水解酶反馈调节的结果。随着蛋白质采食量的增加，肠道中游离蛋白酶的量减少，从而增加胰腺中蛋白酶的合成和分泌。

（二）日粮中的粗纤维水平　日粮中蛋白质的消化率与日粮的粗纤维水平呈负相关。据研究报道，不同来源的粗纤维占饲粮的2％～20％时，每增加粗纤维1个百分点，粗蛋白质的消化率降低1.4个百分点。其原因是纤维物质增加了饲料在消化道的排空速度，细胞内容物因受细胞壁的封闭，减少了与酶的接触。

（三）抗营养因子　许多饲料原料，特别是生大豆和其他豆科子实中存在着抗营养因子，主要有胰蛋白酶抑制因子和血凝集素。胰蛋白酶抑制因子降低胰蛋白酶和糜蛋白酶的活性，降低蛋白质的消化率，使胰腺肥大，使采食生大豆的仔猪生长停滞。但蛋白酶抑制因子对热敏感，可通过加热处理来消除大豆中的抗营养因子。

（四）加工处理不当　对大豆等饲料的适当热处理，可改善蛋白质的消化。但过热处理或贮存时间过长会导致Maillard 反应。在这个反应中，肽链上的游离氨基，最常见的是赖氨酸的ε-氨基与还原糖，如葡萄糖或乳糖中的醛基形成了一种氨糖复合物，使猪不能利用。因此在饲料加工时要避免过热处理。

（五）氨基酸之间的拮抗　在氨基酸的吸收过程中存在拮抗作用。这是由于一些氨基酸在转运时相互竞争，比如，日粮中高浓度的亮氨酸可增加异亮氨酸的需要量。精氨酸可抑制赖氨酸的转运；精氨酸、赖氨酸和鸟氨酸抑制胱氨酸的转运。

此外，猪的年龄、品种甚至个体也有影响。如5～6周龄前仔猪对母乳的消化力强，对固体食物，包括饲料蛋白质的消化力弱。从断乳到成年，消化力有上升趋势。

第三节　猪的蛋白质代谢

一、蛋白质代谢的动态平衡

蛋白质在猪体内的代谢是通过不断地合成与分解进行的。蛋白质不断地分解为氨基酸，氨基酸又不断地合成蛋白质，从而保持蛋白质代谢的动态平衡。这种动态平衡包括两个代谢库，即蛋白质库与氨基酸库。在氨基酸代谢库中，氨基酸的来源有三：一是饲料的蛋白质在胃肠道消化、吸收，经循环而来；二是由组织蛋白质经肽键水解释放的氨基酸，进入循环系统与从饲粮中来的氨基酸混合在一起转运而来；三是由组织合成的非必需氨基酸。氨基酸的主要去路也有三：一是在组织形成肽键合成蛋白质，包括母乳；二是在组织合成各种酶、激素和其他重要的含氮化合物，诸如核酸、肌酸和胆碱等；三是脱去氨基，降解成羧酸。代谢库中的游离氨基酸只占氨基酸总量的0.2%～2.0%，主要以结合蛋白质形式存在，少量以多肽的形式存在。

二、影响蛋白质代谢的因素

主要影响因素有能量水平、蛋白质水平及其品质。高能量水平在体脂肪沉积较多的情况下，同时也可增加蛋白质的沉积。在低能量水平，蛋白质因用于氧化供能，从而使沉积量减少。在一定范围内随着日粮蛋白质水平的提高，猪的蛋白质沉积量增加。饲料蛋白质的品质也是影响蛋白质代谢的因素之一，若日粮氨基酸平衡则猪对饲料蛋白质的利用效果就好。

第四节　猪的蛋白质营养价值评定及衡量指标

一、蛋白质营养价值的评定

蛋白质的营养价值是指饲料蛋白质被猪消化吸收后，能满足猪体新陈代谢和生产产品对氮和必需氨基酸需要的程度。饲料蛋白质愈能满足猪的这种需要，它的营养价值就愈高，反之则愈低。所以精确地知道氮和氨基酸的需要量就成为营养学上评定和衡量蛋白质质量的依据和标准。

二、蛋白质营养价值评定的方法和指标

评定和衡量蛋白质营养价值的方法和指标很多。现将猪常用的主要评定方法和指标分述于下：

（一）粗蛋白质(crude protein，CP)　粗蛋白质是饲料中含氮化合物的总称，是饲料含氮量乘以6.25，以饲料、日粮或饲粮中的百分数或每千克含量表示，可以从饲料营养成分表或饲料营养价值表中查出，也可以采用凯氏定氮法直接测定。这个指标只表明蛋白质含量的多少，不涉及品质好坏。饲料中含粗蛋白质多的，其蛋白质营养价值就高，反之则低。虽然它只是数量的初步指标，但也是基本的指标，猪饲料蛋白质的营养价值常用它来表示。配制日粮时要以实测值来计算。

（二）可消化粗蛋白质(digestible crude protein，DCP)　可消化粗蛋白质数量是饲料中的粗蛋白质含量乘以粗蛋白质的消化率，其含量以饲料中所含的百分比或每千克饲料中所含克数表示。

不同饲料蛋白质的消化率不同，同一饲料喂不同种类家畜，其蛋白质的消化率也不同。饲料可消化蛋白质的含量，不仅可以表明饲料含蛋白质数量的多少，而且在一定程度上还可以表明饲料中粗蛋白质的品质。

蛋白质的消化率受许多因素的影响。粗蛋白质的消化率，以豆类(79%～94%)及动物性饲料(79%～97%)最高，其中炒熟大豆及豇豆为92%～94%、蚕豆为79%；动物性饲料的牛奶可高达97%；血粉、羽毛粉为72%～77%；其次为谷类(68%～94%)、饼粕类(65%～90%)及糠麸类(57%～83%)。由于可消化蛋白质数值不能完全表示蛋白质营养价值的评定，因为被消化吸收蛋白质的效率各种饲料有相当大的不同，因此必须考虑采用下述方法进行评定。

(三)蛋白质生物学价值(biological value,BV)　蛋白质的生物学价值是用以直接测定动物利用饲料蛋白质合成体组织及体成分比率的一种综合方法，它是表示饲料蛋白质利用率的一种形式，是指蛋白质吸收后的利用程度，亦是指吸收后的饲料氮(蛋白质)能转变为畜体存留氮的效率，即存留氮与吸收氮的比值。1909年Thomas最初提出以下公式：

$$\text{蛋白质生物学价值(BV)}=\frac{\text{存留N}}{\text{吸收N}}\times 100\%\text{或}$$

$$=\frac{\text{食入}-\text{N(粪N}+\text{尿N)}}{\text{食入N}-\text{粪N}}\times 100\%$$

上述公式所得结果，称为表观蛋白质生物学价值。1942年经Mitchell修正为如下公式：

$$\text{BV}=\frac{\text{食入N}-\text{(粪N}-\text{代谢N)}-\text{(尿N}-\text{内源N)}}{\text{食入N}-\text{(粪N}-\text{代谢N)}}\times 100\%$$

所得结果称为真实生物学价值，式中代谢N和内源N分别代表动物进食无氮日粮时所排出的粪N和尿N。这就增加了在测定技术上的一定困难。近期发现,饲喂动物无氮日粮仅能测得尿中内源N,而不能准确地测出粪中代谢N。因为后者不是稳定不变的,而与采食饲料的干物质有关。经测定,猪每千克代谢体重从粪中排出代谢N和尿中排出内源N均为1.15 g,皮屑和被毛损失N为0.02 g。

蛋白质的生物学价值通常是采用修正的公式测定的。现将几种常用饲料蛋白质对生长猪的生物学价值列于表2-1。

表2-1 几种常用饲料蛋白质对生长猪的生物学价值(BV)

饲 料	BV	饲 料	BV
牛奶	0.95～0.97	亚麻仁饼	0.61
鱼粉	0.74	玉米	0.49～0.61
大豆饼	0.63～0.76	大麦	0.57～0.71
棉子饼	0.63	豌豆	0.62～0.65
马铃薯	0.70		

一种饲料的蛋白质生物学价值,不是恒定不变的常数,受多种条件的影响,但影响最大的是蛋白质的品质(实质是必需氨基酸含量及其配比)。品质好的,生物学价值就高,品质差的,生物学价值就低。所以通常用生物学价值的高低来说明蛋白质品质的好坏。一般讲,动物性蛋白质生物学价值高于植物性蛋白质。在各种动物性蛋白质中,鸡蛋(全蛋)蛋白质生物学价值最高,乳品次之,而肉粉类(包括鱼粉和各种动物性内脏器官)则稍低,但高于植物性蛋白质。血粉的生物学价值也较低,但不同加工方法血粉的BV有差异。在各种植物性饲料蛋白质中,油饼(粕)类的蛋白质生物学价值高于禾本科子实及其副产品。在油饼(粕)类中,大豆饼和花生饼的蛋白质生物学价值最高。

(四)蛋白质净利用率(net protein utilization,NPU) 蛋白质净利用率是1953年Bender和Miller提出的,指的是动物体内存留

N占食入N的百分比。实质上是指蛋白质的生物学价值乘以该蛋白质的消化率(NPU=BV×CP消化率),以评定食入N在动物体内的利用程度。该法主要优点是便于在生产上实际应用,只要以食入N乘以蛋白质净利用率,即可求出猪对该种饲料蛋白质的存留量。

(五)蛋白质效率比(protein efficiency ratio,PER)　蛋白质效率比是表示蛋白质被利用于生长的效率,它以动物体重的增加量(g)与食入蛋白质(g)之比表示。其公式为:

$$蛋白质效率比(PER)=\frac{动物增加体重(g)}{食入蛋白质(g)}\times 100\%$$

由于测定方法最简单,此法应用较广泛,在美国、加拿大是作为评定蛋白质品质的法定方法。农业化学家协会(AOAC)对它的生物学评定作了具体规定。

目前对一些方法正在积极进行比较试验,以期得到满意结果;但应看到,没有一种评定蛋白质营养价值的生物学测定法会永远是完全满意的,有时还不得不采用一些有某种缺陷、不够十分满意的方法来评定蛋白质的营养价值。

(六)斜率比(slop ratio,SR)　斜率比也称相对蛋白质价值(relative protein value,RPV):这种方法是将欲测的饲料蛋白质,分别以几个不同等级的数量(但热能相等)饲喂不同组别生长动物,根据不同数量蛋白质得到的生长速度(体重增长克数)与蛋白质给量(按占日粮百分比)求出回归方程,并以斜率法作相互比较。通常以乳清蛋白作为参比蛋白质(相对蛋白质为100),将所饲喂结果与之比较,即可得出各种蛋白质对动物的生长指数,以及相互比较所得的相对价值,从而估量欲测蛋白质的质量。各种饲料蛋白质的利用率愈高,则其斜率愈大,所求得的相对蛋白质就愈高。计算斜率比公式为:

$$斜率比=\frac{欲测蛋白质回归直线的斜率}{标准蛋白质回归直线的斜率}\times 100\%$$

（七）蛋白质化学比分(chemical score,CS)　1946 年 Mitchell 和 Block 提出了化学比分法，认为蛋白质的价值决定于某一最缺乏的必需氨基酸含量，即是以第一限制性氨基酸为依据，评定蛋白质营养价值的一种化学评定方法。此法以鸡蛋全蛋蛋白质的必需氨基酸含量为参比，首先从被测饲料的各个氨基酸的百分含量中，找出差数最悬殊的那种氨基酸含量，即第一限制性氨基酸含量，然后与标准蛋白质含有的相应氨基酸进行比较，求出的比值即为化学比分。其公式如下：

$$蛋白质化学比分=\frac{被测饲料蛋白质中第一限制性氨基酸含量}{鸡蛋蛋白质相应氨基酸含量}$$

（八）必需氨基酸(EAA)、非必需氨基酸(UEAA)及限制性氨基酸(LAA)　因为饲料中的蛋白质最终以氨基酸形式吸收代谢，因此猪的蛋白质营养实质上是氨基酸营养。根据氨基酸的营养特性又分为必需氨基酸(essential amino acid,EAA)和非必需氨基酸(unessential amino acid ,UEAA)。EAA 是指在猪体内不能合成或合成的数量不能满足猪的生理需要而必须由饲料提供的氨基酸，与此相比那些在猪体内可以合成且合成的数量可以满足猪的生理需要的氨基酸就是非必需氨基酸(UEAA)。

对猪来说EAA 包括：赖氨酸、蛋氨酸、色氨酸、组氨酸、异亮氨酸、亮氨酸、苯丙氨酸、缬氨酸、苏氨酸和精氨酸。随着年龄和体重的增大，猪对组氨酸和精氨酸的需要量有所减少而体内合成的能力增强，所以对成年猪来说这两种氨基酸是UEAA。

限制性氨基酸(limiting amino acid, LAA)是指饲料中的某种氨基酸由于它的缺乏会对其他氨基酸的利用起限制作用的氨基酸。

必需氨基酸，特别是限制性必需氨基酸，在现代化养猪生产中，是计算、配制平衡日粮，提高经济效益必不可少的营养指标。以禾本科子实及其加工副产品为主的猪饲料，赖氨酸为第一限制性氨基酸，其次为蛋氨酸，此外还有色氨酸、苏氨酸及异亮氨酸。一些常用猪饲料中限制性氨基酸的顺序见表2-2。

表2-2 猪的限制性氨基酸

饲料	限制性氨基酸顺序				
	第一限制	第二限制	第三限制	第四限制	第五限制
豆饼	蛋氨酸	苏氨酸	缬氨酸	赖氨酸	异亮氨酸
肉骨粉	色氨酸	蛋氨酸	异亮氨酸	苏氨酸	组氨酸
玉米	赖氨酸	色氨酸	异亮氨酸(苏氨酸)	苏氨酸	缬氨酸
饲用高粱	赖氨酸	苏氨酸	蛋氨酸(异亮氨酸)	异亮氨酸	色氨酸
小麦	赖氨酸	苏氨酸	蛋氨酸	缬氨酸	异亮氨酸
大麦	赖氨酸	苏氨酸	蛋氨酸(组氨酸)	异亮氨酸	缬氨酸
玉米-豆饼	赖氨酸	蛋氨酸	苏氨酸	异亮氨酸	色氨酸

(九)氨基酸的利用率(amino acid availability,AAA)　氨基酸的利用率是指蛋白质中能够被动物消化并通过肠壁吸收和用于细胞合成、机体所能利用的那些氨基酸，即饲料蛋白质中能被动物用于生长、发育和维持的氨基酸的含量。造成氨基酸的消化和吸收不完全——氨基酸利用率降低的原因有:蛋白质消化率降低，蛋白酶抑制剂及抗酶多肽的存在和氨基酸在肠道中的释放速度等，但最主要的是饲料和食物在加工或储藏过程中受热的破坏发生的。目前还没有测定氨基酸利用率的常用方法。

由于氨基酸吸收后，不能被利用的氨基酸仅为氨基酸吸收总量很小的一部分。因此从实用角度，人们习惯于把氨基酸的消化率与利用率两个概念等同看待。但严格地讲，氨基酸的消化率与利用率是有区别的。

(十)氨基酸回肠消化率(ileal digestibility of amino acid,

IDAA)及可消化氨基酸(digestible amino acid,DAA) 到目前为止,人们在考虑和配制猪日粮中氨基酸的数量与比例时,基本上是以其中所含各种氨基酸的总量为基础的,从理论上讲这种做法不尽合理,因为饲料中的氨基酸进入猪体要经过消化、吸收、利用一系列过程,在猪体内亦存在着生物学利用效率的问题。由于迄今尚未找到测定氨基酸利用率的满意方法,加之有试验表明,吸收后受交联键之类结构的影响,而不能利用的氨基酸仅为氨基酸吸收总量的很小的一部分。因此,从实用角度出发,提出采用可消化氨基酸评定饲料蛋白质的营养价值及配制猪的日粮。

氨基酸回肠消化率(氨基酸回肠末端消化率)是指饲料氨基酸已被吸收,从肠道消失的部分。它采用回肠末端瘘管技术收集食糜,根据饲料和食糜中不消化标记物(通常是三氧化二铬)的浓度计算得到的氨基酸回肠消化率,即氨基酸回肠表观消化率。计算公式如下:

$$\text{氨基酸回肠表观消化率}=\frac{\text{食入氨基酸}-\text{食糜氨基酸量}}{\text{食入氨基酸量}}\times 100\%$$

测定猪对饲料氨基酸的消化率,目前人们公认的较为准确的方法是回肠瘘管法。即对猪施行外科手术,在回肠末端装上瘘管,收集回肠食糜。根据猪食入的氨基酸量与食糜中的氨基酸之差来计算氨基酸的消化率,这样可以避免大肠微生物的影响。结果表明,回肠瘘管法测定的氨基酸消化率一般低于粪分析法测定的结果。

国内学者近年来以回肠法测定的猪饲料中必需氨基酸(色氨酸因分析方法所限除外)的表观消化率见表2-3。结果表明,不同谷物饲料氨基酸的消化率不同,O-2 玉米(赖氨酸)值最高,高粱最低,黄玉米和大麦居中。谷物饲料的不同氨基酸的消化率,除高粱中的外,最高的是精氨酸,最低的是赖氨酸、苏氨酸和异亮氨酸。

表 2-3 回肠法测定的必需氨基酸表观消化率 %

饲料	苏氨酸	缬氨酸	蛋氨酸	异亮氨酸	亮氨酸	苯丙氨酸	赖氨酸	组氨酸	精氨酸
黄玉米	62.4	67.2	75.0	56.6	83.1	81.7	58.1	87.8	88.5
O-2 玉米	72.0	79.5	84.8	75.5	86.6	85.1	79.1	91.3	83.9
大麦	61.7	64.6	69.2	61.7	72.4	80.0	63.9	77.4	83.1
高粱	49.7	56.8	72.4	52.9	71.3	73.4	55.9	53.2	45.5
湖北豆饼	49.3	56.5	48.3	59.7	57.7	62.6	74.7	76.2	59.5
北京豆饼	77.2	73.5	76.0	77.8	80.1	81.9	84.9	91.0	91.5
花生饼	85.8	85.6	89.9	88.1	90.8	91.3	81.6	91.2	96.2
葵子饼	86.0	85.4	94.2	86.3	88.7	90.4	79.9	91.9	95.6
葵子饼	81.2	81.0	88.3	82.9	86.2	88.2	77.4	92.2	95.3
菜子饼	71.0	69.0	29.9	72.3	78.7	79.0	59.1	86.0	88.3
浓缩菜子饼	69.3	68.4	85.9	70.1	75.2	73.9	69.1	80.4	87.8
脱毒菜子饼	80.0	74.1	86.4	67.6	81.0	80.9	69.7	85.4	90.3
机榨浸提菜子饼	62.3	61.9	81.2	65.7	71.7	71.5	48.8	76.8	86.0
无腺棉仁饼	79.9	81.5	89.1	79.8	85.6	90.0	85.1	90.8	95.2
永合机榨棉子饼	39.1	47.8	17.5	46.2	51.1	66.3	32.2	65.5	82.6
安阳预浸棉子饼	50.5	55.7	41.2	53.1	58.9	72.6	55.9	72.2	86.5
廊坊机榨棉子饼	38.6	48.8	41.7	47.6	52.7	67.3	42.0	66.0	83.6
河北预浸棉子饼	55.7	61.5	46.6	60.4	64.6	75.4	53.2	77.0	88.0
玉米蛋白粉	88.7	90.7	83.6	90.2	97.0	93.9	81.2	94.8	82.0
北京血粉	90.7	94.6	92.2	73.6	95.9	95.8	96.5	98.9	96.0
苏州血粉	92.5	94.4	92.8	77.9	95.9	96.3	95.7	98.6	95.8
肉骨粉	51.7	54.4	59.7	52.6	61.9	54.2	52.7	76.9	71.0

大量的试验结果表明，不同的植物性蛋白质饲料中，玉米蛋白质的氨基酸消化率最高。在各种饼粕饲料中，花生仁饼、向日葵子饼的氨基酸消化率最高，其次是豆饼、菜子饼，最低的是棉子饼。菜子饼经脱毒后，氨基酸的消化率明显高于其他菜子饼和浓缩菜子饼蛋白。无腺棉仁饼的氨基酸消化率较高。在棉子饼中，浸提棉子饼比机榨棉子饼的消化率高。从不同氨基酸的消化率看，花生仁饼、葵子饼和菜子饼中赖氨酸消化率最低，豆饼和菜子饼中蛋氨酸的消化率最低。在所有饼粕类饲料中，以精氨酸、组氨酸的消化率

最高。

在所测定的几种动物性蛋白质饲料中，以肉骨粉中氨基酸消化率为低，约50%的氨基酸不能被猪消化吸收。血粉中氨基酸消化率最高，绝大多数都在95%左右。从各氨基酸的消化率看，血粉中异亮氨酸的消化率最低，肉骨粉中异亮氨酸、赖氨酸和苏氨酸的消化率都低。

(十一)理想蛋白质(ideal protein，IP) 理想蛋白质是指各种必需氨基酸以及供给合成非必需氨基酸的氮源之间具有最佳平衡的日粮蛋白质，即是指日粮蛋白质中各种必需氨基酸的配比与生长猪所需要的恰好一致，具有最佳氨基酸模式的蛋白质。显然此日粮蛋白质利用率最高。向此蛋白质中加入任何氨基酸，猪的生长反应都不会进一步改善。

第五节 理想蛋白质理论与应用

一、理想蛋白质概念

所谓"理想蛋白质"(ideal protein，IP)是指日粮中的蛋白质，其氨基酸组成比例与动物的氨基酸需要比例相吻合。理想蛋白质的概念是Howard(1958)最先提出的，当时叫做"完全蛋白质"(complete protein)，其实质内容是当日粮中各种必需氨基酸的组成和比例与动物必需氨基酸需要相吻合时动物可最大限度地利用饲料蛋白质。英国农业研究委员会(ARC)1981年正式提出这一概念，并载入《猪营养需要》一书。这种理想蛋白质的新概念，是以猪的奶中蛋白与猪肌肉中蛋白的必需氨基酸成分为模式，订出以赖氨酸为100的其他氨基酸比分。此后许多学者(Fuller和Wang，1989；Baker和Chung，1992)对理想蛋白质先后进行了描述，虽表达各异但实质相同，即理想蛋白质是指必需氨基酸之间以及必需氨基酸与非必需氨基酸之间具有最佳平衡的蛋白质。

二、理想蛋白质模式的内容

英国(ARC,1981)在《猪营养需要》中首次提出第一套较完整的理想蛋白质模式即ARC(1981)模式。NRC(1988)根据5～10 kg和10～20 kg 仔猪氨基酸需要量,同时参考了ARC(1981)模式、猪体组织和猪乳的氨基酸组成,在总结了大量有关氨基酸需要量研究结果的基础上重新估测了理想蛋白质氨基酸组成模式。Fuller、Wang 等发现ARC(1981)模式中蛋氨酸和苏氨酸的比例偏低,因此在1989 年和1990 年做了两个系列试验重新估测并改进了ARC(1981)模式。美国 Illinois 大学的研究人员 Baker 和 Chung(1992)做了进一步研究并提出了氨基酸比例模式(表 2-4)。由于Baker 和 Chung(1992)的氨基酸比例模式是以4 周龄仔猪为试验动物用纯合日粮测定的,因此可以认为它是可消化氨基酸比例模式,在为猪配制日粮时可以参考应用。

表 2-4　猪三个生长阶段所需要的理想氨基酸模式

(Baker and Chung,1992)

氨基酸名称	理想氨基酸模式(与赖氨酸之比)		
	5～20 kg	20～50 kg	50～100 kg
赖氨酸	100	100	100
精氨酸	42	36	30
组氨酸	32	32	32
色氨酸	18	19	20
异亮氨酸	60	60	60
亮氨酸	100	100	100
缬氨酸	68	68	68
苯丙氨酸＋酪氨酸	95	95	95
蛋氨酸＋胱氨酸	60	65	70
苏氨酸	65	67	70

三、以猪的理想氨基酸模式为基础配制日粮时应注意的问题

（一）日粮能量和蛋白质水平　若日粮能量水平不足，则蛋白质就被迫首先用做能源，蛋白质用于氮的用途部分则随能量过低的程度而减少，蛋白质的利用率亦随之下降。日粮中蛋白质水平也是影响蛋白质利用率的重要因素，如果日粮蛋白质含量适宜，则蛋白质利用率高。因此，要使日粮有一个合适的能量蛋白比。

（二）日粮蛋白质品质　蛋白质的全价性不仅表现在所含必需氨基酸的种类要齐全，而且比例要恰当。猪在体内合成蛋白质时，对日粮中各种氨基酸尤其是必需氨基酸之间的比例有较固定的要求，因此日粮中各种必需氨基酸必须按营养所需的比例搭配齐全。猪合成体蛋白需要10种必需氨基酸，如果其中任何一种必需氨基酸缺少或不足，都会限制其他必需氨基酸的利用。在生产实践中可采用多种饲料原料搭配以提高蛋白质的互补作用。

（三）日粮的全价性和营养元素之间的平衡　日粮要达到预期的效果除满足猪对蛋白质和能量的要求外，还必须满足猪对各种常量矿物质元素、微量元素及维生素的需要，否则即使日粮的氨基酸之间平衡也难以达到较好的效果。

（四）必须以有效氨基酸为基础　以猪的理想氨基酸模式为参考配制日粮时必须以各种饲料原料的可消化的氨基酸含量为基础，不能以总的氨基酸含量为基础。为使日粮的氨基酸之间有较好的平衡，可添加人工合成赖氨酸或蛋氨酸。添加人工合成赖氨酸或蛋氨酸可降低日粮的粗蛋白质水平，在保证猪的生产性能不受影响的前提下降低饲料成本，提高经济效益。但添加人工合成氨基酸时要注意以产品中活性成分的含量去计算用量。

第六节 仔猪的蛋白质和氨基酸需要

仔猪对蛋白质的需要以粗蛋白质或氨基酸的百分数来衡量。近年来随着猪的遗传改良、早期断奶技术的发展和环境控制程度的提高，仔猪健康状况和生长速度得到了改善，其所需蛋白质水平与氨基酸水平也相应在发生变化。

一、仔猪蛋白质的需要

美国NRC1988和1998年版仔猪蛋白质和氨基酸需要量见表2-5。1998年版的粗蛋白质与氨基酸水平明显高于1988年版。1998年版还增列了真回肠可消化氨基酸和表观回肠可消化氨基酸需要(见附表)。

表2-5 美国NRC(1988,1998)仔猪蛋白质和氨基酸需要 %

项 目	NRC 1988			NRC 1998		
	1～5 (kg)	5～10 (kg)	10～20 (kg)	3～5 (kg)	5～10 (kg)	10～20 (kg)
粗蛋白质	24	20	18	26	23.7	20.9
精氨酸	0.6	0.5	0.4	0.59	0.54	0.46
组氨酸	0.36	0.31	0.25	0.48	0.43	0.36
异亮氨酸	0.76	0.65	0.53	0.83	0.73	0.63
亮氨酸	1.00	0.85	0.70	1.50	1.32	1.12
赖氨酸	1.40	1.15	0.95	1.50	1.35	1.15
蛋氨酸	—	—	—	0.40	0.35	0.30
蛋氨酸+胱氨酸	0.68	0.58	0.48	0.86	0.76	0.65
苯丙氨酸	—	—	—	0.90	0.80	0.68
苯丙氨酸+酪氨酸	1.10	0.94	0.77	1.41	1.25	1.06
苏氨酸	0.80	0.68	0.56	0.98	0.86	0.74
色氨酸	0.20	0.17	0.14	0.27	0.24	0.21
缬氨酸	0.80	0.68	0.56	1.04	0.92	0.79

由于仔猪胃肠道尚未成熟，供给易消化、生物学价值高的蛋白质饲料非常重要。蛋白质的生物学价值取决于其氨基酸含量及比例，根据仔猪体组织及猪乳中氨基酸含量并综合有关研究，提出了仔猪最佳氨基酸比例(表 2-6)。生产中，蛋白质的需要除考虑蛋白质水平外，还应考虑必需氨基酸的含量及其比例。

表 2-6 仔猪组织、母乳氨基酸组成及理想蛋白质

项目	氨基酸 g/100 gCP		相对赖氨酸比值		理想蛋白质	
	仔猪组织	母乳	仔猪组织	母乳	Baker1993	Fuller1990
赖氨酸	6.85	7.58	100	100	100	100
蛋氨酸＋胱氨酸	3.10	3.29	45	43	60	63—
精氨酸	1.80	1.73	26	23	42	—
苏氨酸	3.76	4.15	55	55	65	72
色氨酸	—	1.31	—	17	18	18
亮氨酸	7.11	8.56	104	113	100	110
异亮氨酸	3.58	4.11	52	54	60	55
组氨酸	2.63	2.76	39	36	32	—
苯丙氨酸	3.73	3.97	54	52	—	—
苯丙氨酸＋酪氨酸	6.46	8.46	94	111	95	120
缬氨酸	4.79	5.35	70	71	68	75

徐百鸣等(1990)的试验结果显示，仔猪在16～35日龄阶段，无论在同一能量水平喂以22%、20%或18%的粗蛋白质水平饲料，还是在同一蛋白水平下喂以13.81 MJ、12.97 MJ或12.13 MJ的可消化能饲料，对仔猪平均日增重无显著影响。

二、仔猪赖氨酸的需要

(一)仔猪赖氨酸的需要　猪氨基酸需要的研究仍是近年来猪营养研究领域的重点之一，由于理想蛋白质概念的引入，通常把赖氨酸作为参照基础，只要确定了仔猪对赖氨酸的需要量，就可根据理想蛋白质确定其他必需氨基酸的需要量。因此赖氨酸的研究最为集中。自1985年以来，关于3～20 kg乳猪和仔猪的氨基酸需要的研究总结见表2-7。

表2-7 仔猪氨基酸需要研究结果

氨基酸	体重范围(kg)	需要量(%)	试验次数
赖氨酸	3～20	1.05～1.40	17
	20～50	0.86～1.04	15
苏氨酸	2～50	0.54～0.75	9
蛋氨酸＋胱氨酸	5～20	0.55～0.82	4
色氨酸	5～40	0.16～0.23	7
缬氨酸	70	0.45	1
组氨酸	10	0.36	1

根据1985年以来的研究数据，这一体重阶段的赖氨酸需要是：5 kg阶段为1.45%，10 kg为1.25%，15 kg为1.15%，20 kg为1.05%。随体重的增加，对赖氨酸需要显著减少，从5 kg开始，体重每增长1 kg，日粮赖氨酸减少0.026%。基于这些数据，美国NRC(1998)将日粮赖氨酸的比例对体重进行多项式回归得出下式：

$$\text{赖氨酸}=1.793-0.087\,3W+0.004\,29W^2-0.000\,089W^3$$

W为活重(kg)，$R=0.998\,5$。但各研究与NRC(1998)的估计仍有一定差别。汉城大学(1996)对早期断奶仔猪赖氨酸需要研究结果显示，4～7 kg阶段日粮赖氨酸需要为1.65%，此时生长速度有明显改善(表2-8)。在5～10 kg阶段，断奶后第一周仔猪赖氨酸需要水平为1.55%，断奶后第二和第三周为1.45%(表2-9)。

表 2-8　赖氨酸水平对 4～7 kg 早期断奶仔猪生产性能的影响　%

项　目	总赖氨酸水平				
	1.35	1.50	1.65	1.80	1.95
断奶后 0～7 d					
日增重(g)	122	148	163	160	151
日采食量(g)	167	189	196	197	189
饲料/增重	1.37	1.28	1.21	1.23	1.24
断奶后 7～14 d					
日增重(g)	233	248	295	288	288
日采食量(g)	322	332	373	366	366
饲料/增重	1.38	1.34	1.27	1.28	1.28
断奶后 0～14 d					
日增重(g)	178	198	229	224	220
日采食量(g)	244	260	285	281	278
饲料/增重	1.38	1.32	1.25	1.26	1.27

表 2-9　赖氨酸水平对 5～10 kg 早期断奶仔猪生产性能的影响

%

项　目	总赖氨酸水平					
	1.15	1.25	1.35	1.45	1.55	1.65
0～7 d						
日增重(g)	221	234	245	259	298	276
日采食量(g)	274	266	273	265	274	244
饲料/增重	1.24	1.13	1.11	1.02	0.92	0.88
7～14 d						
日增重(g)	301	336	370	387	382	378
日采食量(g)	418	452	459	455	452	443
饲料/增重	1.39	1.34	1.24	1.18	1.17	1.17
0～14 d						
日增重(g)	261	285	307	323	340	327
日采食量(g)	346	359	365	360	364	344
饲料/增重	1.32	1.26	1.19	1.11	1.07	1.05

续表 2-9

项　目	总赖氨酸水平					
	1.15	1.25	1.35	1.45	1.55	1.65
14～21 d						
日增重(g)	467	510	548	563	531	538
日采食量(g)	767	812	817	794	760	762
饲料/增重	1.64	1.59	1.49	1.41	1.43	1.42
0～21 d						
日增重(g)	329	360	387	403	405	397
日采食量(g)	486	510	515	505	495	482
饲料/增重	1.47	1.41	1.33	1.25	1.22	1.21

（二）影响仔猪赖氨酸需要的因素　影响赖氨酸需要的因素很多，主要有猪的遗传性能、断奶日龄、能量水平、蛋白质水平和环境条件。

1. 遗传性能　遗传性能影响早期断奶仔猪对赖氨酸的需要。Stahly 等(1994)评估了三种基因型(高、中、低瘦肉组织生长潜力)和日粮总赖氨酸水平(0.60%、0.90%、1.20%和1.80%)对5.6～25.5 kg 猪的影响。结果表明，高、中、低三种瘦肉组织生长基因型的猪日粮赖氨酸水平分别为1.8%、1.5%和1.2%时饲料利用率最高。

2. 断奶日龄与方式　断奶日龄与方式对仔猪赖氨酸需要也有一定影响，早期隔离断奶仔猪需要较高的赖氨酸水平(表2-10)。

表 2-10　早期隔离断奶仔猪最佳性能时的赖氨酸水平

体重(kg)	赖氨酸水平(%)	最佳总赖氨酸水平(%)	最佳总赖氨酸需要(g/d)	最佳可消化赖氨酸水平(%)	资料来源
1～5	—	1.4[①]	3.5	—	NRC,1998
4.6～10	1.2～1.95(6)[②]	1.65	6.2	1.4	Owen,1995d
3.8～8	1.4～1.8(2)	>1.4	—	>1.15	Owen,1995d
3.6～10.4	1.4～1.8(2)	>1.4	—	>1.15	Bergstrom,1995

续表 2-10

体重(kg)	赖氨酸水平(%)	最佳总赖氨酸水平(%)	最佳总赖氨酸需要(g/d)	最佳可消化赖氨酸水平(%)	资料来源
5～10	—	1.15	—	—	NRC,1998
6.1～16	0.70～1.67(5)	1.43	10.2	1.20	Willams,1995
6～25	0.60～1.80(5)	1.8,1.5,1.2③	129,12.4,12.0③	1.26～1.51	Stahly,1994
6～27	0.60～1.80(5)	1.50,1.20④	6.6,4.9④	1.26	Willams,1994
10～20	—	0.95	9.0	—	NRC,1998
18～23.2	0.88～1.49(6)	≥1.49	13.2	≥1.25	Owen,1995a
18～34	0.88～1.49(6)	1.35	16.0	1.05～1.15	Owen,1995a

注:①日增重与饲料增重比最优化时赖氨酸百分比(Owen 等,1996);②被测试的赖氨酸水平范围(处理水平数目)占总日粮赖氨酸百分比;③建议高、中、低瘦肉生长基因型赖氨酸水平;④建议低或高免疫系统活性赖氨酸水平。

Owen 等(1995)表明总赖氨酸水平从1.4%上升到1.8%时,平均日增重及饲料增重比分别提高10%和13%。但Owen 等(1996)推荐早期隔离断奶仔猪日粮赖氨酸水平见表2-11。高于美国NRC(1998)的水平。

表 2-11 推荐早期隔离断奶仔猪日粮赖氨酸水平

日 粮(kg)	总日粮赖氨酸(%)	回肠可消化赖氨酸(%)
早期隔离断奶日粮(2～5)	1.70～1.80	1.42～1.55
过渡日粮(5～7)	1.50～1.60	1.25～1.35
第二阶段(7～11)	1.30～1.40	1.10～1.20
第三阶段(11～23)	1.10～1.30	1.00～1.10

3. 能量水平 能量水平影响早期隔离断奶仔猪对赖氨酸的需要。ARC(1981)建议猪的营养需要按与日粮能量水平的关系来表示。Nam(1994)用3×4因子试验评估日粮消化能水平(13.30、14.00 和 14.70 MJ/kg)和赖氨酸/消化能比(0.70 g、0.80 g、0.90 g和1.00 g 赖氨酸/MJ DE)之间的互作,结果表明,提高赖氨酸/消化能将改善仔猪的生产性能,并以0.95 g 赖氨酸/MJ DE时,9.1～25.7 kg 的猪表现出最佳生产性能。Gate 等(1992)报道8～17 kg 和8～25 kg 猪赖氨酸/消化能之比分别为1.12 和1.08 g

赖氨酸/MJ DE。ARC(1981)建议3～8周龄断奶仔猪每兆焦消化能应有0.98 g赖氨酸。NRC(1998)建议:3～5、5～10和10～20 kg仔猪每兆焦应分别有1.05、0.95和0.81 g赖氨酸。

4. 蛋白质水平　蛋白质水平影响早期隔离断奶仔猪对赖氨酸的需要。ARC(1981)指出,仔猪及生长育肥猪日粮中赖氨酸的含量达粗蛋白的7%时生产性能最佳。因而,ARC也把7%作为理想蛋白质赖氨酸的适宜含量。其他必需氨基酸与蛋白质的比例可按理想模式推算(表2-12)。根据Wang和Fuller(1989)的试验结果,赖氨酸与蛋白质的适宜比例为6.5%(表2-12),低于ARC的推荐值,但其他必需氨基酸的比值均高于ARC。由于Wang(1989)的模式优于ARC,因而6.5%能反应赖氨酸与蛋白质的客观关系。Henry和Seve(1993)也认为,理想蛋白质中赖氨酸含量为6.5%～6.8%。但在实际日粮中赖氨酸的含量一般很难达到这一高度。Henry(1993)推荐4.5%～5.0%。NRC(1998)的推荐量见表2-13。

表2-12　理想蛋白质中必需氨基酸的适宜比例　%

必需氨基酸	ARC(1981)	Wang和Fuller(1989)
赖氨酸	7.0	6.5
苏氨酸	4.2	4.7
蛋氨酸+胱氨酸	3.5	4.1
色氨酸	1.0	1.2
异亮氨酸	3.8	3.9
亮氨酸	7.0	7.2
组氨酸	2.3	—
苯丙氨酸+酪氨酸	6.7	7.8
缬氨酸	4.9	4.9

表2-13　生长猪不同阶段日粮赖氨酸占粗蛋白的比值

项　目	体重阶段(kg)					
	3～5	5～10	10～20	20～50	50～80	80～120
赖氨酸/粗蛋白(%)	5.8	5.7	5.5	5.3	4.8	4.6

5. 环境 Schenck 等(1992a)评估了环境温度(20～30℃)及日粮赖氨酸水平(0.75%、1.0%和1.3%)对28～70日龄仔猪生产性能的影响,结果显示,较热的环境需较高日粮赖氨酸水平才能使生产性能最佳,原因是环境温度过高将降低猪的采食量。

第七节 生长肥育猪蛋白质与氨基酸需要

一、生长肥育猪蛋白质需要

生长肥育猪的蛋白质需要,可依据饲养试验和N平衡试验等方法确定。随着生长肥育猪年龄(或体重)的增加,所需粗蛋白质相对减少,留种的后备猪较肥育猪需粗蛋白多。瘦肉型生长肥育猪比肉脂型猪所需蛋白质多些。但对于育肥猪来说,饲喂过量的蛋白质是不利的。虽然肥育猪的生长速度和饲料利用率没有明显的下降,但其维持能量需要会随日粮蛋白质浓度的升高而提高。为尽可能的降低饲料成本,人们提出了低蛋白日粮的说法。所谓低蛋白日粮指在不影响猪的生产性能的条件下,蛋白质水平最低的日粮,采用低蛋白日粮可以降低N的排放量以及排泄物的异味,大大改善环境条件,但如果降低的幅度太大时,胴体品质往往受一定影响。表2-14是Knabe(1996)总结的前人研究结果。

表2-14 生长肥育猪的最低蛋白质水平 %

资料来源	日粮类型	对照组蛋白质水平	最低蛋白质水平	需添加的氨基酸
生长猪				
Sharda(1976)	玉米-豆粕	16	12	赖氨酸、色氨酸
Corley 等(1980)	玉米-豆粕	16	12	赖氨酸、色氨酸
Russrl 等(1983)	玉米-豆粕	16	12	赖氨酸、色氨酸、苏氨酸
Hansen 等(1993a)	高粱-豆粕	16	14	赖氨酸、苏氨酸
Cervantes(1982)	高粱-豆粕	16.5	11.7	赖氨酸、苏氨酸

续表 2-14

资料来源	日粮类型	对照组蛋白质水平	最低蛋白质水平	需添加的氨基酸
肥育猪				
Sharda(1976)	玉米-豆粕	13	10	赖氨酸、色氨酸
Lewis 等(1979)	玉米-豆粕	13	10	赖氨酸、色氨酸
Corley 等(1980b)	玉米-豆粕	14	10	赖氨酸、色氨酸 苏氨酸、蛋氨酸
Cromwell(1983)	玉米-豆粕	14	11	赖氨酸、色氨酸
Philiper(1991)	高粱-豆粕	11	10	赖氨酸、苏氨酸

二、生长肥育猪氨基酸需要

猪不需要蛋白质本身，而是需要特定水平、彼此平衡的氨基酸。生长肥育猪需要10种必需氨基酸。饲粮中氨基酸比例适当可以降低氨基酸的供给量，节约蛋白质饲料，减少排泄氮对环境的污染。

(一)生长肥育猪赖氨酸需要　赖氨酸通常是猪的第一限制性氨基酸，对于20～60 kg 的生长猪而言，不论公、母猪还是去势公猪的需要都很接近。NRC(1998)综合所有的结果得出的值见表2-15 至表2-17，大约每天需 18.3，17.6 和 16.8 g。随着猪的体重增加，性别间的差异加大，因为以上各种猪的瘦肉沉积速度不同。

表 2-15　生长猪赖氨酸需要

类别	体重(kg)	总赖氨酸(%)	总赖氨酸(g/d)	可消化赖氨酸(%)	可消化赖氨酸(g/d)	资料来源
混合	16.6～34	0.85	13	0.68	10.4	Li 等，1990
母猪	20～45	1.07	14.2	0.91	12.1	Batterham 等，1990a
公猪	20～45	1.08	17.5	0.89	14.4	Campbell 等，1988
混合	21～49	0.86	17.4	0.71	14.4	Martinez 等，1990
公猪	20～50	1.01	16.5	0.84	13.7	Campbell 等，1988

续表 2-15

类别	体重(kg)	总赖氨酸(%)	总赖氨酸(g/d)	可消化赖氨酸(%)	可消化赖氨酸(g/d)	资料来源
母猪	20～50	1.01	16.5	0.84	13.7	Campbell 等,1988
公猪	20～50	1.04	17.6	0.87	14.7	Giles 等,1986
混合	20～50	1.20	20.2	1	16.8	Chiba 等,1991ab
公猪	20～50	0.97	16.8	0.83	14.4	Batterham 等,1990a
母猪	20～50	0.87	15.8	0.74	13.4	Batterham 等,1990a
母猪	20～50	1.02	19.1	0.85	15.9	Giles 等,1986
公猪	20～50	1.03	20.7	0.86	17.3	Giles 等,1986
母猪	25～55	1.09	17.5	0.91	14.6	Yen 等,1986a
公猪	25～55	1.11	17.9	0.83	13.4	Yen 等,1986a
去势公猪	25～55	1.02	16.7	0.84	13.8	Yen 等,1986a
去势公猪	33～55	1.46	21.2	1.21	17.6	Rao 等,1990b
母猪	34～55	1.28	21.5	1.04	17.5	Friesen 等,1994b
去势公猪	21～50	0.86	17.4	0.71	14.4	Martinez 等,1990
混合	22～52	0.95	19.4	0.8	16.3	Owen 等,1994
混合	17～47	1.00	15	0.84	12.6	Kerber 等,1994
混合	20～50	0.95	17.5	0.77	14.2	NRC(1998)

表 2-16　生长猪苏氨酸需要

体重(kg)	总苏氨酸(%)	总苏氨酸(g/d)	可消化苏氨酸(%)	可消化苏氨酸(g/d)	苏氨酸：赖氨酸	资料来源
10～25	0.75	7.1	0.53	5.02	65	Gatel 等,1989
17～50	0.70	8.5	0.44	5.32	60	Conweay 等,1990
20～50	0.61	11.3	0.52	9.7		NRC(1998)

表 2-17　生长猪色氨酸需要

体重(kg)	总色氨酸(%)	总色氨酸(g/d)	可消化色氨酸(%)	可消化色氨酸(g/d)	色氨酸：赖氨酸	资料来源
25～50	0.14	2.3			15	Southern,1991
22～50	0.13	2.2	0.10	1.69	16	Burgoon 等,1992
20～50	0.17	3.2	0.1	2.8		NRC(1998)

Stathy 等(1988)报道,高瘦肉率型猪达到最大瘦肉率和最大日增重所需的赖氨酸(0.80%~0.95%)比中等瘦肉率型猪大约高20%,日耗料少9%。若想发挥高瘦肉率型猪的瘦肉增长的潜在优势,必须相应调整日粮的氨基酸和能量水平(表2-18)。

表2-18 日粮赖氨酸水平对高和中等瘦肉率型猪生产性能的影响

%

项目	基因型	日粮赖氨酸水平			
		0.50	0.65	0.80	0.95
采食量	高瘦肉率型	2.51	2.74	2.85	2.86
	中等瘦肉率型	2.97	3.06	3.00	2.91
日增重	高瘦肉率型	0.72	0.89	0.93	0.93
	中等瘦肉率型	0.81	0.89	0.86	0.86
饲料转化率(F/G)	高瘦肉率型	3.48	3.08	3.06	3.08
	中等瘦肉率型	3.67	3.44	3.49	3.38
瘦肉增长率(kg/d)	高瘦肉率型	0.29	0.39	0.40	0.41
	中等瘦肉率型	0.29	0.31	0.31	0.31

(二)生长肥育猪苏氨酸需要 实际生产中,苏氨酸通常是猪日粮中的第二或第三限制性氨基酸。如使用合成赖氨酸,降低日粮蛋白质水平,则成为第一限制性氨基酸。日粮中添加苏氨酸可消除因赖氨酸过量而造成的体重下降。随日粮赖氨酸水平升高,血液中苏氨酸含量不断下降,苏氨酸水解酶活性增高,肝脏降解苏氨酸酶能力增强。苏氨酸过量能提高赖氨酸、α-酮葡萄糖酸还原酶的活性。关于生长猪苏氨酸需要量的研究,不同学者报道的数据不同。NRC(1998)的推荐量为11.3 g/d,苏氨酸和赖氨酸的比例为0.64~0.68时对生产生长猪和肥育猪的效益最佳(Williams 等,1993)。近年来的研究倾向于0.55~0.60,比NRC(1998)的0.65 稍低。

(三)生长肥育猪色氨酸、蛋氨酸需要 色氨酸需要成为新近研究的热点,其需要量有增加趋势。NRC(1988)的色氨酸需要为

0.12%(2.3 g/d)。Bargoon(1992)建议,50 kg 以前的生长猪色氨酸需要为 0.13%。Hamilton(1993)的研究表明,20～50 kg 生长猪日粮色氨酸水平为 0.14%时生产性能最佳。NRC(1998)的推荐量提高到 0.17%。

蛋氨酸一些需要的推荐值如表 2-19 所示。

表 2-19　生长肥育猪蛋氨酸需要推荐值

体重 (kg)	总蛋氨酸 (%)	总蛋氨酸 (g/d)	蛋氨酸：赖氨酸(%)	资料来源
20～50	0.18	0.35	24	NRC(1988)
20～50	0.25	4.60	25	Kats 等 1993
20～50	0.25	5.60	25	Friensen 等 1994d

三、影响生长肥育猪蛋白质、氨基酸需要的因素

(一)日粮因素　日粮中的蛋白质、碳水化合物和脂肪均会影响氨基酸的利用率。蛋白质含量与氨基酸比例不协调或蛋白质含量过高均会降低氨基酸的消化率。含纤维高的原料会降低生长猪的氨基酸消化率。研究表明,育肥猪日粮中添加粗纤维会降低赖氨酸的消化率,因为纤维素可以和氨基酸结合而抑制氨基酸的消化率,所以饲料纤维素高的日粮应提高氨基酸水平。而维生素却可以改善氨基酸的利用率,提高蛋白质的营养价值。高钙可使除赖氨酸以外的其他氨基酸的表观消化率下降。抗生素可显著提高大多数氨基酸的表观消化率。

(二)能量　当日粮能量浓度提高而其他营养物质不变时,由于采食量的下降造成如蛋白质、氨基酸等营养物质的缺乏,当然会使能量代谢水平下降。现已证实,生长猪对氨基酸的需要随日粮能量浓度提高而增加。另外,能量浓度过低时,动物为满足能量需要而降解蛋白质、氨基酸,结果也会造成蛋白质、氨基酸等营养物质

的缺乏。反之,蛋白质与氨基酸含量也影响能量利用率。如生长猪采食低赖氨酸日粮时,每单位增重的能量消耗增加。另外,日粮中苏氨酸、亮氨酸和缬氨酸缺乏时,氨基酸之间的互作关系前已述及。

(三)氨基酸间的互作　单胃动物吸收的氨基酸种类和数量在很大程度上取决于饲料蛋白质本身的氨基酸组成和比例。氨基酸比例失衡或拮抗作用使蛋白质的吸收效率下降。除此以外,氨基酸不能完全代替蛋白质,蛋白质部分以寡肽形式被吸收,单靠添加合成氨基酸降低日粮蛋白质水平也会影响氨基酸的消化率。

(四)抗营养因子的存在　饲料中存在许多抗营养因子,如单宁。

第八节　妊娠母猪蛋白质和氨基酸需要

一、妊娠母猪蛋白质需要

蛋白质对母猪繁殖的影响,要经过连续几个繁殖周期才能确定,母猪妊娠期虽然对蛋白质的需要有较大的缓冲调剂作用,但如果蛋白质长期太低,哺乳期就会感到不足,并对以后的繁殖性能及仔猪出生后表现产生不良影响,对于初产母猪的影响更为严重。日粮中蛋白质水平过高,既浪费,也无益。

妊娠母猪的粗蛋白质食入水平在很大范围内对仔猪体成分、产仔数及后代生长发育没有影响或影响很小,但对母猪的体重变化影响颇大。国外一些国家对母猪妊娠期粗蛋白质需要的估计值不断下降。NRC“猪的营养需要”从1959年的蛋白质需要445 g/d,下降到1979年的216 g/d和1988年的228 g/d。ARC从1967年的日采食粗蛋白质250～400 g下降到1981年的140 g。ARC(1981)指出,母猪日采食粗蛋白质水平超过140 g时,繁殖成绩和仔猪表现都不能进一步改善。当日采食300 g粗蛋白质时，妊娠增重加大，泌乳失重也加大。因此在妊娠阶段确定粗蛋白质适宜给量主要在于维持母猪体况，以便保证下一胎正常繁殖。Elsley等指出，以日沉积5 g氮计，全妊娠期总沉积575 g氮，可由每日食入175 g质量较差的蛋白质(28 g氮)和日食入19 MJ的DE来满足，这一供给量几乎全部用于子宫及其内容物及乳腺组织的生长，而极少用于母体生长(ARC，1981)。O. Grady(1980)在大量试验资料基础上提出日食入140～180 g粗蛋白质，可以获得最好的繁殖成绩，这一供给量也可满足母猪对氨基酸的需要。ARC(1967)和NRC(1973)对妊娠母猪的蛋白质需要以蛋白质沉积数量为标准而制定的，它们推荐的蛋白质需要量各为300 g/d(ARC，1967)、280 g/d(NRC，1973)及228 g/d(NRC，1988)。1998年第十版NRC标准，是以妊娠母猪配种时体重、妊娠期体增重及估测产仔数而制定的蛋白质和氨基酸需要量的。我国肉脂型猪饲养标准规定，妊娠母猪1 kg饲粮粗蛋白质含量为：前期11.0%，后期12.0%。

二、妊娠母猪氨基酸需要

猪对粗蛋白质的需要实际是对氨基酸的需要。要想获得最佳生产性能，饲粮中必须提供足够数量的必需氨基酸，合理的能量以及其他必需的养分。妊娠母猪氨基酸需要最早是Rippel(1967)从Illinois试验站的大量试验中估计出来的。NRC(1988)列出了9种氨基酸的需要量。分别为组氨酸、异亮氨酸、亮氨酸、赖氨酸、蛋氨酸＋胱氨酸、苯丙氨酸＋酪氨酸、苏氨酸、色氨酸、缬氨酸。我国现行妊娠母猪饲养标准中，仅列有赖氨酸(0.35%～0.36%)，蛋氨酸＋胱氨酸(0.19%)，苏氨酸(0.28%)和异亮氨酸(0.31%)等4种必需氨基酸的需要，其定额略低于国外推荐值。妊娠母猪的氨基酸需要可因遗传性能、能量水平、体重等许多因素的不同而有所差异。衡量妊娠母猪氨基酸需要量是以满足蛋白质最大的沉积及脂肪的适宜沉积为前提。NRC(1998)对妊娠母猪的赖氨酸，推荐量为0.54%，即每天应提供10.3 g 的赖氨酸，这是维持氮的平衡及发挥最大遗传繁殖能力所必需的。

三、妊娠期蛋白质水平对胎儿成活率和母猪繁殖性能的影响

(一)蛋白质对胚胎存活率的影响　日粮蛋白质的数量和质量对胚胎存活的影响不大，因为母体能动用体组织以供给胎儿所需。有些实验认为，即使严重限制蛋白质，差异也不显著；但另一些实验表明，严重限制蛋白质，胚胎存活率有下降的趋势。

(二)妊娠期蛋白质水平对胚胎肌纤维发育的影响　提高妊娠期日粮蛋白质水平也许能够促进仔猪在胚胎期的肌纤维的发育，从而使仔猪出生后的生长速度更快。Mahan(1998)试验表明，将妊娠期蛋白质水平从 13%提高到 16%仅提高了仔猪第一周的生长速度，对窝仔数、断奶仔猪成活率以及整个哺乳期仔猪的生长速度都没有影响。然而Mahan 并没有继续追踪这些仔猪以后的生长情况。根据Dwyer 等的报道，如果妊娠期高蛋白日粮能提高仔猪出生后的生长性能，那么这种性能的反映可能要等到出生后70 d 才能表现出来。因此妊娠期日粮蛋白质水平对仔猪出生后的生长性能的影响目前还不能加以评定。

(三)妊娠期蛋白质水平对乳腺发育的影响　乳腺的发育主要集中在妊娠期，与妊娠期产生的一系列生殖激素相关。猪的乳腺发育时间较短，集中在妊娠后1/3 时期内。在妊娠期75～90 d 之间，乳腺组织总 DNA 含量增加了3 倍多。由此推测，在这段时期的营养供应可能会对乳腺的发育产生影响。Head 等(1991)曾对较肥的母猪和较瘦的母猪做过比较，发现前者乳腺中的泌乳细胞较少，泌乳细胞的减少或许会导致泌乳量降低，但是目前还缺乏足够的证据。在小母猪妊娠后期(75～105 d)的日粮中提高蛋白质水平(216，330 g/d)对乳腺组织的发育没有影响；在妊娠期(25～

110 d)提高日粮Lys(4,8,16 g/d)会促使母猪在泌乳期的泌乳量增加(7.2,8.2,9.4 kg/d),但对泌乳细胞的数量却没有影响。妊娠期日粮蛋白质水平过低,会影响乳腺的发育,妨碍泌乳的启动,初期泌乳和仔猪增重受损。ARC(1981)指出,妊娠期日食蛋白质45 g以下时,影响哺乳期仔猪生长。仅以玉米为妊娠日粮,仔猪生长也不正常。Mahan 用87 头杂交母猪进行三个胎次试验,以评定妊娠期、泌乳期饲喂三个不同水平蛋白质饲粮对猪长期繁殖性能的影响。结果表明,限制妊娠饲粮蛋白质,不仅能阻碍最初的泌乳量,还会影响所生仔猪的存活,而且影响今后的产奶量和妊娠增重,例如当整个妊娠期喂8.5%蛋白质玉米饲粮时,试验母猪每胎的增重较低。从目前的研究结果看,没有充分的证据表明在妊娠期提高日粮蛋白质含量能够促进乳腺的发育;但是母猪在妊娠后期采食较高能量肯定会对乳腺的发育造成不利影响。

(四)妊娠期蛋白质水平与哺乳期营养的关系　妊娠期蛋白质水平可影响泌乳母猪的体况及采食量。Shields (1982)的试验结果表明,妊娠期所喂日粮蛋白水平对分娩后的母猪有后续作用。他给妊娠期母猪喂5%蛋白质日粮,结果产后第一周沉积蛋白质,分解体脂肪;而喂14%蛋白质日粮的妊娠母猪,既分解体脂肪,又分解体蛋白。Burlacu 等(1984)报道,在同一能量水平,将可消化粗蛋白质从12%增加到14.6%,使妊娠增重提高5.5%,子宫增重提高13.5%,蛋白质总沉积量增加11.1%,但脂肪没有增加,相反降低了3.4%,补充蛋白质的母猪可消化粗蛋白质的利用率降低。O.Grady等(1982)报道,哺乳期喂低蛋白质日粮的母猪,有通过下一妊娠期获得更多增重来补偿的趋势。Mahan(1972,1977)试验资料表明,当泌乳母猪日粮蛋白质水平提高到18%时,采食量增加,而且不受妊娠期日粮蛋白质水平的影响;但当日粮蛋白质水平降低时(12%),则采食量减少,同时其采食量与妊娠期日粮蛋白质水平呈正相关。

第九节 泌乳母猪蛋白质和氨基酸需要

一、蛋白质水平对母猪泌乳量和乳成分的影响

将日粮蛋白质水平从63 g/kg 增至238 g/kg 可使泌乳母猪早期的泌乳量从 7.79 kg/d 上升至 9.91 kg/d；晚期泌乳量从 7.02 kg/d增加到8.9 kg/d；随日粮蛋白质浓度的升高，在整个泌乳期，乳中脂肪、干物质含量显著上升；乳中蛋白质含量在泌乳晚期也明显升高，蛋白质含量对泌乳性能的影响在较低的蛋白质水平表现得更为明显(King 等,1993)。但是，日粮中蛋白质水平对乳中氨基酸组成没有影响(King 等,1993)。泌乳量不仅与日粮中蛋白质含量有关，而且与日粮能量浓度也有关系。能量供应不足会限制母猪利用高水平蛋白质促进泌乳的能力，Tokack 等(1992)发现:对于采食代谢能 48.1 MJ/d 的母猪，每日提供 35 g 赖氨酸(Lys)可使泌乳量达到最大，超过Lys 35 g/d 的水平不能进一步提高泌乳量；而当母猪采食代谢能 69.1 MJ/d 时，泌乳量随日粮Lys水平的提高而升高，直至试验设计的最高水平 Lys 45 g/d，并且 Lys 和能量水平对乳中除乳糖外的其他成分都有互作影响。在泌乳母猪日粮中添加缬氨酸(Val)能使乳中脂肪和干物质含量上升，但对蛋白质含量和组成没有影响；而添加异亮氨酸(Ile)不仅使乳中脂肪、干物质和蛋白质的含量上升，而且使蛋白质组分中酪蛋白的比例增加，乳清蛋白质比例降低；较高水平的 Val 和 Ile 水平在整个泌乳期都提高了乳脂率(Richert 等,1997)。Nissen 认为支链氨基酸的衍生物在泌乳过程中可能起重要作用。

二、泌乳母猪蛋白质和氨基酸需要

(一)泌乳母猪蛋白质需要　泌乳母猪蛋白质需要量仍按维持

加产奶需要进行推算。维持蛋白质需要研究很少，一般借用妊娠期数值。产奶需要取决于产奶量、乳蛋白含量和饲料蛋白的利用率。饲料中蛋白用于合成乳蛋白的利用率为0.33%～0.45%，受能量水平的影响。因此，如果一头母猪日产奶7 kg，乳中含蛋白质5.7%（典型数值），则日产乳蛋白约400 g，设总效率为43%，则日需要蛋白质930 g。另外，如果用析因法分项估计，母猪的维持需要为86 g可消化粗蛋白(DCP)，日产奶7 kg产乳蛋白400 g，需DCP571 kg（DCP用于合成乳蛋白的效率为70%）。若母猪体蛋白略有增长，设每日增长50 g，需DCP70 g，则总需要量为727 g，或约需910 g/d日粮蛋白质（消化率80%），与前述方法结果（930 g）相近。据报道，日食入蛋白质低于650 g会降低产奶量，增加体蛋白分解速度，而高于800 g也不会再受益。NRC推荐泌乳母猪日采食CP 689 g，而Peter(1982)认为泌乳母猪蛋白质供给量不能低于700 g，实际上与NRC一致。国内猪个体较小，需要量略低于国外数值，但差异不大。邵水龙等(1987)在39头枫泾泌乳母猪营养研究中，得出母猪哺乳期日粮，可消化粗蛋白质需要量“最优”回归公式：

$$y=120+31.8x_1+12.2x_2-84.3x_3$$

式中：y为可消化蛋白，g/d；x_1为带仔数，头；x_2为泌乳量，kg；x_3为日失重量，kg。

由该公式计算出的泌乳母猪日可消化蛋白质与“上海地区猪鸡饲养手册”和“太湖猪饲养标准”规定的营养需要量都较接近，但均低于全国猪饲养标准（草案）（表2-20）。

（二）泌乳母猪氨基酸需要　使泌乳母猪泌乳量和繁殖性能达到最大时的必需氨基酸需要量的研究一直是近些年母猪营养研究中的热点之一。NRC(1998)指出哺乳母猪的氨基酸需要量可根据分娩后母猪体重、泌乳体重变化及仔猪日增重来确定。

表 2-20 泌乳母猪每日可消化粗蛋白质需要量 g

项目	带仔数(头)					
	9	10	11	12	13	14
1	445	488	533	574	609	641
2	480	471	539	583	609	642.5
3	446	491	536	581	626	670
4	440	492	550	538	590	660
5	519	566	613	671	716	763

注:1. 回归公式计算出;2. 样本统计值;3. 上海地区猪鸡饲养手册值;4. 太湖猪饲养标准值;5. 全国猪饲养标准(草案)值。

1. 赖氨酸　泌乳母猪赖氨酸的需要量所做的研究结果差异很大,为20～55 g/d(混合母猪)或60 g/d(初产母猪)。初看泌乳母猪的赖氨酸需要量范围过宽,其实赖氨酸的需要量是全窝仔猪生长速率的函数,全窝仔猪每增重1 g需要0.026 g的日粮赖氨酸。Fuller(1995)根据大量试验数据,以仔猪日增重为基础,推导出一个计算泌乳母猪赖氨酸需要量的公式:

$$赖氨酸需要量(g/d)=-6.71+0.026\times 仔猪窝增重(g/d)$$

$$R_2=0.77$$

Touchette 等认为最少体重和眼肌损失(50～54 g/d)的赖氨酸需要比仔猪最大的生长速率的需要量要高。

2. 缬氨酸　在泌乳母猪日粮中添加赖氨酸容易造成缬氨酸的缺乏,进而影响母猪的产奶量和断奶仔猪的增重。Richer 等(1996)用230头经产高产母猪(哺乳10头以上仔猪)进行的大量试验表明:随日粮缬氨酸水平的提高,对母猪的采食量、断奶仔猪数以及背膘变化影响不大,但仔猪的增重与体重却明显提高。当日粮中至少含有1.15%即72 g/d的缬氨酸时才可达到最好的仔猪增重。Tokach 等(1993)观察到,在含0.8%赖氨酸的泌乳母猪日粮中,当缬氨酸的含量由0.6%增至0.9%时,断奶时的窝重有所提高。缬氨酸对断奶活仔数超过10头以上的母猪作用更大。

3. 苏氨酸 Lewis 等(1975)研究了泌乳母猪的苏氨酸需要，结果表明，当苏氨酸水平为 0.49%时，母猪奶产量和仔猪增重均达到最高水平，每天耗料 5.45 kg 的经产母猪至少需要 0.42%苏氨酸才能达到良好的哺乳性能。

4. 色氨酸 色氨酸与采食量有关。母猪采食不足常常影响其生产性能的发挥。Libal 等(1997)应用115 头母猪研究认为当日粮中赖氨酸含量达到0.75%时，随着日粮中的色氨酸水平从 0.12%提高到0.17%，泌乳母猪自由采食量提高和体重损失减少。

5. 芳香族氨基酸 包括苯丙氨酸和酪氨酸。Rekd 等(1961)，Bader 等(1970)及 Speer(1975)分别估测了母猪芳香族氨基酸的需要量，结果为0.70%～1.04%。Lellis 和 Speer(1985)应用采食量、仔猪增重和泌乳量为指标，测定结果表明，当采食量为5.5 kg/d时，母猪对芳香族氨基酸的需要量为0.75%或41.2 g/d。

第三章　猪的碳水化合物营养

第一节　碳水化合物及其分类

碳水化合物是一类含有碳、氢、氧三种元素的有机化合物。其组成比例大都为C∶H∶O为1∶2∶1,可用通式$(CH_2O)_n$描述不同碳水化合物分子的组成结构。少数碳水化合物不符合这一规律,有的还含有氮、硫等其他元素,木质素不是碳水化合物,但常与纤维素和半纤维素紧密结合在一起,故常与碳水化合物一起讨论。碳水化合物是植物性饲料的主要组成部分,一般占植物体干物质总量的50%～75%。实际中,为了准确描述与把握碳水化合物,曾先后出现过许多分类方法,在此,仅介绍几种实际中用到的分类方法及分类。

一、根据碳水化合物的聚合程度划分

根据碳水化合物的聚合程度将碳水化合物划分为单糖、寡聚糖和多糖。

(一)单糖　是碳水化合物的最简单形式。根据碳原子数目,单糖可分为三碳糖、四碳糖、五碳糖、六碳糖和七碳糖。饲料中常见的单糖有葡萄糖、果糖、半乳糖、甘露糖等。

(二)寡聚糖　由2～10个糖单位聚合而成的多糖称为寡聚糖。

1. 双糖　主要有麦芽糖、乳糖和蔗糖。

麦芽糖:由两分子葡萄糖形成,主要是在谷物发芽或淀粉水解时产生。

乳糖:由一分子葡萄糖和一分子半乳糖形成,主要存在于动物的乳汁中。

蔗糖:由一分子葡萄糖和一分子果糖形成,主要存在于甘蔗和甜菜中。

2. 三糖 主要有棉子糖,存在于糖用甜菜和棉子中。

(三)多聚糖(多糖) 由10个以上糖单位聚合而成的多糖称为多聚糖。多糖广泛存在于植物体中,是植物的主要组成部分。

1. 淀粉 淀粉有直链淀粉和支链淀粉,它们在淀粉中的比例随植物的品种而异。直链淀粉在淀粉中的比例为10%~30%,它是由葡萄糖以α-1,4糖苷键结合而成的化合物,可被淀粉酶水解为麦芽糖。支链淀粉在淀粉中的比例为70%~90%,葡萄糖间除了以α-1,4糖苷键相连接外,还有以α-1,6糖苷键相连的。

2. 糖原 糖原结构与淀粉相似,主要存在于动物体的肝脏和肌肉内。

3. 纤维素 纤维素是由葡萄糖以β-1,4糖苷键结合而成的化合物,葡萄糖分子间相互扭着,纤维素分子的链和链之间像麻绳一样拧在一起,不能被淀粉酶水解,但某些微生物分泌的纤维酶、纤维二糖酶可将其分解为葡萄糖。纤维素不溶于水和各种有机溶剂,它是植物细胞壁的主要成分。

4. 半纤维素 半纤维素主要是由聚戊糖组成。聚戊糖主要有聚木糖和聚阿拉伯糖,聚己糖中主要是聚甘露糖和聚半乳糖醛酸。半纤维素是植物细胞壁的主要成分,它与木质素紧密联结,大量存在于植物的木质化部分。各种饲料中以秸秆和秕壳含半纤维素较多。半纤维素的化学性质不如纤维素稳定,可溶于稀碱,在稀酸作用下可发生水解而产生戊糖和己糖。

5. 木质素 木质素并非碳水化合物,由于它与纤维素和半纤维素伴随存在,共同作为植物细胞壁的结构物质,故将其列入碳水化合物一并讨论。木质素是苯基丙烷衍生物的复杂聚合物,其分子结构随植物种类的不同变化很大，至今尚不十分清楚。已知其基础结构是碳链和醚键或酯键，酸碱均不能使其降解。木质素主要存在于植物的木质化部分，如种子荚壳、玉米芯及根、茎、叶的纤维化部分。

6. 果胶　果胶分子的主链是由 α-1,4 苷键相连的半乳糖醛酸单位与由 α-1,2 糖苷键相连的鼠李糖单位所形成的化合物。它主要存在于植物细胞壁的间隙中，其次在细胞壁中也含有一些果胶。果胶可被热水或冷水浸出而成胶状物。因果胶糖苷键为 α 型，故动物消化道分泌的酶不能使其水解，但某些微生物酶可将其消化。

7. 黏多糖　黏多糖主要是由 D-氨基葡萄糖和 D-氨基半乳糖醛酸结合而成。黏多糖广泛存在于动物结缔组织中，它黏性极强，易形成胶冻，使动物组织呈现一定的韧性。

二、根据饲料概略养分划分（Hennberg and Stohmann，1860）

它是利用实验室的常规分析方法，将饲料中的碳水化合物分为单胃动物易消化的无氮浸出物和不易消化的粗纤维两大类。

（一）粗纤维　粗纤维是植物细胞壁的主要组成成分，它包括纤维素、半纤维素、多聚戊糖、木质素和角质等成分。

（二）无氮浸出物　饲料有机物质中的无氮物质除去脂肪及粗纤维外，总称为无氮浸出物，或称可溶性碳水化合物，包括单糖、双糖和多糖（淀粉）等物质。

三、根据动物对碳水化合物的利用程度划分（Van Soest，1975）

该法是利用洗涤剂将碳水化合物分为利用程度高的细胞内容物（NDS，包括糖、淀粉、果胶、蛋白质、脂肪、水溶性矿物质与维生素等）、利用程度较低的中性洗涤纤维（NDF，包括半纤维素、纤维素和木质素）、利用程度低的酸性洗涤纤维（ADF，包括纤维素和

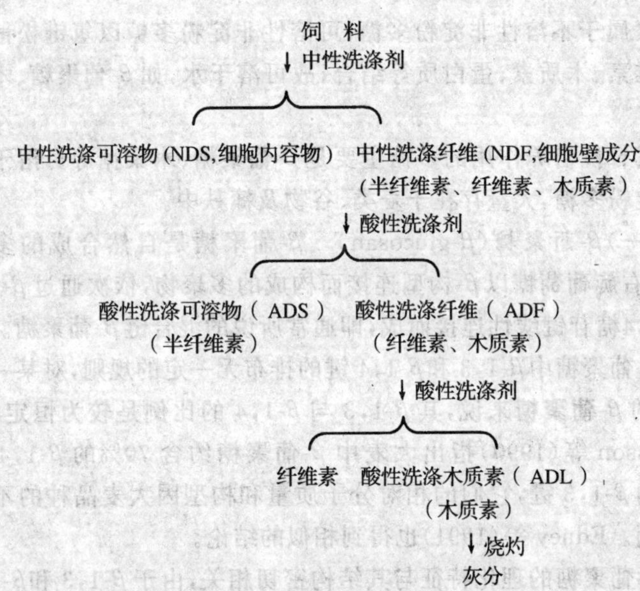

图 3-1 Van Soest 的测定碳水化合物方案

木质素)和利用程度最低的酸性洗涤木质素(ADL,包括木质素)(图 3-1)。

四、根据碳水化合物的结构划分(Low,1985)

饲料中的碳水化合物,根据其结构分为营养性多糖和结构性多糖,前者主要是淀粉,而后者常称为非淀粉多糖(Non-Starch Polysaccharides, NSP)。主要包括纤维素、半纤维素(β-葡聚糖、阿拉伯木聚糖、葡萄甘露聚糖和半乳甘露聚糖等)和果胶(鼠李半乳糖醛酸聚糖Ⅰ、Ⅱ、阿拉伯聚糖、半乳聚糖、阿拉伯半乳聚糖等)。

非淀粉多糖(NSP)按其可溶性又分为不溶性非淀粉多糖和可溶性非淀粉多糖。不溶性非淀粉多糖是以共价键或离子键与其他成分牢固地结合,故难溶或不溶于水,在植物性饲料中含量高,如纤维素属于不溶性非淀粉多糖；可溶性非淀粉多糖以氢键松散地与纤维素、木质素、蛋白质等结合，故可溶于水，如β-葡聚糖、木聚糖等。

具有抗营养作用的多糖主要是β-葡聚糖、木聚糖等可溶于水的非淀粉多糖，大量存在于麦类、谷物及糠麸中。

（一）β-葡聚糖（β-glucosan） β-葡聚糖是自然合成的多聚糖，由右旋葡萄糖以β-构型连接而构成的多聚物，依次通过β-1,3和β-1,4糖苷键线性连接而成，即通常所说的混合链β-葡聚糖。

β-葡聚糖中β-1,3和β-1,4键的排布无一定的规则，对某一种来源的β-葡聚糖来说，其β-1,3与β-1,4的比例是较为恒定的。Bengtsson等（1990）指出大麦中β-葡聚糖约含70%的β-1,4和30%的β-1,3键，它们的相对分子质量和构型因大麦品种的不同而不同。Edney等（1991）也得到相似的结论。

β-葡聚糖的理化特征与其结构密切相关，由于β-1,3和β-1,4混合键的存在，其溶液呈现许多独特的物理化学特性，如黏度增大、表面活性增强、吸水性和持水性增高、吸附阳离子和有机物等，从而影响动物的消化过程。Annison和Choet（1991），Marpuardt（1995）的研究认为：β-葡聚糖的黏稠性是它的主要抗营养特性。

（二）戊（木）聚糖（xylan） 木聚糖及其衍生物是一些植物及其子实体的重要组成部分，它是由D-木糖单位主干以β-1,4键相连和L-阿拉伯糖分支以α-1,2键和α-1,3键相连所组成的聚合物。由于它是由阿拉伯糖和木糖组成，也叫阿拉伯木聚糖或戊聚糖。自然界中的木聚糖主要是由木糖通过β-1,4糖苷键连接成链状结构，这种链状木聚糖含有乙酰基、阿拉伯糖残基、葡萄糖醛酸残基等侧链，通常以氢键与纤维素结合共存于植物中或种子中。高吸水性、黏稠性是它的主要抗营养特性，易在肠道内形成较高的黏度，阻止肠道消化液与食糜的充分混合，从而阻止蛋白质、脂肪的消化吸收，降低饲料的转化率。

(三)β-葡聚糖、木聚糖在麦类作物中的含量　β-葡聚糖、木聚糖在麦类作物中的含量因品种、生长环境、生长阶段、加工储存条件等因素的影响,不同麦类作物中,β-葡聚糖和木聚糖含量不一样,水溶性木聚糖、水溶性β-葡聚糖以及总木聚糖和β-葡聚糖的比值均有不同,见表3-1。

表3-1　麦类作物中主要抗营养因子含量

作物种类	总木聚糖	β-葡聚糖	总木聚糖/β-葡聚糖	水溶性木聚糖	水溶性β-葡聚糖
大麦	5.69	4.39	1.31	0.72	2.89
燕麦	7.65	3.37	2.27	0.51	2.13
小麦	6.63	0.65	10.2	1.04	0.67
黑麦	8.49	1.89	4.61	2.45	0.68
小黑麦	7.06	0.65	10.9	1.30	0.52

由表3-1可见,黑麦中的总木聚糖含量最高,大麦和燕麦中的β-葡聚糖含量较高。从总木聚糖与β-葡聚糖的比值看,大麦和燕麦中的NSP以β-葡聚糖为主,小麦、黑麦、小黑麦中总木聚糖含量高。大麦和燕麦中的水溶性β-葡聚糖较高。总之,β-葡聚糖是大麦和燕麦的主要抗营养因子,木聚糖是小麦、黑麦和小黑麦的主要抗营养因子。

(四)可溶性NSP的物理特性

黏度:大多数多糖溶于水后变成有黏性的溶液。可溶性NSP在低浓度时,与水分子相互作用而增加溶液的黏度。随着其浓度的增加,则由于本身分子互相作用,缠绕形成网状结构;当相互作用极大时可能会形成凝胶。黏性的大小取决于其分子大小、空间结构、带不带分支、电荷基团以及本身的浓度等。

持水性:NSP,尤其是β-葡聚糖具有很高的吸水膨胀力和持水性。其分子结构形成的网状结构,可以吸收自身数倍重量的水分,如同海绵;从而增加对肠道蠕动的抵抗力。

表面活性:NSP表面具有电荷,并有弱的亲水性和疏水性,在溶液中易与其他分子相结合。在饲料消化中，其可能与肠道中饲料颗粒表面、脂肪、蛋白质表面结合而影响它们的消化吸收。

吸附能力：NSP 有一定的吸附能力，能吸附钙、钠、锌等离子和有机质，从而影响这些物质的代谢。

第二节　碳水化合物的功能

一、在猪体内形成体组织

五碳糖是细胞核酸的组成成分；许多糖类与蛋白质组成糖蛋白，具有重要的生理功能；碳水化合物的代谢产物——低级脂肪酸可与氨基结合生成非必需氨基酸。

二、提供能源

在常规饲料中，它是能量的最主要、最经济的来源，用以维持体温恒定，保证猪的生命活动，如呼吸、胃肠蠕动、血液循环、肌肉活动等；作为组织生长、更新的动力。

三、能源储备

当碳水化合物供作能源有多余时，猪体可将其转变成肝糖原、肌糖原和体脂储存起来，泌乳母猪可用采食的碳水化合物合成乳糖、乳脂肪等乳汁成分。

四、调整肠道微生态

一些寡糖类碳水化合物在猪消化道内不易水解，由于肠道消化酶系中没有合适的分解酶。但它们可以作为能源刺激肠道有益微生物的增殖，同时还由于阻断有害菌通过植物凝血素对肠黏膜细胞的黏附，改善肠道环境乃至整个机体的健康，促进生长，提高饲料利用率。

第三节　碳水化合物的消化吸收与代谢

一、无氮浸出物

饲料有机物中的无氮物质除去脂肪与粗纤维外总称为无氮浸出物，又称可溶性碳水化合物，主要包括淀粉和糖类。植物中子实中的无氮浸出物主要是淀粉，它是由葡萄糖连接而成的大分子有机物，是猪所需能量的主要来源。猪采食后，在消化酶的作用下转变为葡萄糖，经肠壁吸收进入血液，送到全身各组织，发挥其生理功能。

二、粗纤维

粗纤维由纤维素、半纤维素、木质素等组成，是植物细胞壁的主要成分，用以构成植物的支撑组织，故茎秆中最多。植物越粗老，粗纤维含量越多，它在各类饲料中的含量是：谷类子实5%左右，糠麸10%～15%，干草20%～30%，秸秆和秕壳30%～40%。

猪本身不产生消化粗纤维的酶，只是靠盲肠与结肠里微生物的发酵作用，将部分纤维素和半纤维素等转变为挥发性脂肪酸（乙酸、丙酸、丁酸等），再被猪吸收利用。

第四节　粗纤维对猪消化生理的影响

一、纤维对消化道形态结构的影响

日粮纤维对动物消化道尤其是肠道的形态结构有较大的影响。但各人的研究结果不太一致，这可能是由于纤维来源和含量及动物种类不同的缘故。Farness 等(1982)试验了燕麦麸、果胶和纤维素对小鼠肠道结构的影响,发现果胶使肠道黏膜增加,各种纤维都使肠黏膜DNA 含量降低。Cera(1988)认为,高纤维日粮使生长猪的空肠绒毛宽度变大,但并不影响十二指肠和结肠绒毛。Jin(1992)也得出了同样的结论,他们的试验也表明断奶前仔猪口服纤维素使空肠和回肠绒毛缩短15%。Jin 等(1994)还发现,高纤维日粮使生长猪空肠、回肠、结肠的隐窝深度变大。由于隐窝是小肠黏膜细胞的主要分化部位,因此可以推测,高纤维日粮会提高肠壁细胞的分化率和死亡率。另有不少试验(Cassidy 等,1981;裴相元等,1990;J. Orgensen 等,1996)表明,纤维会影响肠道黏膜的构造,使肠绒毛排列混乱,细胞肿胀,小肠刷状缘微绒毛脱落,Chiou(1996)认为,纤维成分对肠壁组织的破坏主要有两方面的作用:一是纤维不溶颗粒刺激肠绒毛上皮细胞更新加快;二是由于饲料纤维不溶颗粒在肠道某些部位如十二指肠到前胃的逆蠕动可能加速黏膜细胞的机械破坏作用。纤维对肠道表面的损伤必将影响到各种营养物质的吸收和转运。Jocabs (1983)报道,日粮中添加果胶后会刺激小肠上皮杯状细胞的增殖,使黏液分泌增加,黏液过多就会形成一道屏障从而阻止某些养分的吸收。

二、纤维对消化道酶的影响

日粮纤维对单胃动物消化道酶液的分泌和酶活性均有一定的影响。一般情况下,日粮纤维会降低胃、小肠内消化酶如淀粉酶、胰蛋白酶、糜蛋白酶、脂酶等的活性,受影响的程度与纤维的来源和酶种类有关。Barbara(1982)发现,日粮中添加20%的麸皮使胰淀粉酶、胰蛋白酶和肠内容物中脂肪酶活性下降。Schneeman 等(1985)认为纤维素、木聚糖和半纤维素显著降低酶的活性,其中纤维素对脂酶活性的影响最大。纤维降低酶活性可能是由于纤维能与酶特异性的结合或者纤维含有特异性酶抑制剂。不过亦有人认为麦麸纤维对小肠内容物酶活性没有显著影响。

可能由于动物种类、生理阶段、纤维来源、日粮组成等的原因，有的报道日粮纤维对单胃动物消化道酶液的分泌和酶活性也有有利的影响。Dierick 等(1997)报道，饲喂高纤维日粮后，猪胃的分泌物、胆汁及胰腺分泌物产量较高。Zebrowska 等(1983)和 Ikegami 等(1990)的研究均发现黏性纤维能刺激消化液的分泌，Ikegami 等还得出了果胶对胰腺既有分泌性影响又有营养性影响的结论。对盲肠内酶活性的研究则发现，日粮纤维会提高盲肠内淀粉酶和纤维素酶(内切葡聚糖酶和纤维素二糖水解酶)的活性，并且以苜蓿粉和果胶的影响最大(B. Yu 等，1998)。这主要是由于许多未消化淀粉和非淀粉多糖在盲肠内发酵，促进了盲肠微生物的生长，微生物分泌的酶增多。

三、日粮纤维对单胃动物消化道动力的影响

消化道的运动会影响食糜通过消化道的时间，从而影响食物在消化道内的消化吸收。国内外的许多研究表明，日粮纤维会减少排空时间，提高排空速率。Bueno 和Guedon 等(1980)发现，麸皮能够刺激结肠的蠕动加快。Cherbut 等(1991)研究则表明，非发酵纤维主要通过机械刺激对肠运动产生影响，发酵纤维则是通过机械刺激和发酵产物的共同作用来影响肠的运动。

四、日粮纤维对营养物质消化率和利用率的影响

日粮中添加纤维素降低了养分的消化率，尤其是蛋白质、氨基酸和矿物质的消化率都有所下降，由于后肠中纤维素的发酵，使供给猪的全部能量中挥发性脂肪酸的浓度增加。Pond(1985)报道，在初产母猪日粮中添加 96%的脱水干燥苜蓿草粉，对粗蛋白、中性洗涤纤维、酸性洗涤纤维、纤维素或灰分的表观消化率无显著影响，但显著降低总能、粗脂肪和干物质的消化率。在以大麦为基础

日粮中分别添加100 g/kg紫花苜蓿、白花苜蓿、红花苜蓿和黑麦草粉，试验结果表明，在添加紫花苜蓿、白花苜蓿和黑麦草粉时，精蛋白和大部分必需氨基酸的回肠表观消化率显著降低，在添加红花苜蓿组，只有粗蛋白、亮氨酸、苯丙氨酸和谷氨酸的回肠表观消化率显著降低，添加草粉时，大部分必需氨基酸的回肠表观消化率都比对照组低，随着日粮中纤维比例的增加，氨基葡萄糖和鸟氨酸的回肠流增加，这说明，随着日粮纤维比例的增加，小肠内源氮的排出和小肠微生物活性增加。

粗纤维的性质及其在饲料中的含量影响猪对粗纤维本身及其他营养的消化率。

粗纤维在猪饲粮中的含量对饲料营养物质的消化率影响见表3-2(Kass,1980)。

表3-2 细胞壁含量对营养物质消化率的影响 %

	日粮苜蓿草粉含量			
	0	20	40	60
	日粮细胞壁含量			
	22.49	22.60	31.94	43.95
干物质	77.2	62.1	52.1	28.0
细胞壁	62.5	33.8	26.9	7.7
纤维素	58.7	20.5	8.7	6.8
半纤维素	67.1	54.0	49.3	22.5
蛋白质	69.8	52.4	41.1	40.9

由表3-2可见，随着饲粮中苜蓿草粉含量的提高，饲粮细胞壁(主要是粗纤维)含量增加，而细胞壁、纤维素、半纤维素消化率明显下降；干物质和蛋白质的消化率也受到很大影响。据对我国地方品种猪所进行的试验，饲粮中每增加1%的粗纤维，有机物质消化率相应降低1.7%。Fernader(1986)报道，饲料中粗纤维每增加1%，能量消化率降低2.17%，粗蛋白质消化率降低1.47%。所以，生产上应注意饲粮粗纤维含量。一般认为，猪饲粮中粗纤维的适宜

含量:肥猪20～50 kg 阶段不超过3%～5%,50～100 kg 阶段不超过4%～8%。

粗纤维中的木质素严重地妨碍大肠中微生物对粗纤维的消化,因而猪对木质化的粗纤维利用能力很差。有人用含不同木质化程度粗纤维的苜蓿秸秆和小麦麸喂猪,其结果如表3-3所示。

表3-3　不同来源的纤维素对养分消化率的影响　%

项　目	苜蓿秸秆				小麦麸			
细胞壁含量	7.5	15.0	22.5	30.0	7.5	15.0	22.5	30.0
能量	89.8	83.2	76.5	69.8	92.2	88.5	84.2	78.0
粗蛋白	90.6	86.8	84.4	75.8	93.4	91.8	88.5	78.9
细胞壁	24.4	17.5	20.0	20.1	50.4	48.0	51.9	49.9
纤维素	31.6	19.9	26.6	21.6	19.2	21.6	16.1	18.5
半纤维素	17.4	15.4	17.9	15.4	59.9	56.7	63.6	60.3

由表3-3可见,饲粮中各营养物质的消化率随细胞壁水平的提高而下降;含苜蓿秸秆饲粮各营养物质消化率明显低于含麦麸的日粮(纤维素除外);随细胞壁水平的提高,苜蓿秸秆饲料中各营养物质消化率的下降幅度明显高于含麦麸的饲粮,其原因与苜蓿秸秆的木质化程度有关。因此,生产上不仅要注意猪饲粮中粗纤维的含量,同时要注意粗纤维的品质,即木质化程度。一般蒿秆、秕壳饲料的粗纤维木质化程度较高,植物越粗老,木质化程度越高,优质谷糠粗纤维中木质素占25%～30%,稻谷壳中占48%,花生壳则高达45%～80%,这类饲料一般不宜喂猪。

五、日粮纤维对胃肠道和内脏器官的影响

一般而言,随着日粮纤维含量的增加,消化器官的重量和长度都会适应性增大,相应的,其容积上就加大。Pond 等(1988)研究表明,饲喂高水平苜蓿粉日粮的成年猪的肝脏、胃、小肠、盲肠及结肠的相对重量(占体重的百分比)均增加。Kass 等(1980)用不同水平苜蓿粉喂猪,结果消化道重量随纤维水平的增加而增加。Pearce

(1985)发现,饲喂高含量紫花苜蓿日粮与低含量紫花苜蓿相比,猪肝脏、心脏、空胃、小肠、回肠和盲肠的相对重量增加。霍贵成(1992)报道,饲喂NDF水平分别为0%、10%和20%的日粮时,杂种猪的小肠、盲肠和结肠的长度随NDF的增加而增加,民猪的小肠和盲肠长度无显著差异,但结肠的长度却随日粮NDF的增加而变长;两种猪的大肠内容物含量均随日粮NDF的增加而显著增加。大鼠上的试验也表明,高纤维日粮会增加胃肠道的容积(Hansen 等,1992)。日粮纤维促进消化道发育的机理在于饲料中加入纤维会降低日粮的能量浓度,而动物尤其是家禽具有较强的调节能力,它们会通过增加采食量来满足自身对能量的需求,从而刺激了消化道尤其是后肠部分的发育。有人认为,肠道重量的增加源于肌层的增厚和直径的变大,食糜经胃和小肠迅速进入大肠并蓄积于此,当超过其容积能力时,形态就会发生变化。Stanogias(1985)认为,胃肠道形态的变化反映了这些器官特定组织在吸水、混合、搅动、移动和驱动大量残渣时增加了做功的量。

六、日粮纤维对大肠微生物的影响

当更多的日粮纤维进入后肠发酵时,猪胃肠道中微生物的活性比低纤维日粮增加5.5倍,胃肠道中二氧化碳和甲烷的生成量增加5～9倍,成年猪与生长猪相比,纤维素分解菌的数量增加6.7倍。Varel(1984)报道,在生长猪大肠中占主导地位的微生物是Fibrobacter sucinogenes 和Ruminococcus,最近又分离了一个菌种,它是梭状芽孢杆菌,它在大肠中的数量和降解植物细胞壁的能力等于甚至优于瘤胃纤维素分解菌,这说明,在某些猪的肠道中此菌可能是更具活性的纤维素分解菌。

七、日粮纤维对某些疾病的影响

纤维是粗糙物,具有一定的吸附性,在消化道内可增加微生物毒素的排出速度，也可以消化道中与保护物质暂时结合，使其无法与动物发生作用，从而保护动物免遭毒物的侵害。例如，当抗坏血酸葡萄糖酸大量聚集于体内时，对动物的健康有害，而粗纤维与之结合后，便被排出体外，因此，日粮纤维能增强动物对某些有害物质的耐受程度。纤维日粮可防止大肠杆菌引起有害物质的耐受程度，其作用方式是影响上皮细胞的分泌和吸收功能，而分泌与吸收都与细菌的黏附性有关。

第五节 可溶性非淀粉多糖(NSP)对猪消化生理的影响

一、物理阻碍作用

NSP 主要位于细胞壁中，其本身难以被畜禽消化吸收，使细胞内的养分无法与消化道内的消化酶充分结合；从而引起养分释放受阻，饲料利用率下降。

二、增加食糜黏性

Patel 等(1980)、Philp(1995)研究资料表明，β-葡聚糖和木聚糖能结合大量水分，增加消化道内容物和黏稠度，干扰食糜在胸腔内流动，使之移动减慢，因而显著增加食糜在肠道内停留时间。小肠内容物黏度的增加，降低消化酶及其底物的扩散速度，阻碍它们的有效结合。高黏性阻碍被消化的养分接近小肠黏膜表面，使吸收下降。Bedror(1996)研究表明，用阿拉伯木聚糖使溶液黏度从1 cps升至5 cps，一种相对分子质量为1 000的小肽扩散速度下降60%。此外，有报道认为，肠道的黏性增加使消化酶活性显著下降。

三、消化道形态生理变化

NSP 使消化器官代偿性增大，蛋白质、脂类、电解质内源分泌增加,降低了其在机体内的存留。研究显示,饲喂β-葡聚糖使猪的胰腺增大;发酵的增加使后肠空重明显上升。

四、可溶性NSP与生理活性物质结合

Irish(1993)和Campbell(1983、1986)等研究表明,β-葡聚糖和木聚糖能直接结合消化道中的蛋白酶、脂肪酶等消化酶,使其活性降低,由于代谢补偿作用,增加了蛋白质、脂类和电解质等内源物质的分泌,降低它们在体内的储备;同时还会与胆汁盐、脂类、胆固醇结合,影响脂肪代谢。

五、肠道微生物变化

日粮中NSP在肠道上部不被消化,进入后段之后被厌氧微生物发酵利用。微生物一方面竞争性消耗大量营养物质,另一方面发酵产生大量毒素,抑制畜禽生长发育。此外,消化道内微生物数量增多刺激肠道,使肠道增厚,不利于养分的吸收。

另有试验表明,β-葡聚糖和木聚糖的含量,直接影响到饲料的表观代谢能值,Choct等(1990)检测了NSP和表观代谢能的关系,发现随着NSP含量的增加,饲料表观代谢能呈线性降低。

六、降低饲料表观消化能

Annison(1991)研究表明,在小麦中NSP(β-葡聚糖+阿拉伯木聚糖)含量与饲料表观消化能呈负相关。各种谷物中NSP含量与能量代谢率也呈现出负相关。

七、降低养分消化率

饲料NSP显著降低饲料干物质消化率。高粱日粮中加入阿拉伯木聚糖,显著降低脂肪和氨基酸的消化率。此外还会降低日粮中蛋白质和一些矿物元素的表观消化率。

第六节 仔猪对粗纤维的利用

长期以来,人们一直认为粗纤维会降低采食量和饲料利用率而将之视为抗营养因子。许多营养学家认为,仔猪大肠内的微生物区系正在形成之中,对纤维的利用能力还比较低,提高日粮纤维含量,会降低仔猪的生产性能。新的研究观点认为,通过在猪的早期饲料中调控粗纤维水平,可促进消化道的发育,使其终生受益。

仔猪的消化道及其酶系统发育尚未健全;胃底腺区的壁细胞和主细胞发育不成熟,胃与神经系统间的联系还没有完全建立,缺乏条件反射性胃液分泌,胃底腺功能差,胃酸分泌不足;胃肠道微生物区系易变;免疫功能不完善,抵抗疾病能力差,易被大肠杆菌、链球菌、葡萄球菌等病原菌侵袭(Mathew 等,1991);此外,仔猪消化道具有进行性的适应性。Longland(1994)在饲料中添加大量的甜菜渣,发现1 月龄的仔猪NSP 具有相当高的消化率,说明这时消化道有较强的消化适应性。在仔猪开食料中配合一定量的难消化NSP,有助于肠道后段消化适应性的提高。

断奶仔猪日粮中加入适量纤维,尤其是NSP 对仔猪消化道有重要的作用。一般来说,随着日粮纤维增加,消化器官的长度、重量、容积相应增大,而且形态也发生明显变化。Bolduau(1988)研究发现仔猪断奶后随非淀粉多糖(NSP)采食量增加,其大肠重量很快增加到每千克体重 90~100 mg,并建议将仔猪日粮纤维提高到5%。McDonald(1998)研究非淀粉多糖和抗性淀粉(即不被α-淀粉酶消化的淀粉)对仔猪消化生理功能的影响,结果表明,无论添加抗性淀粉或添加羽扇豆NSP,都促进了大肠生长(表现为大肠重量增加)。Jorgenson 等(1994)报道,饲喂高纤维日粮与低纤维日粮相比,小肠重量和长度增加,后肠重量增加了 2 倍,长度增加了30%。

在仔猪饲料中适当增加纤维的含量可促进微生物发酵产生VFA,其中大部分是乙酸、丙酸和丁酸盐,尤其丁酸盐是结肠上皮细胞生长的必不可少的能源;纤维发酵产生的VFA还可促进肠壁指状绒毛的发育,增加营养物质的吸收面积。

猪属于后消化道发酵动物,其消化道内栖居有大量的有益微生物,形成一种相当稳定开放的复杂系统,维持着猪正常的生命活动。日粮纤维对形成和维持猪正常的微生态系统起着重要作用,这在断奶仔猪更为明显。研究表明,非淀粉多糖(NSP),不易直接被仔猪消化利用,但可作为肠道内益生菌株的能量来源,利于维持肠道内微生物区系的平衡。Jenny 和Jorgensen(1994)发现,提高日粮纤维含量可增强胃和消化道后段各部分的微生物活动。同时,日粮纤维可影响消化道的微生物群落。Varel 等(1987)发现含35%苜蓿草粉高纤维日粮提高了分解纤维素细菌的数目和活性。

高纤维日粮对猪胃肠道pH值有一定影响。Jenry 等(1994)发现采食高纤维日粮的猪盲肠和结肠的pH值均显著低于采食低纤维日粮猪相应部位的pH值。

日粮纤维对仔猪腹泻程度有一定影响。Ball 和Aherne(1982)认为,提高日粮纤维水平对降低断奶后腹泻(PWD)的持续时间和严重程度有直接作用。L. Goransson(1985)以车前草属植物多糖或甜菜渣纤维进行仔猪试验也支持上述结论。Hampson 等(1997)在评论日粮因子对猪痢疾的影响时指出,日粮中可溶性纤维或抗性淀粉含量较低会显著提高痢疾的发生率。Larsen(1981)证明,甜菜渣纤维中的果胶类物质可降低仔猪腹泻的发生率(表3-4)。

仔猪日粮中含有适当纤维,对仔猪生产性能无不利影响。Longland(1994)研究表明,1月龄仔猪采食含15%甜菜渣的日粮仍表现出良好的生产性能,与对照组比,在为期36 d的试验中平均日增重仅差3 g,且对照组和试验组之间氮和能量的表观消化率没有区别。卢福庄(2000)报道,以含NSP高的大麦部分替代玉米,

表3-4　提糖后的甜菜渣(SBP)对仔猪腹泻的影响(5～6周龄断奶)

项　目	C	C+SBP
猪群数	7	7
窝数	71	71
断奶时仔猪头数	678	650
3～8周龄的仔猪死亡率(%)	4.3	4.3
发生PWD窝数	36	21

可使仔猪日增重提高17.6%，采食量增加6.1%，单位增重的饲料消耗下降9.0%，加β-葡聚糖酶、果胶酶、蛋白酶等复合酶(0.15%)破坏一部分NSP后，尽管营养物质的消化率得到提高，但日增重、饲料报酬、采食量反而有所下降。马永喜等(2001)测定仔猪对纤维来源和水平不同的日粮的消化率，结果在仔猪日粮中使用5%的小麦麸或甜菜渣，并没有观察到养分消化率降低的现象，而是影响了养分在消化道不同部位降解的比例。许梓荣等(1998)研究高麦麸(35%)饲粮中添加木聚糖酶、β-葡聚糖酶和纤维素酶对仔猪生产性能和胴体组成的影响，结果表明，饲粮中添加三种酶后，可使仔猪日增重较饲喂玉米组和未添酶组分别提高了6.79%($P>0.05$)和15.25%($P<0.05$)，采食量分别提高了2.22%($P>0.05$)和5.34%($P<0.05$)，料重比分别降低了3.83%($P<0.05$)和8.5%($P<0.01$)。

第七节　生长猪对粗纤维的利用

粗纤维是饲料中最难利用的一种营养物质。猪是杂食动物，对粗纤维的利用能力远不及草食畜禽，并依猪的品种、年龄、粗纤维的性质及其在饲料中的含量而有所不同。一般我国地方品种利用粗纤维的能力优于国外引入品种；大龄猪优于幼龄猪；猪对粗老、木质化程度高、发酵性差的纤维利用能力较低，如青干草、苜蓿、玉米芯、燕麦壳等的纤维发酵性较差，猪对其利用能力较低，来自甜菜渣、大豆荚、麸皮、三叶草、油菜粕等的纤维发酵性较好，猪对其利用能力较强；日粮粗纤维含量越高，猪对粗纤维及其他营养物质的消化利用能力越低。在生长猪日粮中添加大麦秸秆、小麦麸和燕麦麸时，粗纤维每增加1个百分点，饲粮总能的消化率降低2.1个百分点，代谢能的利用率下降0.7个百分点。所以生长肥育猪日粮的粗纤维水平不宜过高。

第八节 妊娠母猪对粗纤维的利用

大量的研究表明，母猪在妊娠期间采食高纤维日粮，具有许多益处，现已引起了人们的关注。在正常情况下，妊娠母猪单位体重的采食水平较低，消化运输速度慢，而且消化容积大，食糜在大肠内被微生物发酵的时间较长(Dierick，1989)，并且其体内纤维分解菌的数量比生长猪高6.7倍(Varel，1987)，故与生长猪相比，妊娠母猪对纤维具有较强的利用能力，妊娠前后期也有区别，研究表明，妊娠母猪由中期到后期对纤维的消化能力逐渐增强，由中期到后期逐渐减弱。下面将日粮纤维对妊娠母猪中的影响分两个方面予以介绍。

一、日粮纤维对妊娠母猪产前行为和内分泌的影响

在母猪怀孕期间饲喂高纤维日粮，可以减少母猪异常行为的发生。所谓母猪的异常行为，指的是一种无明显目的的反复行为，常见的有不停地啃咬栅栏、拱动饲槽、虚假咀嚼以及过量的额外饮水等。母猪的异常行为会破坏设备、产生噪声，使机体的代谢率升高，饲料转化率下降，并且异常行为的发生对母猪的繁殖性能有害无益。Frazer(1975)在日粮中添加干草可延长猪采食后的躺卧时间，活动减少，能量消耗降低，养分沉积增加。Robert 等(1993)发

现，猪采食大容积饲料的日粮比饲喂玉米-豆粕日粮饮水量降低59%。Matte 等(1994)发现，采食小麦麸及玉米芯的母猪，定型行为减为50%，休息时间延长12.8%。Bruons 等研究了日粮中添加未制糖蜜的甜菜浆对青年母猪饲喂后1.5 h 期间所见异常行为的影响，结果显著减少了母猪的异常行为(表3-5)。

表3-5　日粮纤维对母猪口部行为的影响

处　理	喂后1.5 h 内用在下列行为的时间(min)		
	舔	虚假咀嚼	咬栅栏
对照日粮(2 kg/d)	28.1	12.1	8.8
50%甜菜浆日粮(2.3 kg/d)	6.1	0.9	0.1
50%甜菜浆日粮(自由采食)	2.6	0.0	0.3

Morkoc 等(1983)报道，高纤维日粮会加快食糜流通速率，减少产生内毒素的有害菌的数量。由大肠杆菌产生的内毒素会降低母猪体内促乳素的浓度，而饲喂高纤维日粮的母猪，血液中促乳素的浓度较高，这也许对仔猪有利(Smith 和 Wanger，1984)。因为在鼠上的试验表明，促乳素、孕激素和催产素与母性行为的建立有关(Bridges，1985；Rosenblatt，1987)。Famer 等(1995)以麸皮、玉米芯和燕麦壳作为纤维来源，研究在怀孕期间饲喂高纤维日粮对母猪产前行为和内分泌的影响。结果表明，饲喂以麸皮、玉米芯为纤维来源日粮的母猪，其血液中促乳素的含量比较高，同时以麸皮、玉米芯为纤维来源的日粮，趋向于使母猪分娩时更安静。并且高纤维日粮经发酵可产生更多的挥发性脂肪酸，特别是乙酸，可直接用于合成乳脂，提高乳脂率。

二、日粮纤维对母猪繁殖性能的影响

一些试验表明，适宜的日粮纤维水平不仅可以保持怀孕母猪的理想体况，而且对母猪的繁殖性能不会产生有害的影响(李德发,1996)。妊娠母猪采食高纤维日粮具有很多益处，利用295头经产母猪进行试验，其中141头完成3个繁殖周期。研究结果表明，在妊娠日粮中添加纤维(小麦秸秆)可提高母猪的繁殖性能，增加初生仔猪数和断奶仔猪数。Reese(1997)研究表明，妊娠期间的能量和养分摄入量不受日粮中纤维含量的影响，母猪妊娠期间采食高纤维日粮，可改善窝仔的性能，每窝产活仔数和断奶仔猪数各增加0.3头，平均断奶存活率未受影响，但令人惊奇的是，平均断奶重却增加0.41 kg。研究还发现，母猪窝产活仔数随妊娠期间NDF摄入量增加而呈显著性增加，但增加的幅度取决于纤维来源。为了使母猪每窝断奶仔猪数增加0.3～0.7头，应使母猪在妊娠期间每天采食NDF350～400 g。包含25%苜蓿、20%豆壳或40%小麦粗粉的日粮将满足其每天的NDF需要量。Munchow等(1982)用水解或纯的麦秸粉代替部分谷物基础日粮，可显著提高母猪的繁殖性能(每头母猪每年多产1.5头仔猪)。Miroz等(1986)在妊娠母猪日粮中添加燕麦壳得到了相似的结果，结果表明，在基础日粮中添加燕麦壳，不仅提高了妊娠净增重、产活仔数、初生窝重，而且初乳和常乳中脂肪的含量也有所提高，有利于仔猪的成活。妊娠母猪能够很好地利用低能、高纤维日粮，并且保持良好的繁殖性能。生产者可以利用母猪的这一消化生理特点，向其妊娠日粮中添加适量的纤维性饲料，以获得最佳的经济效益。

第四章　猪的脂肪营养

第一节　脂肪的概念与分类

脂肪是广泛存在于动植物体内的一类不溶于水而溶于有机溶剂的有机化合物，饲料中的脂肪通常是用乙醚浸出法测定的，因此，乙醚浸出物中除脂肪外，还包括能溶于乙醚的所有脂溶性物质，所以称之为粗脂肪或乙醚浸出物。饲料中粗脂肪的含量差异很大，高者在10%以上，低的不到1%。一般大豆、米糠、鱼粉等饲料中含量较高。猪体脂肪含量随品种、年龄和体重而变化，瘦肉型猪较脂肪型猪脂肪含量低；年龄小、体重轻的猪较年龄大、体重高的猪脂肪含量低，初生仔猪仅含脂肪1%左右，100 kg的猪含脂肪10%～58%。粗脂肪可根据其结构不同分为真脂肪和类脂肪两大类。

一、真脂肪

真脂肪即中性脂肪，含有碳、氢、氧三种元素，由1分子甘油和3分子脂肪酸组成，又称为甘油三酯。自然界构成脂肪的脂肪酸有40多种，其中绝大多数是含偶数碳原子的直链脂肪酸，不含双键的为饱和脂肪酸，含双键的为不饱和脂肪酸，含两个和两个以上双键的脂肪酸为多不饱和脂肪酸。凡是机体自身不能合成，必须由日粮供给，或能通过体内特定先体物形成，对机体正常机能和健康具有重要保护作用的脂肪酸都叫必需脂肪酸(EFA)。按此定义亚油酸(18：2，ω-6)、亚麻酸(18：3，ω-3)和花生四烯酸(20：4，ω-6)都叫必需脂肪酸。

脂肪酸有俗名和系统化学名称两种。脂肪酸的俗名是根据其来源命名，如亚油酸、亚麻酸等，系统化学名称是根据构成它的母体碳氢化合物的名称命名。为了表示取代基团和双键的位置，要给碳原子编号，碳原子系统编号有：Δ编号系统和ω编号系统。Δ编号系统是从羧基端开始计数，用阿拉伯数字或希腊字母编号，用阿拉伯数字编号，第一个碳原子为1，第二个碳原子为2，依此类推；用希腊字母编号，第二个碳原子称为α碳原子，第三、四、五个碳原子分别称为β、γ、和δ碳原子。ω编号系统是从甲基端开始计数(也称为n编号)，用阿拉伯数字或希腊字母编号，用阿拉伯数字编号，第一个碳原子为1，第二个碳原子为2，依此类推；用希腊字母编号，第一个碳原子称为ω碳原子，第二、第三碳原子分别称为ω-1和ω-2碳原子。

按照ω编号系统可将多不饱和脂肪酸分成四组：ω-3组、ω-6组、ω-7组、ω-9组，ω-3组是从甲基端起，第一个双键在第三和第四碳原子间，其第一个成员是亚麻酸(图4-1)，ω-6组是从甲基端起，第一个双键在第六和第七碳原子间，其第一个成员是亚油酸。

脂肪酸的结构通式用$C_{x:y}$来表示，x代表碳链中碳原子数目，y表示不饱和双键的数目，如亚麻酸为$C_{18:3}$。

CH_3—CH_2—CH_1—CH_1—CH_2—CH_1—CH_1—CH_2—CH_1—CH_1—CH_2—
CH_2—CH_2—CH_2—CH_2—CH_2—CH_2—COOH

Δ编号

18 17 16 15 14 13 12 11 10 9 8 7 6 5 4 3 2 1

β γ α

ω编号

1 2 3 4 5 6 7 8 9 10 11 12 13 14 15 16 17 18

ω-1

图4-1 亚麻酸($C_{18:3}$;ω-3)(十八碳三烯-9,12,15-酸)

真脂肪在常温下以固态或液态的形式存在，其凝固点与脂肪酸链的长短尤其是饱和度有关。当不饱和度增加时，其凝固点随之降低，使脂肪变软或呈液态。如玉米油不饱和度高，在常温下呈液态。脂肪中脂肪酸链越短，其凝固点越低，如牛脂肪不但饱和度高，而且脂肪酸链长，所以牛脂肪较硬，在常温下为固态。部分油脂的脂肪酸组成与性质见表4-1至表4-3。

表4-1 饲料脂肪中常见脂肪酸及其性质

俗名	结构式	系统名称	相对分子质量	碘价	熔点(℃)
月桂酸	$C_{12:0}$	十二(烷)酸	200	0	43.6
豆蔻酸	$C_{14:0}$	十四(烷)酸	228	0	53.8
棕榈酸	$C_{16:0}$	十六(烷)酸	256	0	62.9
硬脂酸	$C_{18:0}$	十八(烷)酸	285	0	69.9
棕榈油酸	$C_{16:1}$	十六(碳)一烯-9-酸	254	99.8	1.5
油酸	$C_{18:1}$	十八(碳)一烯-9-酸	283	89.8	14.0
亚油酸	$C_{18:2}$	十八(碳)二烯-9,12-酸	281	181.0	−5.0
亚麻酸	$C_{18:3}$	十八(碳)三烯-9,12,15-酸	279	273.5	−14.4
花生四烯酸	$C_{20:4}$	二十(碳)四烯5,8,11,14-酸	305	316.2	−49.5
二十碳五烯酸	$C_{20:5}$	二十(碳)五烯4,8,12,15,18酸	302	335.7	

表4-2 部分油脂的凝固点范围

品种	熔点(℃)	品种	熔点(℃)
牛油	40～47	椰子油	20～24
猪油	32～34	大豆油	21～23
棕榈油	40～47	亚麻子油	19～21
棉子油	30～37	玉米油	14～20
花生油	26～32	菜子油	11～15
棕榈仁油	20～28	蓖麻油	2～4
芝麻油	20～25		

表 4-3　部分油脂脂肪酸组成

名称					饱和脂肪酸		简单不饱和脂肪酸					多不饱和脂肪酸				
	乙酸	丁酸	辛酸	癸酸	月桂酸	肉豆蔻酸	棕榈酸	硬脂酸	花生酸	棕榈油酸	油酸	二十碳烯酸	芥子酸	亚油酸	亚麻酸	花生四烯酸
牛脂	—	—	—	—	—	4.0	32.0	23	—	—	38	—	—	3.0	—	—
猪油	—	—	—	—	—	2.0	24.0	11	—	—	52	—	—	10.0	—	1.0
棕榈油	—	—	—	—	—	2.0	36.0	5.0	—	—	47	—	—	10.0	—	—
棉子油	—	—	—	—	—	2.0	20.0	2	1.0	—	25	—	—	50.0	—	—
花生油	—	—	—	—	—	—	6.0	4	3.0	—	47	—	—	40.0	—	—
棕榈仁油	—	0.2	3.0	7.0	46.0	15.0	7.8	2	—	—	18	—	—	1.0	—	—
椰子油	—	1.0	6.0	7.0	48.0	18.0	9.0	2	—	—	8	—	—	1.0	—	—
大豆油	—	—	—	—	—	0.4	9.0	2.0	2.0	—	20	—	—	54.6	12.0	—
黄油	4.0	2.0	1.0	2.0	4.0	12.0	28.0	10	2.0	4	27	0.5	0.5	3.0	—	—
葵花子油	—	—	—	—	—	—	4.0	2	1.0	—	33	—	—	60.0	—	—

二、类脂肪

类脂肪是含磷、糖或氮的有机物质，结构性质上与真脂肪类似，包括磷脂、糖脂、固醇和蜡等。

磷脂和甘油三酯相似，只是一个脂肪酸被正磷酸和一个含氮碱基取代。它是动植物细胞的重要组成部分，在动物的各组织器官如脑、心脏和肝脏内均含有大量磷脂，植物种子含量也较多，磷脂中以卵磷脂、脑磷脂和神经磷脂最为重要。

糖脂是含糖的脂肪，主要存在于动物外周和中枢神经中。

固醇是一类高分子一元醇，不含脂肪酸，主要有胆固醇和麦角固醇。

蜡是由高级脂肪酸和高级一元醇生成的酯，主要存在于植物表面或动物毛表面，具有一定防水性。

第二节　脂肪的性质

脂肪的性质主要有水解、氢化和氧化酸败。

一、水解

各种脂肪可在酸、碱或酶的作用下水解为脂肪酸和甘油，水解后的某些脂肪酸具有特殊异味，存在于饲料中时将影响饲料的适口性，但不影响饲料的营养价值。霉菌和细菌的脂肪酶可将脂肪水解为脂肪酸和甘油，在油脂及饲料的贮存中应注意防止该种水解。

脂肪在碱性溶液中水解的产物不是游离脂肪酸，而是脂肪酸的盐类（肥皂），该过程称为皂化。皂化1 g 油脂所需氢氧化钾的毫克数称为皂化价。皂化价反映脂肪相对分子质量的大小或脂肪酸链的长短，脂肪的平均相对分子质量越小或脂肪酸的链越短，皂化价越高。

二、氢化

催化剂或酶的作用下，不饱和脂肪酸的双键可得到氢而变为饱和脂肪酸，该过程称之为氢化。经氢化后，可使脂肪硬度增加，不易氧化酸败，有利于贮存。脂肪的不饱和度可用碘价来反映，碘价是100 g脂肪样品所吸收碘的克数。碘价越高，脂肪的不饱和度越高。

三、氧化酸败

油脂在空气中可发生自动氧化和微生物酶作用下的氧化，生成过氧化物、醛、酮等产物，从而降低脂肪的能量价值，产生异味，影响饲料适口性，破坏抗氧化剂和维生素E，降低赖氨酸的利用率，损伤肠道，破坏细胞结构和功能，影响猪的免疫功能，降低猪的生产性能。因此饲料贮存过程中应注意防止脂肪的氧化酸败。

第三节　脂肪的功能

一、形成动物体组织的原料

脂肪是构成畜体各组织的重要成分。畜体的各种器官和组织，如神经、肌肉、骨骼等组织中均含有脂肪，各组织细胞的细胞膜、细胞质均含有恒定、特有的脂肪成分。磷脂、固醇等是脑神经和组织的重要成分，也是调节代谢的重要物质。

二、猪体所需能量的一个来源

脂肪所含能量为碳水化合物和蛋白质的2.25倍左右，幼猪及产前母猪日粮中添加适量脂肪，可显著提高其能量水平。

三、脂肪是能量的最好贮存形式

猪采食的碳水化合物、脂肪、蛋白质等都可转化为脂肪贮存于皮下、肾周等处，作为能量储备。

四、是脂溶性维生素的溶剂

脂肪可作为脂溶性维生素的溶剂而有效促进其吸收与转运。

五、为猪提供必需脂肪酸(EFA)

EFA是细胞膜、线粒体膜等生物膜结构脂质的主要成分，在绝大多数膜功能上起重要作用。它参与磷脂的合成，并以磷脂的形式出现在线粒体和生物膜中。

EFA能够维持皮肤和其他组织对水分的不通透性，如血-脑屏障、胃肠道屏障等。

EFA与脂类代谢有关，并对胆固醇在体内的转运与代谢有重要作用。EFA还是体内合成前列腺素的原料，在精子形成中也均有重要作用。对种猪的繁殖泌乳也有影响。

缺少EFA时会引起机体代谢障碍，出现皮炎、尾坏疽、生长停滞，甚至死亡。但猪对必需脂肪酸的需要量很小，常规日粮中的含量一般能满足猪的需要，NRC(1998)规定猪的亚油酸的需要量占日粮的0.1%。

第四节　脂肪的消化、吸收与代谢

胃脂肪酶对正常日粮脂类的消化作用很小，仅对短、中链脂类有一定消化作用。仔猪口腔中的脂肪酶对常规日粮脂类的消化作用也很小，由于仔猪胆汁分泌不足，断乳又引起脂肪酶分泌量降低，故对常规日粮脂类的利用受到一定限制。

日粮中脂肪进入十二指肠后与胰液和胆汁混合，在胰脂酶的作用下将甘油三酯变成游离脂肪酸和单酸甘油酯，后者再由脂肪酶水解为甘油和脂肪酸。磷脂由磷脂酶水解成溶血磷脂。胆固醇脂由胆固醇水解酶水解成胆固醇和脂肪酸。最后这些水解产物并包括部分单酸甘油酯、甘油三酯等聚合成乳糜微粒，通过易化扩散过程以微粒途径进入肠黏膜细胞，并在肠黏膜细胞内重新合成脂肪、磷脂等，然后与特定蛋白质结合形成乳糜微粒和极低密度脂蛋白，经淋巴系统进入血液循环。中短链脂肪酸吸收后与清蛋白结合经门静脉血转运。血中脂类转运到脂肪组织、肌肉、乳腺等毛细血管后，游离脂肪酸通过被动扩散进入细胞内。乳糜微粒中的甘油三酯经毛细血管壁脂肪酶水解成游离脂肪酸后再被吸收。

脂肪的吸收部位主要是在空肠。脂肪的吸收率与脂肪链的长度、脂肪中双键数目的多少和组成有关，一般短链脂肪酸要比长链脂肪酸吸收率高，双键数目多的脂肪酸要比双键数目少的脂肪酸吸收率高，游离脂肪酸要比三酸甘油酯吸收率高。

猪体内沉积的脂肪除来自于饲料中的脂类外，饲料中的碳水化合物通过消化成葡萄糖等而被吸收，在代谢过程中可变为甘油和脂肪酸，再进一步形成脂肪。氨基酸也是脂肪的一个来源。

在饲料能量供应不足的情况下，猪体内的脂肪还可通过水解被利用。

第五节　新生仔猪对脂肪的利用

仔猪出生到断奶的死亡率为10%～20%，其中弱小猪的死亡率常高达50%以上，并多半在1周之内死亡。导致死亡的原因包括营养缺乏、低温、疾病、压死等，其中初生仔猪能量缺乏是死亡的一个重要原因。

出生仔猪的能量贮存包括有肝糖原、肌糖原、脂肪组织和肌肉组织,其中最主要的能源储备物质——肝糖原在出生后18 h内就被耗尽(Bishop等,1985),继而消耗体脂,而初生仔猪体脂含量仅为初生体重的1%,并且绝大部分是构成体组织存在于细胞膜中,作为能源的血液游离脂肪酸量很低,初生时才100 μg/100 mL。如果出生后不能及时得到充足的外源能量供应时则消耗体蛋白,体脂与体蛋白的消耗将严重影响新生仔猪生长发育、危及健康或导致死亡。

仔猪生后通常从母乳中的乳糖和乳脂等获取能量以维持生命和生长发育,猪初乳中的乳糖含量很低,不足常乳中的一半,乳脂也较常乳低,并以长链脂肪酸(C_{16}、C_{18}、$C_{18:1}$)为主,中链脂肪酸只有0.16%~0.67%,主要是C_8,仅为长链脂肪酸的1/35(齐顺章,1979)。初生仔猪消化酶系发育不健全,使得长链脂肪酸主要沉积于脂肪组织起保温作用,只有C_8作为快速补充能量的物质吸收利用直接供能(Chiang等,1990)。初乳乳糖和乳脂含量的低下以及乳脂成分的不适宜使初生仔猪的能源供应容易出现不足。当母猪分娩仔猪头数较多或母乳不足时,能量的供给就有一定的问题,初生体重较小的仔猪的生长发育首先就要受到影响。

鉴于上述原因,给初生仔猪尤其是初生重低的弱小仔猪补充中链脂肪酸的甘油三酯将有可能提高断奶重与断奶成活率。

脂肪酸根据碳链的长度分为短链、中链和长链三种。含有6~12个碳原子的脂肪酸甘油三酯称为中链甘油三酯,含少于6个碳原子脂肪酸的甘油三酯为短链甘油三酯,含多于12个碳原子脂肪酸的甘油三酯为长链甘油三酯(Bach,1982)。

试验证明,胰脂酶对甘油三酯的水解能力随结合脂肪酸碳链的长度增加而逐渐下降,以C_{12}脂肪酸甘油三酯水解率为100%,C_{10}为210%,C_8为230%,C_6为235%,C_4为270%,C_2为25%。Hamosh等1989年的研究证明,在婴儿,水解后的中链脂肪酸可直接吸收通过胃肠黏膜进入血液循环,而游离长链脂肪酸则是通过与脂蛋白结合进入淋巴路径，大部分沉积于脂肪组织。Chiang 等1990 年的研究证明，含C_8 的甘油三酯的消化吸收和氧化率均大于含$C_{18:1}$的甘油三酯(表 4-4)，说明含短链脂肪酸的甘油三酯较含长链脂肪酸的甘油三酯作为初生仔猪的能源物质更加有效。

表 4-4 初生乳猪对含C_8 和 $C_{18:1}$甘油三酯的利用

项目	剂量(g/kg 代谢体重)					
	2.86		5.73		11.46	
碳链长度	8∶0	18∶1	8∶0	18∶1	8∶0	18∶1
吸收率(%)^{14}C 标记	79	33	61	40	18	9
脂肪酸吸收(g/kg 代谢体重)	1.66	0.76	2.77	1.68	1.90	0.97
脂肪酸氧化(g/kg 代谢体重)	1.16	0.18	1.60	0.32	1.04	0.33
氧化/吸收(%)	70	25	57	20	55	34

中链甘油三酯的消化能是 36.37 MJ/kg，代谢能是 32.92 MJ/kg。Chiang 等1990 年的研究证明，含C_8 的甘油三酯最大吸收和氧化量每12 h 大约是6 (g/kg 代谢体重)，估测初生1.5 kg 的仔猪需中链甘油三酯8～9 mL。谢世俊(1997)用140 头猪的试验证明，仔猪出生后12 h 内及12～36 h 分别投喂中链甘油三酯-MCT810 各4 mL (体重小的2 mL)，可以提高仔猪增重与成活率(表4-5、表4-6)。

表 4-5 投喂中链甘油三酯-MCT810 对仔猪死亡率的影响 %

日龄	0.7 kg 以下		0.7～1 kg		1.0 kg 以上	
	试验	对照	试验	对照	试验	对照
7	13.33	35.00	5.00	9.09	2.94	3.45
14	13.33	35.00	7.50	18.18	2.94	3.45
21	20.00	35.00	12.50	21.21	11.76	20.69
28	20.00	35.00	12.50	27.27	14.71	27.59
35	26.67	40.00	12.50	30.30	23.53	27.59
42	26.67	40.00	15.00	30.30	25.53	27.59

表 4-6 投喂中链甘油三酯-MCT810 对仔猪增重的影响 %

日龄	0.7 kg 以下		0.7～1 kg		1.0 kg 以上	
	试验	对照	试验	对照	试验	对照
7	0.60	0.63	0.88	0.88	1.16	1.19
14	1.01	1.10	1.38	1.39	1.82	1.74
21	2.73	2.93	3.62	3.63	4.27	4.28
28	3.36	3.51	4.46	4.47	5.30	5.34
35	4.52	4.90	5.86	5.88	6.46	6.44
42	5.99	5.93	7.69	7.64	8.30	7.55

乳化有利于甘油三酯的消化与吸收。乳化使脂粒减小，增加与脂肪酶的接触面积，有利于甘油三酯的消化；乳化后的脂肪易于扩散跨越肠内膜表面的水层，以到达肠内膜细胞。初生仔猪1 日龄时胆汁量很少(一般小于1 mL)，故外源乳化剂有利于脂肪的消化与吸收。Teresa 等(1993)乳化中链甘油三酯($C_8$75%，C_{10}25%)可使其吸收量增加3～19 倍。Wieland 等(1993b)报道，乳化比非乳化中链甘油三酯吸收后血浆游离中链脂肪酸浓度高 2～3 倍。

第六节 断奶仔猪对脂肪的利用

母猪奶含脂肪 34%～46%，在总脂肪中单不饱和脂肪酸占39%～46%，多不饱和脂肪酸占14%～22%。常规断奶日粮脂肪含量很低，植物淀粉成了仔猪的主要能源物质，常规玉米-豆粕型日粮含能量较低(13.5～14.0 MJ/kg)。早期断奶仔猪断奶初期常出现生长停滞甚至体重下降。其原因除了仔猪断奶后突然由液态乳汁变为固态饲料、乳蛋白变为植物蛋白、乳糖变为淀粉外，还由于突然降低了仔猪膳食中的脂肪含量，同时伴随采食量降低而导致能量供应不足。因此生产上考虑在断奶猪日粮中添加脂肪。但试验结果并不乐观，部分试验取得正效果，但许多试验添加2%～3%

的脂肪并未提高7～28日龄仔猪的增重速度和效率(Clime,1977;Wolfe等,1978)。其原因可能由于断奶后仔猪肠绒毛损伤、胰脏和消化道胰脂酶活性下降(分别下降30%和60%;Linemann等,1986),从而限制了脂类的利用,也可能由于试验断乳的日龄、日粮的组成、脂肪的添加量、脂肪的类型、添加水平、方法以及其他环境条件的差异造成结果不一致。

Pettigrew等(1989)报道,补充脂肪对断奶仔猪的生产性能的影响不如生长肥育猪明显和稳定,对121例试验的结果进行了比较,对日增重的反应很小,当保持恒定的蛋白能量比时,正反应数明显超过了负反应数。断奶仔猪日粮中添加脂肪使日采食量降低,饲料转化效率有所改善。猪对脂肪有效利用的能力随着断乳后日龄的增大而提高(Cera等,1988b)。

脂肪的添加剂量影响断奶仔猪对脂肪的利用。一些研究表明,断奶仔猪日粮中脂肪的最佳添加剂量为2%～4%。Thaler等(1988)进行试验,在21日龄断乳仔猪日粮中添加豆油,当豆油比例达到3%时,日增重、日采食量和代谢能摄入量达到最高饲料增重比,随豆油添加比例加大,二线性下降,即使日粮豆油水平达到5%,饲料增重比仍然有改善,说明仔猪料中可以使用3%～5%的脂肪(表4-7)。

表4-7 豆油添加水平对断奶仔猪生产性能的影响

	豆油(%)					
	0	1	2	3	4	5
2周						
日增重(kg/d)	0.20	0.21	0.21	0.22	0.20	0.22
日采食量(kg/d)	0.30	0.31	0.30	0.31	0.29	0.30
ME摄入量(kJ/d)	4 040	4 162	4 103	4 346	4 028	4 279
饲料增重比	1.36	1.44	1.30	1.27	1.22	1.20

续表 4-7

	豆油(%)					
	0	1	2	3	4	5
5 周						
日增重(kg/d)	0.38	0.37	0.38	0.40	0.39	0.39
日采食量(kg/d)	0.81	0.78	0.76	0.76	0.73	0.73
ME 摄入量(kJ/d)	8 822	8 529	8 767	9 232	8 729	8 947
饲料增重比	1.78	1.73	1.68	1.67	1.62	1.60

Adalberto Falaschini(1994)模仿母乳脂肪配制了饱和脂肪酸、单不饱和脂肪酸和多不饱和脂肪酸的比例类似于母乳的脂肪，用107 头 24 日龄断乳仔猪试验，断奶前 9 d 喂对照日粮(含粗脂肪7.5%，赖氨酸1.25%)，然后试验组改喂试验日粮(含粗脂肪15%，赖氨酸1.40%)，直至71 日龄。在38 日龄内一直是试验组猪增重较快，52 日龄时达到统计显著水平(日增重分别为 335 g 和 319 g)，全期试验组日增重较对照组多 50 g，结束体重分别为 29.9 kg 和27.4 kg。试验组与对照组猪的采食量分别为 32.2 kg 和27.5 kg，每千克增重较对照组少耗 0.4 kg。

脂肪来源、组成、脂肪酸链的长短、饱和度及其在日粮中的浓度影响断奶仔猪肠内膜形态脂肪的消化、吸收及仔猪生产性能。

Li 等(1990)年研究了不同来源脂肪对 21 日龄断奶仔猪肠内膜形态的影响(表 4-8)，结果表明，长链不饱和脂肪酸含量高的豆油与短链饱和脂肪酸含量高的椰子油按 1∶1 的比例混合后加入饲料，仔猪小肠绒毛较长，表面光滑，说明损伤较轻，而单独使用豆油或椰子油时，仔猪的肠绒毛短而细，腺窝较深，损伤严重。

表 4-8　不同来源脂肪和组合对断奶仔猪肠内膜形态的影响　μm

试验期	对照	豆油	椰子油	豆油＋椰子油
肠绒毛高度	201.3	185.7	186.3	213.3
腺窝深度	179.6	235.0	225.1	208.8

仔猪对含短链饱和及长链不饱和脂肪酸的油脂比含长链饱和脂肪酸的油脂消化率高(Cera 等,1988,表 4-9),因短链脂肪酸更容易和胆汁形成微团,并被迅速吸收入血液。

表 4-9　脂肪酸链的长度对其消化率的影响　%

油　脂	3 周龄	7 周龄
短链(<14C)	86	96
中链(14C～18C)	70	90
长链(>18C)	37	78

Li 等(1990)年研究了不同来源脂肪对 21 日龄断奶仔猪营养物质消化率的影响(表 4-10,表 4-11)。结果表明,添加油脂的日粮脂肪消化率较高,其中添加豆油、椰子油比不加油的消化率提高了 1 倍,同时,脂肪消化率受脂肪酸链的长短和饱和程度的影响,短链和中链脂肪酸更易被吸收,豆油+椰子油组的总脂肪酸、氮表观消化率、中链饱和脂肪酸与长链不饱和脂肪酸的净消化率都高。

表 4-10　不同来源脂肪和组合对断奶仔猪营养物质消化率的影响

%

指　标	对照	豆油	椰子油	50%豆油+50%椰子油	75%豆油+25%椰子油	25%豆油+75%椰子油
干物质	85.83	89.91	86.72	87.44	87.87	89.00
氮	79.55	86.38	80.94	82.12	83.94	85.48
总脂肪酸	87.00	93.96	89.42	91.92	91.32	92.34
中链脂肪酸	74.86	81.59	78.80	82.66	81.95	83.66
长链脂肪酸	67.55	81.04	68.36	61.81	38.91	68.88
饱和脂肪酸	96.84	94.25	86.02	91.26	90.72	93.49
不饱和脂肪酸						

Cera 等1989 年的试验表明,断奶仔猪对椰子油的消化率比玉米油和牛油的消化率高,这种情况在断奶后第一周最为明显,以后逐渐减弱,至断奶后第四周时,猪对这三种脂肪的消化率便很相似

了。除消化率高外，椰子油对断奶仔猪生产性能也有较好的改善作用。

表 4-11 不同来源脂肪和组合对断奶仔猪营养物质消化率的影响

%

指 标	对照	豆油	椰子油	豆油+椰子油
粪消化率				
干物质	83.5	85.2	84.0	83.8
粗脂肪	40.8	80.1	88.0	85.6
粗蛋白	77.7	80.4	79.4	77.8
总能	85.3	87.3	86.8	85.3
回肠消化率				
总脂肪酸	78.0	85.5	86.1	87.5
干物质	85.2	78.3	80.3	79.7
中链脂肪酸	85.5	39.0	89.5	95.8
长链脂肪酸				
饱和脂肪酸	70.8	60.6	66.1	71.9
不饱和脂肪酸	86.9	83.7	62.7	78.2

Jin(1997)测定了不同来源油脂对断奶仔猪(21 日龄)生长性能的影响，结果表明，可可油、玉米油、豆油、牛油、牛油+卵磷脂五组，以加可可油效果最好，牛油最差，但补加卵磷脂的情况下植物油可由动物油来代替(表 4-12)。

表 4-12 不同来源油脂对断奶仔猪(21 日龄)生长性能的影响

项 目	日 粮				
	可可油	玉米油	豆油	牛油	牛油+卵磷脂
0～7 d					
日增重(g)	247	239	234	215	230
采食量(g)	271	264	261	246	261
耗料/增重	1.09	1.10	1.11	1.14	1.13

续表 4-12

项　目	日　粮				
	可可油	玉米油	豆油	牛油	牛油＋卵磷脂
8～14 d					
日增重(g)	411	399	412	380	397
采食量(g)	475	463	476	459	467
耗料/增重	1.15	1.16	1.15	1.20	1.17
0～14 d					
日增重(g)	329	319	323	297	314
采食量(g)	373	364	368	352	364
耗料/增重	1.13	1.14	1.14	1.18	1.16
15～21 d					
日增重(g)	497	499	500	479	499
采食量(g)	703	703	701	680	701
耗料/增重	1.41	1.40	1.39	1.42	1.40
0～21 d					
日增重(g)	385	378	382	358	375
采食量(g)	483	477	479	462	476
耗料/增重	1.25	1.25	1.25	1.28	1.27

Li 等 1990 年研究了不同来源脂肪对 21 日龄断奶仔猪生产性能的影响，结果表明，豆油、椰子油按 1∶1 的比例混合后，改善了断奶仔猪的日增重和饲料增重比，但并未改善前 2 周的生产性能(表 4-13)。

表 4-13　不同来源脂肪和组合对断奶仔猪生产性能的影响

试验期	对照	豆油	椰子油	豆油＋椰子油	动物油	动物油＋椰子油
0～2 周 10%脂肪						
日增重(g)	281	263	254	272	277	249
日采食量(g)	322	286	281	295	304	281
料肉比	1.15	1.11	1.13	1.08	1.11	1.14

续表 4-13

试验期	对照	豆油	椰子油	豆油＋椰子油	动物油	动物油＋椰子油
2～5 周 5%脂肪						
日增重(g)	450	490	481	522	490	499
日采食量(g)	745	749	717	767	754	722
料肉比	1.68	1.52	1.50	1.47	1.55	1.46
0～5 周						
日增重(g)	381	400	390	422	404	400
日采食量(g)	577	563	540	581	577	540
料肉比	1.52	1.41	1.39	1.37	1.43	1.37

幼龄猪胆汁分泌不足，因此仅能很好地利用乳汁中的乳化脂肪，而对非乳化的动植物脂肪利用能力较差，断奶 3～4 周后才能达到较高的利用能力。卵磷脂具有乳化剂的作用，可弥补仔猪胆汁分泌不足的缺陷，从众多试验中所得数据表明，在断奶仔猪饲粮中添加卵磷脂有助于仔猪在刚断奶后这段时间内对脂肪的消化，同时还可以提高其他养分的利用率。通常，7～8 周龄以内的仔猪日粮中卵磷脂的添加量为 1%～2%，添加量与效果取决于所用油脂的类型，采用卵磷脂后，动物脂肪消化率提高的程度一般明显大于植物油提高的程度(1.9%和 1.0%)，对于提高椰子油的消化率几乎没有作用，但添加卵磷脂可使日粮固有脂肪的消化率提高 3.1%。对蛋白质、能量、干物质和有机物的消化率也有促进作用。28 个试验中 23 个的结果都表明添加卵磷脂有利于提高脂肪的消化率，平均提高1.8%，范围－4.1%～＋7.5%，溶血卵磷脂对脂肪消化率的促进作用低于卵磷脂。

日粮中添加卵磷脂可提高断乳仔猪生产性能，52 个试验中 42 个试验生长率得到了改善，平均为 2.8%，30 个试验饲料利用率得到了提高，平均为2.3%。同对照组相比，溶血卵磷脂对生长率改善的程度(5.2%)大于卵磷脂对生长率改善的程度(2.2%)，二者对饲料效率的作用相仿。

第七节 生长肥育猪对脂肪的利用

生长肥育猪日粮中添加脂肪可以改善日增重和饲料效率，但增加背膘厚度。

Miller(1990)整理统计有关生长肥育猪添加脂肪的文献表明，添加脂肪可以提高日增重，并且全部结果为正效应(0.04 kg)。添加脂肪的增重效应受日粮是否经过蛋白质与能量比的调整影响很小。脂肪添加水平达5%时，日增重仍呈增加的趋势，更高的添加水平将导致增重速度的降低。

生长肥育猪日粮中添加脂肪会导致采食量的减少，减少与不减少的试验次数比为5∶1。添加脂肪对采食量的效应受蛋白质与能量比的影响不大。日采食量与添加脂肪的水平有关，在添加脂肪的水平较低时≤3%时，采食量只有轻微的增加，当添加脂肪水平超过3%时，采食量就会有比较明显的下降。

生长肥育猪日粮中添加脂肪可提高饲料效率，其提高幅度随日粮中添加脂肪水平的提高而提高，调整日粮中的蛋白质与能量比对饲料转化效率的影响很小。

生长肥育猪日粮中添加脂肪可使猪的平均背膘厚度增加，其增加量随脂肪添加量的增加而增加，蛋白质与能量比对膘厚的影响很小。添加脂肪的水平较低时≤3%时，对背膘厚度的影响不大，当添加脂肪水平超过3%时，背膘厚度稍有增加。

第八节 母猪对脂肪的利用

仔猪断奶前的死亡率一般10%～25%，其中60%以上发生在产后前4 d，而初生仔猪能量供应不足是一重要原因，故考虑在妊娠后期母猪饲粮中添加脂肪，通过母猪日粮增加初生仔猪能量储备，提高仔猪存活率。Thulin(1985)和Shambaugh(1985)的试验证明，在妊娠母猪日粮中添加脂肪或1,3-丁二醇或中链甘油三酯，可提高母猪血浆中生酮物质的水平，而血液中的酮体可透过胎盘进入胎儿体内合成脂肪，并以葡萄糖分配效应的方式增加母猪对胎儿的能量利用。Stahly(1985,1986)报道，在母猪妊娠最后4周饲喂添加1,3-丁二醇的日粮，可使窝产仔数增加0.5头。Azain(1993)研究表明，从妊娠第91天至哺乳期第17天饲喂含10%中链甘油三酯的日粮，仔猪断奶时的存活率提高(90%对80%)，断奶时窝头数增加1.4头，而当初生仔猪体重小于900 g时，这一效果更明显(68%对32%)。Moser(1985)总结大量试验结果证明，在妊娠后期和/或泌乳期饲粮中添加7%～15%的脂肪，可提高初乳脂肪含量1.8%，提高常乳脂肪含量1.0%，提高产乳量8%～30%，提高断乳(21日龄)成活率2.6%，窝产仔数增加0.3头。Patience(1995)总结母猪饲粮中添加脂肪的效果见表4-14。

表4-14 添加脂肪对母猪生产性能的影响

项 目	正效应数(次)	负效应数(次)	效应	调查总数(头)
仔猪成活率	14	6	2.7%	369
泌乳料采食量	3	16	−0.2 kg/d	833
代谢能采食量	19	0	5.19 MJ/d	834
断奶窝重	18	6	1.65 kg	1 150
母猪体重消耗	11	4	1.5 kg	695

许多试验还证明，在母猪的怀孕后期，饲粮中添加5%～10%的动植物油，可以增加胎儿的脂肪储备，提高初生重(量很小)与出生时仔猪的血糖浓度，提高母猪的泌乳量和乳汁中的脂肪含量，从而提高仔猪成活率。但妊娠母猪饲粮中添加脂肪对新生仔猪活重和存活率并非都有良好影响，而只是在饲养管理水平较低、母猪营养状况较差、仔猪初生重和成活率较低(低于80%)的猪场，添加充

足的脂肪(产仔前添加量大于1 kg)效果才比较明显,否则效果一般或没有。在泌乳母猪饲粮中添加适量脂肪,可使母猪掉膘减少,有利于母猪断奶后提早发情配种。同时,泌乳母猪饲粮中添加脂肪可以增加仔猪断奶体重,当饲粮添加脂肪的比例为10%~15%时断奶重表现最佳。

第九节　公猪对脂肪的利用

精子及其相关精浆中所含的脂肪成分在组成和脂肪酸成分上非常独特。长链多不饱和脂肪酸(即具有20或22个碳原子并含三个以上双键的脂肪酸)在除脑以外的所有主要组织中的含量很低,一般不超过该组织脂肪总量的6%,但在精子和精浆中的浓度极高,在某些情况下高达总脂肪量的60%~70%。此外,精子和精浆中的脂肪几乎全部由磷脂组成,这些磷脂中的多不饱和脂肪酸是在精子形成过程中减数分裂和分子构型时形成的。

这些长链多不饱和脂肪酸或是直接来自营养供给,或是间接通过组织内的亚油酸和α-亚麻酸去饱和及加长碳链的过程而来(Cook,1991),以亚油酸为母本形成了一些二十碳和二十二碳多不饱和脂肪酸,这些脂肪酸被统称为n-6或ω-6多不饱和脂肪酸。通过类似的过程以α-亚麻酸为母本形成了一些二十碳和二十二碳多不饱和脂肪酸,统称为n-3或ω-3多不饱和脂肪酸(表4-15)。

Penny等(2000)对猪的研究结果证明,精子中二十二碳六烯酸(DHA)降低及二十二碳五烯酸(DPA)升高与受精能力降低有关。现已证明,若要大幅度提高DHA含量,依靠添加亚麻酸再合成的途径来满足DHA的需要,其效率是不够的,结果就只能通过提供适当富含DHA的油脂来达到这一目的。Kelso等(1997)以不同水平的ω-3和ω-6多不饱和脂肪酸对公猪日粮进行强化可使精子中的脂肪酸成分发生一定的变化。Penny等(2000)用27头公猪随

表 4-15 动物组织中通过去饱和及加长碳链进行多不饱和脂肪酸的生物合成过程

ω-6 系列多不饱和脂肪酸	ω-3 系列多不饱和脂肪酸
18：2(ω-6) 亚油酸	18：3(ω-3) 亚麻酸
↓	↓
18：3(ω-6)	18：4(ω-3)
↓	↓
20：3(ω-6)	20：4(ω-3)
↓	↓
20：4(ω-6) 花生四烯酸(AA)	20：5(ω-3)
↓	↓
22：4(ω-6) 二十二碳四烯酸(DTA)	22：5(ω-3)
↓	↓
18：2(ω-6) 二十二碳五烯酸(DPA)	22：6(ω-3) 二十二碳六烯酸(DHA)

机分为三组，分别喂以基础日粮、基础日粮＋DHA＋维生素 E、基础日粮＋DHA＋维生素 E＋硒，试验期为 16 周，对精子脂肪酸成分的影响见表 4-16。

表 4-16 公猪日粮中添加 DHA、维生素 E 和硒对精子磷脂中脂肪酸成分的影响

项 目	对照组	DHA＋VE	DHA＋VE＋硒
棕榈酸	14.7	16.2	14.8
棕榈油酸	＜0.2	0.3	＜0.2
硬脂酸	6.5	6.7	6.0
油酸	1.8	1.4	1.6
亚油酸	2.5	1.8	2.5
α-亚麻酸	＜0.2	＜0.2	＜0.2
花生四烯酸	3.2	2.8	3.2
二十二碳五烯酸	25.1	11.1	13.8
二十二碳六烯酸	32.8	45.8	45.4

由表4-16可见，在饲粮中添加DHA和维生素E使精子总磷脂中DHA从32.8%上升到45.8%，DPA由25.1%下降到11.1%。试验组的精液品质也得到了显著提高(表4-17)。

表4-17 公猪日粮中添加DHA、维生素E和硒对精液品质的影响

项 目	基础日粮	基础日粮+DHA、VE和硒
试验头数	9	9
4～16周精子总数(亿/头)	498	598
第0周精子活力(%)	78	75
第4周精子活力(%)	84	86
第8周精子活力(%)	73	88
第16周精子活力(%)	81	86
0～16周平均精子活力(%)	78	88
每次采精人工授精数(头)	30	33

给母猪输精后，试验组受胎率、窝产活仔数及生育力都得到了提高(表4-18)。

表4-18 公猪日粮中添加DHA、维生素E和硒对精液品质的影响

项 目	基础日粮	基础日粮+DHA、VE和硒
输精头数(头)	246	232
受胎率(%)	83	90
产活仔数(头)	10.2	10.6
100次配种的活产仔数	846	954

第五章　猪的能量营养

第一节　能量的概念与单位

动物营养所涉及的能量形式主要是化学能、动能和热能。能量以化学能的形式贮存于饲料和猪体的有机物分子之中，饲粮中的有机物在体外可以迅速氧化分解（燃烧），将化学能转换成热能。如果饲粮被猪采食后，其中的有机物经过消化，以葡萄糖、氨基酸、脂肪酸等形式吸收入血液，运送到全身各组织细胞。这些物质在各种代谢酶的作用下氧化分解，根据需要缓慢转换成动能，以维持心、肺和肌肉的活动、组织的更新、生长及乳的合成等所需能量；转换成热能以维持体温的恒定。有多余时，则用于体组织的生长或以高能键化合物、糖原、脂肪等形式贮存于体内。

能量的单位通常用“焦耳(J)”、“千焦(kJ)”和“兆焦(MJ)”，由于各饲料中的能量通过燃烧在氧弹式测热器中测定的，因此，营养学上也常以热价单位衡量能，即“卡(cal)”、“千卡(kcal)”和“兆卡(Mcal)”。

1 MJ＝1 000 kJ；1 kJ＝1 000 J。

1 Mcal＝1 000 kcal；1 kcal＝1 000 cal。

1 cal＝4. 184 J；1 kcal＝4. 184 kJ；1 Mcal＝4. 184 MJ。

第二节　能量的功用

能量是饲料中最重要的营养物质之一。猪的各种生命活动都需要能量。维持生命供养系统如心、肺和肌肉的活动，组织的更新、生长及乳汁的合成所需能量；形成体组织；维持体温恒定；能量多余时则以脂肪的形式贮存于肾周及皮下等处，使猪变肥。

第三节 能量的来源

猪所需要的能量来源于饲料的三种有机物质，即碳水化合物、脂肪和蛋白质。这三种有机物质在测热器中测得的热量平均值为：碳水化合物 17.36 kJ/g（4.15 kcal/g），蛋白质 23.64 kJ/g（5.65 kcal/g），脂肪 39.33 kJ/g（9.4 kcal/g）。

虽然在测热器中所得到的蛋白质能值高于碳水化合物，但蛋白质作为能源，由于脱氨和尿能损失 7.47 kJ/g，而且蛋白质饲料价格昂贵，所以，用它为猪提供能量在经济上不合算。生产上应保证碳水化合物的供应，蛋白质水平不宜过高，以获得最佳日增重、饲料利用率、胴体品质和经济效益为限，避免蛋白质作为能源被猪利用。

猪饲料一般含脂肪较少，动植物油目前在我国价格较高，并且添加时麻烦，添加后不宜贮存。所以，脂肪目前尚不是猪所需能量的主要来源。

猪对碳水化合物中的粗纤维利用能力较差，饲粮中含量过高，不仅影响其本身的消化吸收，而且影响其他营养物质的消化吸收，所以，粗纤维也不是猪所需能量的主要来源。

碳水化合物中的无氮浸出物，特别是淀粉，在一般饲料中含量丰富，尤其以禾本科植物子实和根茎类饲料中含量为多，禾本科植物子实含 60%～70%，糠麸类 47%～61%，块根、块茎类 68%～88%（以干物质计）。其中的淀粉是植物的储备物质，大量贮存于种子、果实及根茎中，玉米和高粱子实约含 70%的淀粉，并且消化率极高，均在90%以上。所以，无氮浸出物尤其淀粉是猪所需能量的最主要来源。

第四节　能量营养价值评定方法与指标

猪饲养上常用的几种能量指标，实际上是代表饲料中能量在猪体内消化、代谢的不同阶段，用某一阶段的能量作为猪营养需要的指标和饲料营养价值评定的指标。在猪多采用消化能和代谢能。饲料在猪体内的转化过程见图5-1。

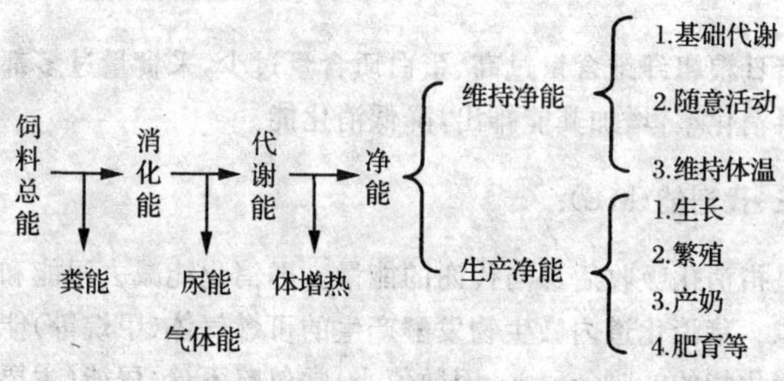

图5-1　饲料能量在猪体内的转化过程

一、总能（GE）

即饲料中所含能量的总和。它是评定饲料能值的基础。通常采用氧弹式测热器测定饲料或某种纯养分在体外完全燃烧所放出的总热量。

二、消化能（DE）

饲料中的有机物质不可能完全被猪消化吸收，未被消化的有机物质从粪便中排出，粪便中就含有未被消化吸收的能量，饲料总能减去粪能就是可消化能。测定消化能需要做猪的消化试验，饲料中总能与粪便中的能量在测热器中进行测定，然后根据下列公式进行计算。

消化能＝总能－粪能

消化能＝总能×有机物质消化率

由于消化能易于测定，且在总能中扣除了猪不能利用的部分，所以实际中常用消化能来衡量猪的营养需要或评定饲料的能量值。哺乳仔猪粪中损失的能量一般小于10%，生长猪损失20%左右。

猪日粮粗纤维含量过高、蛋白质含量过少，采食量过多都会降低饲料消化率，增加粪能排出，降低消化能。

三、代谢能(ME)

是指消化吸收后参与代谢的能量。即消化能减去尿能和可燃气体能。猪消化道内微生物发酵产生的可燃气体(甲烷等)能的损失占消化能的0.5%～1%，因数值小，常忽略不计，尿能(主要是尿素等有机物质)损失占消化能的2%～3%。一般代谢能为消化能的96%，变动在94%～97%，低劣的蛋白质品质和过量的蛋白质供应降低代谢能值。

代谢能＝消化能－尿能＝总能－(粪能＋尿能)

饲料的代谢能含量也可用下列回归公式推算。

代谢能＝消化能×[96－(0.202×粗蛋白质%)]

四、净能(NE)

代谢能减去体增热称净能。体增热是指猪在等热区采食饲料后，猪体额外增加的产热量。

净能＝代谢能－体增热＝总能－（粪能＋尿能＋体增热）

净能是可供猪利用的能量，它既可用于维持体内各种机能活动和保持体温恒定，又可用于生长、肥育、繁殖、产奶等。通常把净能分为维持净能（NE_m）和生产净能（NE_p），生产净能又可分为增重净能、产脂净能、产奶净能等。在常温条件下喂常规饲料的猪，代谢能转化为净能的效率为66％～72％。代谢能转化为净能的效率还受猪的品种、饲料类型、采食水平、生产目的、性别、环境等的影响，在生产实际中应综合考虑，以获得最佳经济效益。

净能是衡量猪的营养需要或评定饲料能值的最好指标，但由于净能难于测定，故很少采用。

第五节 能量与猪的采食量

饲粮能量浓度是指单位风干料所含有的消化能或代谢能（MJ/kg）。影响因素主要有饲粮所含水分、粗纤维、粗脂肪等。水分每增加1％，消化能约减少160 kJ/kg；粗纤维每增加1％，消化能约减少430 kJ/kg。

猪有“为能而食”的本能，因而能量浓度影响猪的采食量。能量浓度提高，采食量降低，但采食的总消化能仍有所提高；能量浓度降低，采食量提高，但采食的总消化能仍有所降低。而且该变化局限于一定能量浓度范围内，如果饲料中能量浓度过低，即使猪多吃饲料也满足不了所需能量，从而使猪日采食消化能显著降低，并影响生产性能。Phelps（1988）用不同能量浓度的日粮喂42 kg的猪，结果见表5-1。

表 5-1 能量浓度对猪的采食量与生产性能的影响

能量浓度 (MJ/kg)	日采食量 (kg)	日采食消化能 (MJ)	日增重 (g)	背膘厚 (cm)
11.0	2.50	27.51	860	2.48
12.3	2.40	29.52	900	2.65
13.7	2.35	32.15	949	2.98
15.0	2.24	33.60	944	3.02

由表 5-1 可见，随饲粮能量浓度的提高，日采食饲料量下降，但日采食消化能提高，日增重加快，背膘厚增加。

提高日采食能量水平，可提高每日蛋白质沉积和脂肪沉积，从而提高日增重，但沉积较多的还是脂肪。Campbell(1985)试验结果见表 5-2。

表 5-2 猪日采食消化能对增重的影响

能量浓度 (MJ/kg)	日增重(g)		日沉积蛋白质(g)	
	公	母	公	母
23	418	357	70.8	67.5
27	576	541	98.2	83.6
33	793	656	131.6	103.2
37	842	740	159.0	119.0
42	884	784	185.2	134.6

第六节 能量与蛋白质

在一定范围内，猪力图通过改变采食量来满足能量的需要。如果在改变能量摄入量时，能量与蛋白质的比例不加以调整，猪所采食的蛋白质就会过量或不足，并影响猪的生产性能。Central Soya (1983)推行一种热能与蛋白适宜比例的配方，使代谢能与可利用氨基酸在日粮中得以平衡，从而使增重、饲料利用率等达到最佳状态。

Campbell 发现，生长猪在低能量水平时，为了达到最佳日增重的粗蛋白水平，要比高能量水平时为低；以蛋白水平而论，17.5%的蛋白水平为转折点，低于此值时，粗蛋白水平对体蛋白沉积起决定性作用，高于此值时，能量水平对蛋白质沉积起决定性作用。

许振英总结多次试验结果，提出猪日粮粗蛋白水平与能朊比（表5-3，每千克饲粮中所含能量与蛋白质的比，kJ/g）。

表5-3 猪日粮粗蛋白水平与能朊比

项　目	体　　重(kg)		
	5～20	20～55	55～90
日粮粗蛋白质			
肉脂型猪	22	16	12
瘦肉型猪	22	16～17	14(高增重)16(高瘦肉率)
能朊比			
肉脂型猪	83.68∶1	104.60∶1	117.15∶1
瘦肉型猪	83.68∶1	96.23∶1	104.60∶1

第七节 仔猪的能量需要

一、仔猪的能量需要

NRC（1998）指出体重 20 kg 以下仔猪消化能摄入量估算公式：

$$\text{DE 摄入量(kJ/d)} = -556 + (1\ 050 \times W) - (4.14 \times W^2)$$

式中W为体重。

哺乳期仔猪的能量需要由母乳和补料中得到满足，母乳及补料提供的能量的比例见表5-4。随着仔猪日龄和体重的增加，母乳能量满足程度下降，差额部分由补料满足，为满足仔猪的能量需要，补料中能量浓度应为14.64 MJ/kg，一般应为13.81～15.06 MJ/kg消化能。

表5-4 哺乳仔猪的能量需要及母乳供应量

项目	周龄							
	1	2	3	4	5	6	7	8
体重(kg)	2	3.4	5.0	6.8	8.5	10.8	13.2	16.0
日需量(MJ)	3.14	4.69	5.23	5.98	6.98	8.08	9.71	11.51
母乳供应程度(%)	108	94	90	78	67	54	36	27
需补料供应量(%)	—	6	10	22	33	46	64	73

二、环境温度对仔猪能量需要的影响

环境温度对仔猪能量需要影响很大，当环境温度低于临界温度时，寒冷产热作用增加仔猪能量需要量，其增加的量用下式估计：

$$H=(1.31W+95)\times(Tc-T)/0.8$$

式中：H 为环境温度低于临界温度需额外增加的代谢能供应量(kJ/d)；W 为猪体重(kg)；T 为环境温度(℃)；Tc 为临界温度(℃)；ME的利用率为80%。

仔猪一般采用自由采食方式，因而能量浓度显得更加重要，NRC(1998)规定仔猪能量浓度为14.2 MJ/kg，我国规定为13.85～16.74 MJ/kg。

Close等(1984)在不同温度下用三个饲养水平测定2周龄断奶仔猪的产热量，产热量随环境温度和代谢能进食量而变化，在环境温度为23～28℃、进食水平为2倍维持能量需要时产热量最低。Haata等(1989)的试验表明，在5℃环境温度下饲养的断奶仔猪较

25℃ 环境下的仔猪需多提供48%的饲料，氮沉积率降低54 个百分点。Haata 等(1989)的试验还证明了在14℃和20℃温度下猪群大小对产热量有一定影响(表5-5)，在28℃温度下产热不受猪群大小的影响。

表 5-5 猪群大小对断奶仔猪静止产热量的影响

项 目	产热量 kJ/(kg·h)		产热量相对值(%)	
	14℃	20℃	14℃	20℃
1	17.3	19.0	121	125
2	16.0	18.2	112	120
3	15.6	17.2	109	113
4	14.7	15.7	103	103
6	14.3	15.2	100	100

三、蛋白质对能量需要的影响

能量与蛋白质沉积间有一定比例关系，只有能量蛋白比合理才能保证饲料的最佳效率。杨嘉实(1986)测得哺乳仔猪绝食代谢时体蛋白质分解量为 3.3～3.4 g/(kg 代谢体重·d)。Dunkin (1982)用两个试验研究了 1.8～6.5 kg 体重仔猪能量进食水平与脂肪和蛋白质沉积的关系，其结果是随着能量进食量的提高，每天能量和蛋白质的沉积率呈线性提高，增重的脂肪蛋白质比例呈曲线提高；并且这一结果明显受日粮蛋白质状况的影响。满足蛋白质水平的日粮其代谢能用于蛋白质和脂肪的沉积效率分别为76%和78%；没有满足蛋白质水平的日粮其代谢能用于蛋白质和脂肪的沉积效率分别为40%和89%。Close 等(1984)在环境温度为18℃、23℃ 和28℃ 及三个蛋白质水平下用18 组2 周龄断奶仔猪试验，蛋白质和脂肪沉积随代谢能进食量提高而提高，脂肪沉积主要依赖于环境温度，环境温度每升高1℃，脂肪沉积平均提高2.05 kJ/(kg 代谢体重·d)，能量利用效率在18℃ 时是58%，在23℃ 时是81%，在28℃时是74%，维持能量需要的系数a分别是739、615和50。Noblet(1987)22窝哺乳仔猪的试验结果为：日增重范围为35～285 g，平均186 g，断奶时，仔猪干物质、脂肪和能量含量与平均日增重呈正相关，蛋白质、灰分与平均日增重呈负相关，每日沉积的蛋白质、脂肪、灰分和能量与平均日增重呈直线相关，沉积1 g蛋白质和脂肪分别需要增重5.20 g和1.17 g，由乳汁供给55%的能量和85%的氮用于体增重。

四、不同国家仔猪能量需要

NRC1998年版仔猪能量需要较1988年版仔猪能量需要及采食量均高(表5-6)。不同国家仔猪能量需要见表5-7。

表5-6 美国NRC(1988,1998)仔猪能量需要

项目	NRC 1988			NRC 1988		
	1～5	5～10	10～20	3～5	5～10	10～20
日粮消化能含量(MJ/kg)	14.22	14.20	14.15	14.23	14.23	14.23
日粮代谢能含量(MJ/kg)	13.47	13.56	13.60	13.66	13.66	13.66
采食量估测值(kg/d)	0.25	0.46	0.95	0.25	0.50	1.00

表5-7 不同国家和地区仔猪能量需要

项目	国家或地区						
	中国大陆	台湾省	日本	前苏联	英国ARC	法国AEC	澳大利亚
阶段划分	1～5	1～5	1～5	＜6	0～3*		
(kg)	5～10	5～10	5～10	6～12	3～8	5～10	5～20
	10～20	10～20	10～20	12～20	15～50	10～25	20～50
消化能	16.74	15.90	17.07	—	13.00		
(MJ/kg)	15.15	14.64	15.48	—	13.00	14.64	14.02
	13.85	14.23	14.27	—	13.00	14.64	14.02
代谢能	16.07	—	—	15.52	—		—
(MJ/kg)	14.56	—	—	14.39	—	13.81	—
	13.31	—	—	13.31	—	13.81	—

*周龄。

第八节 生长肥育猪的能量需要

在养猪业生产中，饲料成本占总成本的70%～75%，其中能量饲料所占的比例最大，因此，准确估测饲料的能值及猪的能量需要对配制最低成本日粮十分重要。在市场对猪瘦肉需求不断增长的驱动下，养猪业发生了由脂肪型猪向瘦肉型猪生产发展的转变过程，对能量需要的研究也应从单纯追求最大日增重开始转向以获得最大瘦肉产量为目标。所以，在配制生长肥育猪日粮时，应将两种方法所确定的能量需要综合加以考虑。

一、维持能量需要

维持需要的能量是指维持机体所有功能和适度活动所需能量的总和。通常计算的是指在温度等热区条件下，能量沉积等于零时的代谢能或消化能进食量。维持能量需要通常以代谢体重(W^b)为基础表示，即维持能量需要AW^b。其中A为每千克代谢体重的产热量，即维持净能量；NRC(1998)提出，猪的维持能量需要以代谢体重($W^{0.75}$)为基础表示，并推荐每日每千克代谢体重的代谢能需要估测值范围为384.93～669.44 kJ/kg($W^{0.75}$)，多数介于418.4～523.0 kJ/kg($W^{0.75}$)。

二、生长的能量需要

由于重型猪随代谢能进食量的增加，其蛋白质与脂肪沉积的数量也随之呈直线增加，使猪日粮代谢能用于增重的效率基本不受生长阶段的影响。NRC(1998)指出，沉积1 kg 蛋白质需代谢能为28.45～58.58 MJ，平均为44.35 MJ；沉积1 kg 体脂肪需代谢能39.75～68.20 MJ，平均为52.3 MJ。尽管每沉积1 kg 体脂肪和体蛋白消耗的能量大概相等，然而1 kg 瘦肉仅含 20%～23%的脂肪，而1 kg 脂肪组织含80%～95%的脂肪。因此，瘦肉沉积消耗的能量比脂肪组织生长耗能少的多。

NRC(1998)提出生长肥育猪消化能摄入量估算公式：

$$DE\ 摄入量(kJ/d) = -5\ 230 + (787 \times W) - (5.86 \times W^2) + (0.018\ 4 \times W^3)$$

W 为体重。

在预测消化能摄入量时，还应根据环境温度和饲养密度进行校正。

三、能量浓度

生长肥育猪一般采用自由采食方式，因而能量浓度显得更加重要，NRC(1998)规定生长肥育猪能量浓度为14.2 MJ/kg，我国规定为12.97 MJ/kg。

猪有“为能而食”的本能。能量浓度影响猪的采食量，进而影响猪的生产性能。20～50 kg 的生长猪必须每天摄入1.8～2.0 kg 的饲粮，猪才有饱感，每天摄入30.12～31.8 MJ 的消化能，才能充分发挥蛋白质和脂肪的生长潜力。因此，如果1 kg 饲粮中能量浓度达不到14.0～15.0 MJ，则猪摄入的能量不足以充分发挥生长潜力。随饲料能量浓度的提高，日采食饲料量下降，但日采食消化能提高，日增重加快，背膘加厚，体脂肪沉积速率提高，而猪的体蛋白沉积速率变化不明显(表5-8)。

表5-8 日粮能量浓度对猪生产性能及胴体品质的影响

消化能浓度(MJ/kg)	日采食量(kg)	日采食消化能(MJ)	日增重(g)	背膘厚(cm)
11.0	2.50	27.50	860	2.48
12.3	2.40	29.52	900	2.65
13.7	2.35	32.20	949	2.98
15.0	2.24	33.60	944	3.02

随日粮能量浓度增加，猪的体蛋白沉积速率变化不明显，而体脂肪沉积速率却提高；公猪较母猪的日增重、代谢能明显改善；代谢能摄入量、体脂肪沉积速率及体能值均明显降低；而体蛋白沉积速率无明显变化。Mccracken 等(1998)试验结果见表5-9 和表5-10。

表5-9 日粮能量浓度对猪(22～46 kg)生产性能、体蛋白与体脂肪沉积速率的影响

指 标	日粮消化能浓度(MJ/kg)				
	12.4	13.4	14.4	15.4	显著性
代谢能摄入量(MJ)	22.3	21.5	23.6	22.4	NS
空体增重(g/d)	789	752	841	811	NS
代谢能/增重(MJ/kg)	28.6	28.6	28.3	27.7	NS
体能值(MJ)	344	346	371	374	$P<0.01$
体蛋白沉积速率(g/d)	151	150	154	152	NS
体脂肪沉积速率(g/d)	96	89	124	126	$P<0.01$

表5-10 日粮能量浓度对不同性别猪(22～46 kg)生产性能、体蛋白与体脂肪沉积速率的影响

指 标	性 别		
	公	母	显著性
代谢能摄入量(MJ)	21.32	23.5	$P<0.01$
代谢能/增重(MJ/kg)	26.9	29.7	$P<0.001$
体蛋白沉积速率(g/d)	150	153	$P>0.05$
体脂肪沉积速率(g/d)	90	127	$P<0.001$

在一定范围内，能量浓度高有利于增重，浓度低(不低于11.51MJ/g)有利于瘦肉率。一些研究表明，猪可通过增加或减少采食量而弥补日粮养分浓度的变化，因而在较宽的养分浓度范围内，它能保持等能采食。

四、能量水平

能量水平是指一头猪每日采食消化能或代谢能的数量(MJ/d)。ARC(1981)归纳30多次试验结果，发现日增重(y)与能量水平(x)存在线性关系，每增减1 MJ 消化能，日增重增减25 g 左右。Bikker 等(1995)对 20～45 kg 体重阶段的杂交母猪分别饲喂 6 个能量水平的饲粮，随饲粮能量水平升高饲料转化率和生长速度都得到改善和提高(表5-11)。该表同时表明，随饲粮能量水平的提高，蛋白质沉积速率增加，而每千克猪肉中的瘦肉含量却呈下降趋势。

表 5-11　能量水平对杂交猪(20～45 kg)生产性能、空体脂肪和蛋白质沉积速率的影响

指　标	能量水平(维持需要的倍数)						
	1.7 MJ	2.2 MJ	2.7 MJ	3.2 MJ	3.7 MJ	自由采食	显著性
日增重(g/d)	371	448	631	818	959	1 075	$P<0.001$
增重/耗料(g/kg)	505	522	547	604	610	600	$P<0.01$
蛋白沉积速率(g/d)	75.3	98.8	113	134	160	172	$P<0.001$
脂肪沉积速率(g/d)	28.1	49.5	96.9	131	142	193	$P<0.001$
脂肪/蛋白沉积速率	0.32	0.52	0.87	0.98	0.89	1.13	$P<0.001$
瘦肉含量(g/kg)	192	186	175	170	173	169	$P<0.01$
脂肪含量(g/kg)	81	102	130	137	131	148	$P<0.001$

Bikker 等(1995)对 20～45 kg 体重阶段的杂交母猪分别饲喂 6 个能量水平的日粮，得到与前面一致的结果(表 5-12)。

表 5-12　能量水平对杂交猪(20～45 kg)生产性能、空体脂肪、蛋白质沉积速率的影响

指　标	能量水平(维持需要的倍数)						
	1.7 MJ	2.2 MJ	2.7 MJ	3.2 MJ	3.7 MJ	自由采食	显著性
日增重(g/d)	371	448	631	818	959	1 075	$P<0.001$
增重/耗料(g/kg)	505	522	547	604	610	600	$P<0.01$
蛋白沉积速率(g/d)	75.3	98.8	113	134	160	172	$P<0.001$
脂肪沉积速率(g/d)	28.1	49.5	96.9	131	142	193	$P<0.001$
脂肪/蛋白沉积速率	0.32	0.52	0.87	0.98	0.89	1.13	$P<0.001$
瘦肉含量(g/kg)	192	186	175	170	173	169	$P<0.01$
脂肪含量(g/kg)	81	102	130	137	131	148	$P<0.001$

该表同时表明，随日粮能量水平的提高，蛋白质沉积速率增加，而每千克猪肉中的瘦肉含量却呈下降趋势，这与猪的生长发育规律一致。

试验证明，随能量水平的提高，瘦肉增长的方式目前存在斜-平线、曲线和直线三种模型。有研究表明，对肥育后期猪（体重＞60 kg）而言，其体蛋白质沉积随能量进食量的增加而呈斜-平线形增加，其中的平线指猪最大体蛋白质沉积能力；对肥育前期猪及一些优良基因型猪而言，体蛋白沉积量随能量水平增加直至达到最大而呈直线增加。对于大多数生长猪，能量水平低会限制其生长（Patience 等，1995）；而对于肥育后期猪，能量摄入量一般不会限制其瘦肉生长速度。在进行日粮配合时，我们应根据市场对产品的需求确定最佳的能量摄入量。

五、影响生长肥育猪能量需要的因素

（一）品种、品系与性别 相同体重的脂肪型猪比瘦肉型猪的维持代谢能需要少。蛋白质沉积潜力较高猪的维持能量需要较蛋白质沉积潜力低的猪高28%。公猪的维持代谢能需要高于阉猪与母猪。

（二）蛋白质的量与质 蛋白质沉积与能量、蛋白质摄入量之间存在复杂的关系。起初随蛋白质摄入量的增加体蛋白质的沉积量呈直线增加，增加到一定程度后，即使再增加蛋白质摄入量也不能增加体蛋白质沉积量，此时能量摄入量是限制因子，也就是说再增加能量摄入量才又可使体蛋白沉积量呈直线增加，直至能量摄入量又成为限制因子为止。由此可见，不同生长期蛋白质和能量有一个最佳平衡。表5-13 列出了不同能量浓度和蛋白质水平对猪生产性能与胴体品质的影响。结果表明：采食浓度为13.28 MJ/kg 及蛋白质水平为16%日粮组猪的生产性能与饲料转化率最佳。

表 5-13 能量浓度与蛋白质水平对肥育猪生产性能的影响

	代谢能浓度(MJ/kg)					
	13.28		1.96		10.63	
粗蛋白(%)	16.0	12.8	16.0	12.8	16.0	12.8
日增重(kg/d)	0.75	0.53	0.70	0.60	0.59	0.56
日耗料量(kg/d)	2.27	2.04	2.22	2.01	2.01	2.34
耗料/增重(kg/kg)	3.03	3.88	3.16	3.37	3.42	4.20
屠宰率(%)	65.5	68.3	65.7	63.7	66.8	67.2
瘦肉率(%)	48.5	48.5	49.6	47.5	50.0	50.9
背膘厚(cm)	2.48	1.73	1.75	1.83	1.42	1.40

通常日粮中能量与蛋白质的关系多以赖氨酸/消化能(Lys/DE)来表示,单位为g/MJ。这主要是由于赖氨酸是谷物类饲料的第一限制性氨基酸,赖氨酸需要量是建立理想蛋白质基础的缘故。研究表明:采食较高Lys/DE含量的日粮可使猪的胴体品质较好,脂肪含量较低,瘦肉产量较高。因而NRC(1988)推荐的日粮Lys/DE水平不足以使猪的胴体产量达到最佳。由于猪的蛋白质沉积潜力、随意采食量、性别及测定方法、分析方法、日粮氨基酸模式、消化率与利用率以及环境条件的不同,不同的研究者及不同国家和地区饲养标准中规定的生长肥育猪获得最大日增重的日粮Lys/DE水平差异较大。

日粮能量与蛋白质的平衡受生长期、基因型、性别、环境及饲养水平的影响。Close(1994)估测了现代基因型猪不同体重阶段的Lys/DE(g/MJ),结果表明:除日粮苏氨酸与消化能比值外,其他氨基酸与消化能比值均随猪体重增加而降低(表5-14)。

表 5-14 现代基因型猪不同体重阶段氨基酸与消化能比值

	氨基酸(kg)		
	20	60	100
赖氨酸(g/MJ)	0.92	0.87	0.80
苏氨酸(g/MJ)	0.64	0.87	0.80
蛋氨酸+胱氨酸(g/MJ)	0.49	0.46	0.42

续表 5-14

	氨基酸(kg)		
	20	60	100
异亮氨酸(g/MJ)	0.58	0.55	0.50
色氨酸(g/MJ)	0.17	0.55	0.50
亮氨酸(g/MJ)	1.06	1.00	0.92
组氨酸(g/MJ)	0.30	0.29	0.26
苯丙氨酸+酪氨酸(g/MJ)	1.13	1.67	0.98
缬氨酸(g/MJ)	0.71	0.67	0.62

(三)环境　当环境温度低于临界温度时,寒冷产热作用影响猪的能量需要。猪的临界温度是指低于该温度它必须增加产热量以维持恒定体温的温度。Verstegen(1982)估测,环境温度每低于临界温度1℃,生长猪(25～60 kg)每日需额外增加 25 g 饲粮(334.7 kJ,ME/d),而对于肥育猪(60～100 kg)则每日需额外增加 30 g 日粮(523.0 kJ,ME/d)。

另外,空气流速、空气与墙壁温度、相对湿度,猪舍地板类型及饲养密度均影响猪的能量需要。

(四)活动量　运动与采食均增加猪的能量需要。

(五)健康状况　生病猪较健康猪的维持能量需要增加。

六、各国饲养标准对生长肥育猪能量需要及 Lys/DE 的建议值(表 5-15)

表 5-15　几国饲养标准中对生长肥育猪能量及 Lys/DE 的建议值

国别	年份	体重阶段(kg)	预期日增重(g/d)	日粮代谢能浓度(MJ/kg)	日粮代谢能摄入量(MJ/d)	日粮 Lys/DE(g/MJ)
美国	20～50(35)	325	14.23	26.38	0.67	
	1998	50～80(65)	无脂瘦肉	14.23	36.65	0.53
		80～120(100)		14.23	43.72	0.42

续表 5-15

国别	年份	体重阶段 (kg)	预期日 增重 (g/d)	日粮代谢 能浓度 (MJ/kg)	日粮代谢 能摄入量 (MJ/d)	日粮 Lys/DE (g/MJ)
英国	1981	15～50		13.00		0.85
		59～90		13.00		0.60
	1993	25～60		13.60		0.66
		60～100				
				13.60		0.55
澳大利亚	1990	20～50		14.02		0.59
		50～90		12.01		0.58
前苏联	1987	20～40	13.43	19.06	0.57	
		40～70		12.20	31.64	0.51
		70～120		12.59	42.26	0.43
日本	1993	30～70	800	13.81	29.9	0.54
		70～110	850	13.81	42.4	0.41
台湾省	1990	20～60	650	13.60	24.48	0.63
		60～100	750	13.60	35.35	0.51
中国大陆	1987	20～60	550	12.97	21.92	0.58
	瘦肉型	60～90	700	12.97	33.81	0.49
	1983	20～35	500	12.97		0.49
	肉脂型	35～60	600	12.97		0.43
		60～90	650	12.97		0.40

第九节　妊娠母猪的能量需要

一、妊娠母猪增重规律

妊娠增重主要是由胚胎生长发育，子宫内容物（胎衣、胎水）和乳房组织的增长及母猪本身营养物质贮积等部分组成。

1. 子宫胎水的增长　妊娠前期，子宫、胎衣、胎水迅速增长，而妊娠最后的1/3时期，虽然它们继续增长，但母猪增重主要由于胎儿的生长发育所致。据试验，母猪怀孕末期子宫重量较未怀孕前增加10～17倍。

2. 胚胎的生长发育　胎儿的生长发育在怀孕的各个阶段是不一致的。胎重的增长是前期慢，后期快，最后更快，胎重的2/3是在怀孕最后的1/4时期内增长的；而胎高、胎长，前期、中期较快。

随着胎龄的增加，胎体化学成分亦不断变化，水分含量逐渐减少，蛋白质、能量和矿物质则逐渐增加。在胎体成分中，约有一半的蛋白质和一半以上的能量、钙、磷是在妊娠的最后1/4时期内增长的。

3. 乳房组织的增长　自配种到妊娠50 d里乳腺发育很少，妊娠70～105 d乳腺发育最快。通过测定总的乳腺DNA，发现这段时期乳腺组织有3倍的增加。最近密歇根大学的研究表明，在乳腺发育的这段关键时期，高能日粮将会减少总的乳腺实质DNA，而DNA的减少将减少乳腺细胞的数目也会减少母猪泌乳量。因此，这段时期高能日粮将损害乳腺发育，应尽量避免。

4. 母体本身营养物质的沉积　妊娠期间，母体具有较强的贮存营养物质的能力，其贮存部分一般为胎儿的1.5～2倍，高的可4倍于子宫内容物。利用母猪在妊娠期内有适量的营养储备这一特点，对产后泌乳和母猪健康是有利的。母体增重以前期为主，至妊娠中、后期，由于胎儿发育超过母体增重，此时母体能量和营养物质的沉积量显著下降。

母猪妊娠过程中每日体组织成分的变迁是骨骼与肌肉自始至终增长渐减，脂肪渐减幅度较大，后半期已处于日益亏损状态，但体脂肪总量仍然是增大于减。对妊娠母猪与空怀母猪在相同体重下的体化学成分的变化进行研究，发现妊娠母猪的相对水分含量与含氮量比空怀母猪多，而脂肪含量较少。高能值的体脂肪被低能值的组织所代替。

营养水平的高低对子宫内容物的增长影响不大。在高营养水平时，母猪本身增重较多；较低营养水平时，母猪本身增重较少，以保证胎儿的生长发育；当营养水平继续降低时，母猪则靠分解体内沉积的脂肪保证胎儿生长发育。这也是妊娠母猪增重的一条规律。正是在这条规律的支配下，使得养猪生产者在一定限度的低标准饲养下也能获得满意的繁殖成绩。

二、母体最适增重

过去规定的饲养标准偏重于妊娠期为泌乳储备一定营养物质，往往给量很多。由于猪利用饲料有机物质合成体脂肪和体蛋白要消耗能量，到了哺乳期再把这种储备的体脂肪-体蛋白转化为猪乳成分，又得消耗一定能量，这种反复周折的第二次转化均属无偿代谢，极不经济。同时，妊娠期采食量和体重越大的母猪，哺乳期失重亦越大。但是，饲料能量水平过低的母猪，不仅影响仔猪初生重，且母猪淘汰率亦会上升。因此，为保证母猪的长期最佳繁殖性能，在妊娠期间应合理供给能量。目前提出的方法是，妊娠期控制能量供给，尽量减少哺乳期母猪失重和体脂损失，这样可使母猪在下一次妊娠期很快恢复体重。因此掌握母猪在妊娠期最适增重和泌乳期适当失重、对于提高母猪繁殖性能和饲料转化效率，节约饲料，降低成本都具有十分重要意义。

生产实践中，最适宜增重受配种前体况、体重、生产目标、品种等因素的影响，故各试验结果报道不一致。国外许多资料认为，初产母猪妊娠期增重一般为40～50 kg，经产母猪一般30～40 kg，前四个繁殖周期的每一个周期以净重15 kg 为宜。日本猪的饲养标准(1987)确认妊娠母猪母体增重量：初产为30 kg，第2～4 产胎为25 kg，第5 和6 产胎分别为20 kg 及15 kg。NRC(1988)根据Aherne

(1985)和 Williams(1985)等建议，提出母猪至少头三产或四产在妊娠期应净增重25 kg，胎盘和其他妊娠产物(胎儿)大约为20 kg，而猪的妊娠总增重为45 kg。我国肉脂型猪饲养标准指出，妊娠母猪日增重300～500 g为宜。用内江母猪试验表明，初产母猪在第1个繁殖周期的净增重则以20 kg为宜，2～4胎每一繁殖周期的净增重则以16～18 kg为宜。

三、妊娠母猪的能量需要

NRC(1998)用模型估计了妊娠母猪的能量需要，该模型只要给出母猪妊娠期期望增重、配种体重和预期窝仔数，即可计算出母猪每日消化能需要量。

妊娠母猪所需DE(kJ/d)＝维持DE＋妊娠产物增重DE＋母体增重DE＋体温调节DE

(一)维持所需消化能

维持所需消化能(kJ/d)＝$460 \times W^{0.75}$($W^{0.75}$是指配种体重加上1/2妊娠总增重)

(二)妊娠产物增重所需消化能　每个胎儿及其相关妊娠产物增重为2.28 kg，妊娠期按115 d计，则每天每个胎儿及其相关妊娠产物增重为19.8 g，增重19.8 g需消化能156 kJ。

从而得出：妊娠产物增重所需消化能＝猪只头数×156 kJ/d

(三)母体增重所需消化能

母体增重＝母体脂肪增重＋母体蛋白质增重

式中：母体增重为已知；母体脂肪增重(kg)＝－9.08＋(0.638×MG)；母体蛋白质增重(kg)＝母体增重－母体脂肪增重；妊娠期按115 d计，即可求得每天母体脂肪及蛋白质的增重克数。已知合成每克脂肪所需消化能为54.48 kJ；合成每克蛋白质所需消化能为46.19 kJ,从而得出：

母体增重所需消化能＝母体脂肪增重(g/d)×54.48 kJ/g＋母体蛋白质增重(g/d)×46.19 kJ/g

（四）体温调节所需消化能　当环境温度低时，母猪需增加额外的能量以调节体温。本模型将24 h的平均温度为20℃作为理想温度条件，从20℃开始每下降1℃需额外提供1 046 kJ DE，当环境温度高于20℃时无需校正（下式中T为实际温度）。

体温调节所需消化能＝(20－T)×1 046

NRC(1998)推荐妊娠母猪每天每千克代谢体重维持能量需要量为460 kJ DE。在整个妊娠期间，母猪的维持需要相当恒定(Ererts 1994;Close 和 Mullan,1996)，而且初产母猪与经产母猪的维持需要亦相当接近(Noblet 等,1997)。妊娠母猪的第二部分能量需要是本身母体重增加的需要。妊娠期间（一般为115 d)的蛋白质沉积的消化能需要为46.19 kJ/g，脂肪沉积的消化能需要为54.48 kJ/g。第三部分是妊娠产物（胎儿等相关妊娠产物）的消化能需要为156 kJ/d。每千克初生胎儿在母体的整个妊娠期大约需沉积4.78 MJ能量于子宫及胎儿，这些能量的72％沉积于胎儿本身，12％沉积于胎盘，5％沉积于羊水，11％沉积于子宫(Noblet 等,1997)。可以看出，妊娠母猪所需的能量并不多，主要是用于母体本身的维持（占总需要的75％～80％，Noblet 等,1990)，而增重的需要占总需要的15％～20％(Pettigrew 和 Yang,1996)，胎儿所需要的能量就更少了。近几十年来，妊娠母猪的能量需要不断下降，NRC"猪的营养需要"从1950年的37.66～46.88 MJ DE/d，下降到1979年的25.6 MJ DE/d和1988年的26.40 MJ DE/d。迄今许多研究的结果表明，妊娠母猪能量需要宜保持在25.1 MJ DE/d(6.0 Mcal DE/d)上下水平。NRC(1998)根据妊娠模型估计每日消化能摄入量为25.59～27.87 MJ DE/d，饲料摄入量为1.8～

1.96 kg/d(饲粮能量含量为14.23 MJ/kg)。

我国肉脂型猪饲养标准建议为前期17.57～23.43 MJ/d,饲料摄入量为1.5～2.0 kg/d(饲粮能量含量为11.72 MJ/kg);后期为23.43～29.29 MJ DE/d,饲料摄入量为2.0～2.5 kg/d(饲粮能量含量为11.72 MJ/kg)。

Willians 等(1985)建议,至少头 3～4 胎,母猪妊娠期间自身组织增重应达到25 kg,妊娠产物增重大约20 kg,所以总增重为45 kg。

四、能量对胚胎存活率的影响

妊娠母猪能量水平对胚胎存活率的影响已有较多的综述,尽管实验结果不尽相同,但从多数实验来看,过高能量水平降低胚胎存活。Alberta 大学最近的资料表明,交配后72 h 内饲料饲喂水平对胚胎损失方面的影响相当大。妊娠初72 h,增加饲料采食量从1.8 kg/d 增加到2.5 kg/d 将显著增加胚胎死亡率;但妊娠72 h 后增加采食量却对胚胎死亡率无显著影响。妊娠初72 h 死亡率的上升与正常血浆孕酮水平的上升推迟10 h 有关。妊娠早期孕酮水平的上升,将改善子宫环境而有利于胚胎发育。Rozeboom 等(1993)提出,在配种后立即提高能量摄取量(39.8 MJ ME/d 对20.9 MJ ME/d),在温暖环境中产生有害作用,而在凉爽环境中则不会产生有害作用。可见,母猪摄食高能日粮可影响胚胎死亡率,可能跟环境及何时投入高能日粮有关。从排卵到着床这段时间内,营养水平的变化能够通过改变孕酮浓度从而影响输卵管、子宫内环境的变化而影响胚胎的存活。

五、能量对乳腺发育的影响

猪的乳腺发育时间较短,集中在妊娠后1/3时期内。在妊娠期第75～90天,乳腺组织总DNA 含量增加了3倍多。Head 等(1991)曾对较肥的母猪和较瘦的母猪做过比较,发现前者乳腺中的泌乳细胞较少，泌乳细胞的减少或许会导致泌乳量降低，但是目前还缺乏足够的证据。在小母猪妊娠后期（75～105 d）的日粮中提高蛋白质水平（216，330 g/d）对乳腺组织的发育没有影响；但过高的能量摄入却妨碍了乳腺的发育，母猪每天摄入 23.74 MJ ME 与采食 42.08 MJ ME 相比，前者乳腺实质的重量比后者重 27%，总 DNA 含量高 30%，总 RNA 含量和蛋白质含量也明显较高。Weldon 等（1991）报道增加青年母猪妊娠第 75～105 d 能量摄入量（24.1～43.9 MJ/d）可降低乳腺细胞数，减少产奶量。如果让母猪自由采食，随着妊娠期能量摄入量和体重的增加，泌乳期能量摄入量将降低，泌乳失重增加。

六、妊娠期采食量对泌乳期母猪的影响

有关试验表明，妊娠期采食量提高 1 倍，哺乳期采食量则下降 20%，表现出负相关关系。而泌乳期采食量下降对母猪的生产性能影响很大，如发情间隔延长、受胎率降低，下一胎窝仔数减少、产仔率降低。通常，生产上都希望母猪在泌乳期能保持较高的采食量，以利于断奶后再次发情。妊娠期摄入较高能量的母猪在泌乳期对葡萄糖的耐受力降低，表现为灌注葡萄糖后，血浆葡萄糖浓度明显上升，血浆胰岛素含量达到峰值的时间延长。Kemp 等（1996）观察到妊娠期葡萄糖耐受力降低，导致仔猪初生重下降，断奶前死亡率上升。妊娠期采食较高能量水平对妊娠晚期母猪血液葡萄糖及胰岛素浓度没有影响，但使泌乳期 15 d 时血浆胰岛素水平明显降低，促黄体素（LH）分泌减少。而泌乳期胰岛素水平降低会导致LH分泌减少，断奶后再发情间隔延长。Weldon 等（1994）认为妊娠期采食较高能量导致母猪泌乳期采食量下降可能与泌乳早期血浆胰岛素水平较低有关。妊娠期摄入能量过高的母猪，其体内胰岛素对葡萄糖浓度变化的敏感性降低，这样就限制了葡萄糖向周围组织的转运过程，从而限制了采食量。注射外源胰岛素后，母猪的采食

量提高。很多研究表现，妊娠期能量摄入过高会对泌乳期母猪产生不利影响。但适度提高采食量并没有坏处；相反，还可能带来有利影响。对于初产母猪，在妊娠期将采食量从 1.81 kg/d(24.3 MJ ME/d)提高到1.94 kg/d(26.4 MJ ME/d)可增加窝仔数和断奶活仔数，并且泌乳期母猪背膘厚降低得也较少(Mahan,1998)。Coffey 等研究表明：妊娠期和哺乳期不同的能量组合对母猪断奶后发情间隔的影响是不同的，并且与胎次互作；妊娠期将采食量从 24.7 MJME/d 增加到 29.7 MJ ME/d，可增加仔猪初生重和断奶前日增重，同时在哺乳期添加脂肪(0.9%)可使母猪达到最佳繁殖性能。

七、妊娠期能量水平对母猪长期繁殖性能的影响

过度饲养导致母猪过肥是繁殖失败的原因，不仅产后发情不明显，而且母性不佳。Frohish(1973)用 4 个能量水平(13.6 MJ ME/d、18.8 MJ ME/d、25.1 MJ ME/d 和 31.4 MJ ME/d)，经 3 胎试验，发现母猪淘汰率头一胎差异不大，到第二三胎时表现出高能量组母猪淘汰率最大。妊娠能量过低，产后体况差，严重者导致"瘦母猪症"，损害母猪以后的发情、排卵、受胎、产仔等性能，即使泌乳期喂给高能量日粮也难以弥补。长期缺乏蛋白质，母猪繁殖力降低，卵巢不活动，产后发情推迟，排卵减少。据有关资料报道，低蛋白质组母猪头胎繁殖性能未受影响，但第 3 胎活产仔数、断奶数和断奶率均低于高水平组，并且母猪淘汰率增大。由此可见，研究长期营养水平的作用和保持适宜的体况，对母猪的使用年限和长期繁殖性能均有重要意义。

总结母猪妊娠期的营养研究可以认为：母猪配种后 3 d 内应进行限饲，以防止胚胎成活率受到不利影响，妊娠期 25～80 d 可让母猪自由采食，以促使仔猪肌纤维充分发育。但在此过程中蛋白质或赖氨酸所起的作用并不清楚，仍需更深入的研究。妊娠后期应控制母猪的能量摄入，以利于乳腺发育。

第十节 泌乳母猪的能量需要

一、泌乳母猪的能量需要

NRC(1998)用模型估计了泌乳母猪的能量需要,该模型只要给出母猪在整个泌乳期的增重或失重、窝仔数和哺乳仔猪生长速度,即可计算出母猪每日消化能需要量。

泌乳母猪所需消化能DE(kJ/d)=维持DE+产乳DE−母体减重提供的DE+体温调节DE

(一)泌乳母猪维持所需消化能

泌乳母猪维持所需消化能(kJ/d)=460×$W^{0.75}$($W^{0.75}$是指分娩后体重加上1/2泌乳期总的重量变化)

(二)泌乳母猪产乳所需消化能

泌乳母猪产乳所需消化能(kJ/d)=[(仔猪日增重×哺乳仔猪数×20.58)−(377×哺乳仔猪数)]/0.69

注:消化能用于产乳的效率为69%。

(三)泌乳母猪母体减重所提供的消化能　已知瘦肉组织含有23%的蛋白质,每克蛋白质可提供23.4 kJ的能量;脂肪组织含有90%的脂肪,每克脂肪可提供39.3 kJ的能量;能量用于产乳的效率为88%;消化能用于产乳的效率为69%。

泌乳母猪母猪平均日减重(g)=泌乳期重量变化/泌乳天数

减重中的蛋白质(g)=(平均日减重×0.094 2)+1.47

减重中的脂肪(g)=(平均日减重−减重中的蛋白质/0.23)×0.9

从而得出：母体减重所提供的消化能(kJ/d)＝(减重中的蛋白质×23.4＋减重中的脂肪×39.3)/0.69

(四)泌乳母猪体温调节所需消化能 当环境温度低时，母猪需增加额外的能量以调节体温。本模型将24 h 的平均温度20℃作为理想温度条件，从20℃开始每下降1℃需额外提供1 351 kJ DE，当环境温度每升高1℃时需减少1 351 kJ DE（下式中 T 为实际温度）。

$$泌乳母猪体温调节所需消化能=(20-T)\times 1\ 351$$

NRC(1998)根据泌乳模型估计每日消化能摄入量为48.68～91.06 MJ/d，饲料摄入量为3.56～6.40 kg/d(饲粮能量含量为14.23 MJ/kg)。中国肉脂型猪的饲养标准建议DE为58.24～64.31 MJ/d，饲料摄入量为4.8～5.3 kg/d(饲粮能量含量为12.13 MJ/kg)

二、能量水平对母猪繁殖性能的影响

泌乳期母猪负担很重，一般都要减重，所以除产后几天或断乳前几天外，很少限量饲喂。

Mullan 等(1989)证实，泌乳早期阶段的营养水平对泌乳量和乳成分无影响，在某些猪场，产后给予高营养水平可能会增加母猪产后无奶的可能性，这种情况下降低营养水平对母猪有利。但泌乳期自由采食的母猪所哺育仔猪的生长速度显著高于限饲的母猪。King(1995)试验表明，分娩后母猪的体况对泌乳母猪的采食量有很大影响，体况较肥的母猪采食量低于3.83 kg，而体况较瘦的母猪采食量高于5 kg。

Tokack(1992)发现：高能量浓度的泌乳饲粮，可有效保障高赖氨酸水平对产奶量的增加。大量试验证明，妊娠后期和哺乳期母猪饲粮中添加脂肪可明显提高产乳量及乳脂肪含量。

能量水平对初产母猪缩短断奶至再发情的时间间隔也特别重要。高能水平和补饲可促使母猪发情。但能量影响只在一定范围内才有效果，每天食入50～80 MJ对产后发情无影响。

Zak等(1997)研究表明泌乳期自由采食的母猪比限饲的母猪排卵率要高。Kirkwood(1990)，Prunier(1993)等也证明泌乳期低采食量影响下一胎的繁殖性能。Aherne(1995)推荐泌乳期采食量应不低于6 kg/d。

第六章　猪的矿物质营养

第一节　概　述

矿物质(矿物元素)是一类存在于自然界的无机营养物质，除碳、氢、氧和氮主要以有机化合物形式出现外，其余各种元素主要以无机化合物形式存在，统称为矿物质或矿物元素。现已证实，猪至少需要14种无机元素，包括钙、磷、镁、钠、钾、氯、硫、铁、铜、锌、锰、硒、碘和钴。此外其他元素如砷、溴、硼、镉、氟、铅、锂、钼、镍、硅、锡和钒等对猪也可能是必需的。

一、矿物元素的分类

现今对矿物元素的分类方法主要有两种，一种是根据矿物元素在动物体内的含量进行分类；另一种则是根据矿物元素在动物体内的生物学活性进行分类。

(一)根据含量分类　按各种矿物元素在动物体内含量的不同，可将其分为常量矿物元素(简称常量元素)与微量矿物元素(简称微量元素)两类。通常，常量元素是指占动物体总重量0.01%以上的元素，包括钙、磷、镁、钠、钾、氯和硫等7种元素，微量元素则是指占动物体总重量0.01%以下的元素，主要包括铁、铜、锌、锰、碘、钴、硒、钼、铬等40余种元素。常量元素占动物体矿物元素总量的99.95%；而微量元素仅占矿物元素总量的0.05%左右。

(二)根据生物学作用分类　按各种矿物元素在动物体内的生物学活性不同，可将其分为必需元素与非必需元素两类。所谓必需元素，是指动物缺乏时可引起生理功能和结构异常，并发生种种病变或疾病的一类元素；非必需元素则是指动物虽缺乏亦不会因生理功能和结构异常而发生病变或疾病的一类元素。

1950年前，确认的必需元素共计13种，其中包括7种常量元素，即钙、磷、镁、钠、钾、氯和硫；6种微量元素，即铁、铜、锌、碘、锰和钴。然后，又陆续发现了3种元素为必需元素，即钼(1953)、硒(1957)和铬(1959)。近代营养科学研究指出，作为动物的必需元素应具备两个基本条件，即：①该元素在动物体内需保持相对稳定的浓度，且具有特定生物学作用和生理功能；②缺乏该元素动物可产生缺乏综合征，且在实验饲料中针对性添加该元素可预防和消除这种缺乏综合征。基于上述条件，20世纪60年代以来又相继将砷、钒、锡、镍、锶、硅等列为动物的必需元素。必须强调指出，迄今尚未被列入必需元素的许多种元素，对于动物机体亦可能是必需的，其中已发现有近30种微量元素在动物体代谢过程中具有重要作用。

二、矿物质元素的基本功能

矿物质在动物营养中具有重要的意义。虽然日粮具备了各种有机营养物质，如果缺乏矿物质，则仍将不能保持动物的健康和正常的生长发育与繁殖，严重时甚至可导致动物死亡。其原因在于矿物质在动物体内有着一系列重要的作用，兹归纳如下：

①矿物质是构成动物体组织的重要原料。例如，钙、磷和镁是构成骨骼、牙齿的主要成分，磷和硫则是组成体蛋白的重要成分。

②矿物质与蛋白质协同维持组织细胞的渗透压，以保证体液的正常移动和储留。

③矿物质是维持机体内酸碱平衡不可缺少的物质。各种酸、碱性离子保持适宜的比例，配之以重碳酸盐和蛋白质的缓冲作用，即可保证机体内的酸碱平衡。这是机体正常代谢过程必须具备的基本条件。

④矿物质是机体内许多酶的激活剂或组分。例如，氯离子是唾

液淀粉酶呈现活性所必需的物质；盐酸是胃蛋白酶原转变为胃蛋白酶的必需物质；镁离子的存在是多种氧化磷酸化酶活性所必需的条件。

⑤各种矿物质，尤其是钾、钠、钙、镁离子保持适宜比例，乃是维持细胞膜的通透性及神经肌肉兴奋性的必要条件。

⑥动物体内某些物质发挥特殊生理功能，有赖于矿物质的存在。例如，铁是血红蛋白的组分，碘是甲状腺素的组分，硒则是谷胱甘肽过氧化物酶的构成成分等。

此外，有些元素还有过量毒性作用，如铜、硒、氟和砷等，这些元素往往是累积导致中毒的，如果猪从饲料中采食过量，就会出现中毒症状。

第二节　常量元素

一、钙

（一）生理功能　钙和磷占猪体灰分的70%以上，体内总钙量的98%是以羟磷灰石[$Ca_2(PO_4)_6Ca(OH)_2$]形式存在于骨骼和牙齿中。其余2%的钙则以离子状态存于软组织、细胞外液及血液中，通常将它们统称为混溶钙池。

骨骼中的钙与混溶钙池中的钙，二者之间保持着动态平衡，即骨骼中的钙不断释放入混溶钙池，而混溶钙池的钙又不断沉积于骨骼中。所以骨骼中的钙处于不断更新中，但钙的这种更新速率却是随着年龄增长而逐渐减缓。

钙除作为骨骼和牙齿的重要构成成分外，还是维持各种组织细胞正常生理状态所必需的。因为只有当钙与钠、钾、镁等保持一定比例条件下，组织细胞才能维持适当的感应性。例如，神经、肌肉兴奋性的传导和感应性的维持，心脏的跳动等，都必须有一定数量的钙离子存在。神经、肌肉兴奋性增高而引起的抽搐，即是因血清中钙离子浓度过低所致。此外，钙还参与凝血过程及某些酶的激活过程。哺乳动物血清中钙的含量为 9～12 mg/100 mL。

(二)吸收与排泄　动物对钙的吸收始于胃。饲料中的钙可与胃液中的盐酸化合而成氯化钙，它是一种可溶性钙盐，故可部分为胃壁所吸收。未经吸收的钙盐进入小肠。肠道对钙的吸收率甚低，仅20%～30%；其余的钙均存于粪便中。肠道之所以对钙的吸收作用甚弱，其原因有二：一是肠道中的碱性反应可使可溶性的氯化钙转变为难溶性的磷酸盐和碳酸盐；二是钙离子在肠道中可与脂肪酸、植酸和草酸等阴离子形成不溶性钙盐。

(三)影响钙、磷吸收的因素

动物体对钙的吸收可受多种因素的影响。影响钙吸收的主要因素有：

1. 钙、磷比例　钙、磷比例是影响钙吸收的重要因素。增进钙吸收的适宜钙、磷比例为1∶1～2∶1。无论钙或磷比例偏高均会使难溶性的磷酸盐数量增多，从而影响钙的吸收。试验表明，饲给动物钙磷含量充分而比例不当的日粮，极易诱发钙缺乏症。

2. 维生素D　充分满足动物对维生素D的需要，可增进钙的吸收。

3. 乳糖　乳糖对钙的吸收有促进作用。乳糖之所以能促进钙的吸收，是因钙与乳糖螯合形成可溶性低分子螯合物所致。

4. 蛋白质　日粮含有足够的蛋白质有利于钙的吸收。这是因为蛋白质水解产物氨基酸可与钙形成可溶性钙盐，从而增进钙的吸收。

动物体排泄钙的途径有二，即粪与尿。排泄钙总量中，大部分系通过肠黏膜上皮细胞的脱落及消化液的分泌排入肠道，而后随粪排出，其余部分钙则是由尿排出。据试验测定，粪钙可占到排泄钙总量的80%，尿钙仅占20%左右。

（四）缺钙的表现 动物缺钙的基本病症为骨骼发生疾患。幼龄动物可出现佝偻症。其症状为骨质软弱，腿骨弯曲，脊柱呈弓状，膝关节和跗关节肿胀，骨端粗大，四肢行动不便，常会引起自发性骨折或后躯瘫痪。此外，幼龄动物因患佝偻症而使总的生长发育延缓。在猪的生产实践中佝偻症以仔猪发生较多。成年动物在日粮缺钙或钙、磷比例不当时，除可诱发骨质软化病外，还可能因过多地调动了骨骼内钙的储备，而使骨组织疏松呈海绵状（名为骨质疏松症）。

（五）饲料来源 绿叶植物特别是豆科植物含钙量较高。而含骨动物加工产品如鱼粉、肉骨粉等则含量尤为丰富。乳中含钙亦较多，是幼畜的良好钙源。谷实和块根块茎饲料含钙贫乏，大量饲喂要注意钙的补充。

在猪的饲粮中必须有足够的钙，可供作钙源的矿物质饲料种类颇多，常用的有石灰石粉、骨粉和磷酸氢钙等。

二、磷

（一）生理功能 磷与钙二者共同以羟磷灰石形式构成动物的骨骼和牙齿。骨骼和牙齿中的磷约占体内总磷量的80%。其余的磷含存于软组织和体液中，主要是以磷蛋白、核酸和磷脂的构成成分而发挥作用。磷还是碳水化合物代谢形成的已糖磷酸盐、二磷酸腺苷和三磷酸腺苷的重要组成部分。此外，磷酸盐从尿中排出的数量和形式，对机体酸碱平衡的调节亦具有作用。哺乳动物血清中总磷含量为14～15 mg/100 mL，以有机磷与无机磷两种形态存在。成年动物血浆无机磷含量为3～7 mg/100 mL，幼龄动物一般含量较高且变化亦较大。

（二）吸收与排泄 饲料中的无机磷可直接为肠道所吸收，而有机磷则需先经酶的作用水解为无机磷方能为肠道吸收。因此，饲料中的无机磷主要由小肠前段吸收，而有机磷则因需要水解故主要在小肠后段被吸收。

动物体对磷的吸收，亦受许多因素影响。除前述影响钙吸收的因素如肠道酸度、钙磷比例及维生素D水平等均可影响磷的吸收外，饲料中磷的存在形式亦是影响机体对磷吸收的重要因素。谷实、糠麸、油粕等植物性饲料含有的磷50%以上均呈植酸形式存在。植酸即六磷酸环己酯，其分子式为$C_6H_{18}O_{24}P_6$，结构式如下：

```
          H   Ⓟ
          |   |
          C — C
   Ⓟ    / |   | \    H
     \ /  Ⓟ   H  \  |
      C   Ⓟ   H   C
      | \  |  |  / |
      H   C — C   Ⓟ
          |   |
          H   Ⓟ
```

其中：Ⓟ = O—P(OH)(OH)═O

植酸不仅是磷的存在形式，而且还具有对某些金属离子较强的络合性能，与钙、镁、铜、锰、锌等金属离子均能生成稳定的络合物。因此，这些金属离子的存在可进一步降低机体对植酸磷的利用。据试验测定，猪对植酸磷的利用率不足40%。因此，在给猪配制饲料时，要以有效磷为指标来满足猪对磷的需求。

（三）缺磷的表现　由于磷与钙共同构成骨骼，故当缺磷时同样也会引起幼龄动物患佝偻症，成年动物则患软骨症。在地区性缺磷条件下，动物还可能发生低磷性骨质疏松症。缺磷的动物其血液中的无机磷含量显著低于正常标准。经常会出现食欲不振、消瘦及异食癖（咬嚼毛、骨、木头和破布等）；并常出现关节僵硬、肌肉软弱、生长减缓、繁殖异常甚至呈现营养性瘫痪。

（四）饲料来源　就总磷含量而言，植物性饲料以谷实和糠麸含磷最为丰富，秸秆和块根块茎含磷量一般较低，而青绿饲料中的青绿玉米和甜菜叶含磷量最低。动物性饲料一般含磷较为丰富，其中鱼粉、肉骨粉等含量尤丰。

由于谷实、糠麸和饼粕等饲料中植酸磷含量较高，而猪对总磷仅能部分利用，故饲料的总磷值对猪的意义并不大，在配制猪饲料时应用有效磷的含量作为饲料含磷量的指标。据中国农业科学院畜牧研究所(1983)测定，一般谷实、豆类和饼粕的植酸磷含量占总磷含量的40%～70%，而糠麸的植酸磷含量则高达70%，详见表6-1。

表6-1　饲料中植酸磷占总磷的比例

饲料类别	饲料名称	总磷含量(%)	植酸磷占总磷(%)
(1)谷实类	玉米	0.28	69.6
	大麦	0.37	63.9
	小麦	0.35	71.4
	青稞	0.31	39.8
	高粱	0.17	55.7
(2)饼粕类	大豆粕	0.59	41.0
	棉子粕	1.05	59.5
	菜子饼	0.84	62.8
(3)豆类	豌豆	0.37	38.0
	蚕豆	0.38	44.4
	秣食豆	0.59	47.0
(4)糠麸类	大米糠	1.78	75.7
	小麦麸	1.02	72.7
(5)青干草	苜蓿粉	0.25	0
	刺槐叶	0.40	0

注：苜蓿粉系引自军马所测定结果。

日粮中缺磷时，可用骨粉或脱氟磷酸盐如磷酸一钙[$Ca(H_2PO_4)_2 \cdot H_2O$]、磷酸二钙[$Ca_2HPO_4 \cdot 2H_2O$]和磷酸钙[$Ca_3(PO_4)_2$]等进行补饲。

三、镁

(一)生理功能　动物体内的镁有70%以磷酸盐与碳酸盐形式参与骨骼和牙齿的构成，所以它亦为骨骼和牙齿的重要组成成分之一。大约有25%的镁与蛋白质结合成络合物，存于软组织中。动物的所有组织都含有镁，它既存在于细胞内液，亦存在于细胞外液。镁是细胞内液的主要阳离子，浓集于线粒体中，对保持许多酶系统，尤其是与氧化磷酸化有关的酶系统的生物活性至为重要。细胞外液中镁的浓度较细胞内液为低。其作用主要是与钙、钾、钠协同维持肌肉和神经的兴奋性。其次，镁离子还是维持心肌正常功能和结构所必需。此外，镁可能还具有维持核酸结构稳定的作用。

（二）吸收与排泄　动物对镁的吸收量随所进食饲料含镁量而变化，饲料含镁量高则吸收量亦相应增多。但动物对镁的吸收率总的来说是不高的，仅10%～20%。维生素D对机体吸收镁有一定促进作用，但不如对钙吸收的促进作用大。动物体内的镁主要随粪、尿排出。

（三）缺镁的表现　实验性缺镁动物可引起抑郁、肌肉软弱和心肌坏死等。在实际饲养中，镁缺乏症主要见于反刍动物，乳牛、肉牛和绵羊均有发生。猪缺镁的表现有应激过敏，肌肉痉挛，软弱，不愿意站立，平衡失调，抽搐，继而死亡。在生产实践中猪一般不会发生缺镁现象，因为其饲粮中足以满足其需要。

（四）饲料来源　镁普遍存在于各种饲料中，尤其是糠麸、饼粕和青饲料含镁丰富，每千克干物质可含有3～10 g。谷实含镁量也高，每千克干物质可达1.5～2 g。此外，块根块茎等亦含有较多的镁。

四、钾

（一）生理功能　钾是动物体细胞内液的主要阳离子。钾与钠、氯及重碳酸盐离子一起，对调节体液渗透压和保持细胞容量起着重要作用。钾还是维持神经和肌肉兴奋性不可缺少的因素。钾作为细胞内液的主要碱性离子参与缓冲系统的形成，保持体液酸碱平衡。此外，它还参与机体的碳水化合物代谢。

（二）缺钾的表现　动物实验性缺钾的一般表现为：生长阻滞、肌肉软弱、异食癖等。猪对钾的需要量较少，日粮中含有0.15%～

0.25%的钾(占干物质)就足以满足需要。一般正常的植物性日粮,其中钾的含量超过猪的实际需要,且猪对饲料中钾的利用率很高(可达70%),故猪一般不会感到钾的缺乏。

(三)饲料来源 酒糟和甜菜渣是所有饲料中含钾量最低的,仅为0.1%~0.2%。谷实含钾亦较少,一般谷实含量在0.45%~0.55%之间,而玉米低于0.3%~0.35%。青绿多汁饲料含钾量极为丰富,可达2.1%~2.5%。此外,饼粕类尤其是大豆饼粕含量也较多,一般含量为1.2%~2.2%。

五、钠

(一)生理功能 钠主要含存于动物体的软组织和体液中,是血浆和其他细胞外液的主要阳离子。钠在保持体液的酸碱平衡和渗透压方面起重要作用。此外,钠和其他离子协同参与维持肌肉神经的正常兴奋性。

(二)缺钠的表现 钠是维持动物健康、生长、繁殖和泌乳的重要营养因素。生长动物缺钠时,出现食欲和消化机能减退,生长受阻,饲料利用效率降低等。成年动物缺乏时,可发生肌肉颤抖、四肢运动失调、心律不齐等症状,最终往往因极度衰竭而致死。生长猪缺钠时,食欲和消化机能减退,影响采食量和生产成绩。成年猪缺钠时,最初食欲不振,精神委靡,消瘦,被毛粗乱。饲料中不添加食盐的猪还会导致异食癖,出现舔猪圈、猪笼等现象。

(三)饲料来源 大部分植物性饲料含钠均较少,如青草每千克干物质仅含钠0.4~0.7 g,谷实和饼粕每千克干物质仅含钠0.1~0.3 g。然而,动物体对钠的需要量却较多。因此,在实际饲养中必须用食盐(含钠36.7%)补充天然饲料含钠的不足。

六、氯

(一)生理功能 氯主要存在于动物体细胞外液中,它除与钠、钾共同维持体液的酸碱平衡和渗透压外，并且以盐酸(HCl)形式作为胃液的构成成分。此外，氯还可与唾液中α-淀粉酶形成复合物，从而可增进α-淀粉酶的活性。

(二)缺氯的表现　哺乳动物实验性缺氯，主要表现为肾功能受损，皮肤、肌肉和内脏器官中氯的含量明显减少。猪缺氯时，除了会出现缺钠时的食欲和消化机能减退，影响采食量和生产成绩外，泌乳母猪的泌乳量也会受到影响。

(三)饲料来源　氯在各种植物性饲料中的含量均甚少，如大多数谷实含氯在0.1%以下，青草含氯仅0.003%～0.342%。然而，由于动物对氯的需要量有限，故在用食盐补充钠的同时，所提供的氯足以满足动物体对氯的需要。所以，在饲养中并不需要单纯补氯。

七、硫

(一)生理功能　动物体内的硫主要存在于含硫氨基酸(胱氨酸、半胱氨酸和蛋氨酸)。含硫维生素(硫胺素和生物素)以及激素(胰岛素)中，仅有少量硫呈无机态。因此，硫主要是通过上述氨基酸、维生素和激素而体现其生理功能。

(二)缺硫的表现　动物实验性缺硫所表现的症状为食欲丧失、多泪、流涎、脱毛；动物长时期持续缺硫，往往因体质极度衰竭而致死。

(三)饲料来源　动物机体内的主要硫源是蛋白质，因而蛋白质饲料含硫量较高，如鱼粉、肉粉、血粉等含硫可达0.35%～0.85%，饼粕类含硫则可达0.25%～0.40%；谷实和糠麸皮含硫量为0.15%～0.25%，青玉米及块根块茎含硫贫乏，仅0.05%～0.1%。在猪的饲养实践中一般不会发生缺硫，通常其饲粮中的硫足以满足要求。

第三节　微量元素

一、铁

(一)生理功能　铁在动物体内含量虽少(占体重0.002%～0.004%),但在动物生理上却具有极其重要的作用。铁是血红蛋白、肌红蛋白及许多种酶(细胞色素酶、过氧化物酶和过氧化氢酶等)的必需组成成分。动物体内的铁,65%～70%以血红蛋白、3%以肌红蛋白和1%以含铁的酶形式存在;其余则为储备铁。储备铁主要是以铁蛋白和血铁黄素形式,储存于肝脏、脾脏和骨髓的网状内皮系统中。

铁在机体内的主要生理功能是参与氧的转运、交换及组织呼吸过程。因此,如果机体内铁的携氧能力被阻断,或铁的数量不足,将会不同程度影响到机体正常代谢过程,导致缺铁性疾患。

(二)吸收与排泄　机体对铁的吸收部位主要在十二指肠。饲料中的铁经胃酸的作用而释放,并被还原为亚铁离子(Fe^{2+})。亚铁离子可与维生素C、某些糖和氨基酸形成螯合物。这些螯合物在小肠的碱性溶液中仍可维持溶解状态,从而有利于吸收。吸收后的铁进入血液循环,转运至需铁的组织中以供利用。小肠黏膜细胞对铁的吸收量,取决于机体对铁的需要量,故当小肠黏膜细胞中铁蛋白储量逐渐增多而达到饱和状态时,则铁的吸收量也相应逐渐减少直至完全停止吸收。所以,动物体需铁较多时,小肠黏膜吸收的铁也增多;相反,动物体需铁较少,铁的吸收也相应减少。

动物体内的铁,由于在代谢过程中可反复被利用,因而很少排出体外。通常,铁除肠道分泌与皮肤、消化道和尿道上皮细胞脱落损失微量外,几乎不存在其他途径的损失。

(三)缺铁的表现　动物缺铁的基本病症为缺铁性或营养性贫

血。初生仔猪容易发生缺铁性或营养性贫血。其原因在于:①初生仔猪体内铁储备量少,平均每千克体重仅约30 mg;②仔猪出生后早期生长率极高,平均每日体内需储留铁6～8 mg;③母猪乳中含量低,每日仅能为每头哺乳仔猪提供约1 mg铁。显然,初生仔猪单一依靠母猪乳供铁而无其他补充来源,将会发生缺铁性或营养性贫血。特别是冷季舍饲期分娩的仔猪发病率较高。早产的仔猪因妊娠后期从母猪获取的铁较少,更易发病。仔猪贫血的症状是:虚弱无神,皮肤发皱和苍白,被毛粗糙,体况随生长而日趋瘦弱。病情严重的仔猪可呈现呼吸困难、头肩部轻微肿胀;血红素含量可由每100 mL血液8～9 g下降到3～4 g。对于患贫血的仔猪若不及时治疗,重者可致死;轻者虽随生长进食饲料增多至生后6～7周可逐渐康复,但却已严重地阻碍了仔猪的早期发育。仔猪贫血防治措施要得当。分娩前后用铁盐给母猪补铁,对防治仔猪贫血无效。因为母猪增加铁的摄食量,既不能增加胎猪的铁储,也不能提高猪乳的含铁量。所以,要防止仔猪贫血,必须及时给初生仔猪补铁。

(四)供给　各种天然植物饲料一般均含铁甚多。青草、干草及糠麸均是富含铁的饲料(150～350 mg/kg)。动物性饲料中除乳含铁贫乏外,鱼粉、肉骨粉、血粉等均含铁较多(含410～530 mg/kg)。为预防初生仔猪缺铁,除及时注射铁制剂外,也可用含铁化合物进行补饲,如硫酸亚铁、葡萄糖酸铁、酒石酸铁、蛋氨酸螯合铁等。但要指出,铁的补饲量要注意控制,给量过大会影响饲料的采食和消化。

二、铜

(一)生理功能　铜是许多种酶如铁氧化酶、赖氨酰氧化酶、过氧化物歧化酶和细胞色素C氧化酶等的构成成分,故其生理功能极其多样化。骨骼的构成、红细胞的生成、被毛色素的沉着以及脑细胞和脊髓的质化等，均需有适量的铜存在。

(二)吸收与排泄 机体对铜的吸收部位是小肠前段，吸收率很低，仅10％～20％。动物体对铜亦如对铁一样，可反复加以利用，因而排出极少。铜的主要排泄途径是随胆汁排出，粪中的铜则主要是饲料的未被吸收的铜。

(三)缺铜的表现 猪缺铜导致铁的功能性差，血细胞生成异常，出现小红细胞低色素型贫血，可因骨骼发育异常而呈现畸形，并且容易发生骨折；初生仔猪十分软弱，并呈现贫血。

(四)供给 铜在各种饲料如牧草、谷实、糠麸及饼粕等中含量均较多，而动物对铜的需要却十分有限。因此，在一般情况下，动物很少会发生铜的缺乏。然而，由于植物性饲料的含铜量与土壤的含铜量密切相关，如低铜土壤所生长的饲料植物其含铜量就低。故当动物采食低铜饲料时，则有可能发生缺铜现象。此外，钼可干扰动物机体对铜的利用。当土壤含钼量高时，常可导致牧草中钼浓度增高，从而引起动物缺铜。

国内外的试验研究表明，高铜(125～250 mg/kg)可促进仔猪和生长猪的生长和增重。日粮中添加250 mg/kg 的铜，可使猪的生长速度提高8％，饲料利用效率提高5.5％。高铜对猪的促生长机理至今仍不十分明确。早先认为铜可抑制猪消化道有害微生物的生长。然而近年的研究提示，铜对猪的促生长作用除对消化道有害微生物的拮抗效应外，亦可能与其对猪的采食量、消化酶活性及生长调控激素的刺激有关。但高铜会造成猪排泄物中铜含量明显增加及其在环境中的富集，为了保护生态环境必须注意控制用量或采用铜的有机化合物。在补充饲料中铜的不足时常常选用硫酸铜等以预混料的形式进行。

(五)铜的毒性 铜的剂量若大幅度超过正常生理需要可能对动物呈现毒害作用。因铜可在动物体内积蓄，当持续摄入过量铜时，将会使体内特别在肝脏积蓄大量的铜，从而引起动物中毒。猪对过量铜的耐受性最强。饲料含铜量高，或饲料含铜量虽不高而含钼量低，均可使动物发生铜中毒。其中毒机理在于：动物摄入体内的铜若超过实际需要，多余的铜将在肝脏蓄积。然而，肝脏蓄积铜的能力有一定限度，如果持续进入体内的铜超过了肝脏的储铜能力，铜将由肝脏大量释放进入血液，使红细胞溶解，出现溶血、黄疸及组织坏死等，最终可导致动物死亡。

三、锌

（一）生理功能　锌是许多种酶的组成成分或激活剂。现今已知与锌有关的酶类不下20种，包括碱性磷酸酶、碳酸酐酶、醇脱氢酶、乳酸脱氢酶、谷氨酸脱氢酶及羧肽酶等。许多研究表明，锌还是核糖核酸聚合酶和脱氧核糖核酸聚合酶呈现生物学活性所必需，这表明锌与核糖核酸、脱氧核糖核酸以及蛋白质的生物合成均有着密切联系。此外，锌还是胰岛素的组成成分。

（二）吸收与排泄　动物体对锌的吸收与铁的吸收相类似，也是受小肠黏膜细胞中含锌量的调节控制。锌的主要吸收部位是在十二指肠，空肠也能吸收一部分。锌的吸收率很低，仅约10%。锌被吸收进入血液后与血浆中蛋白质络合，而后转运至全身各种组织细胞中。各种组织中均含有锌，其中以眼睛和前列腺浓度最高，其次以肌肉、皮肤和内脏器官含量较高。

动物体内的锌主要是由粪排泄，由尿排出的锌极少。粪中的锌大部分是未经吸收的饲料锌，内源排出的锌所占比例甚小。内源锌主要随胰液排出，其次随胆汁排出。

（三）缺锌的表现　动物缺锌时，最初表现为食欲减退和生长受阻；随之发生皮肤不全角化症。幼龄动物尤其是2～3月龄仔猪发病最多。症状表现：初时皮肤出现红斑，上覆皮屑；继之皮肤变得干燥粗厚，并逐渐形成污垢状痂块，尤其头、颈、背、腹侧、臀和腿部最为明显。其中有的仔猪有痒感，常因擦拭而致皮肤溃破。少数仔猪可出现腹泻。此外，缺锌还可影响繁殖功能，使动物睾丸发育不良和精子生成异常。

高钙日粮可诱发缺锌症的发生。国内外许多试验均确认了这一事实。如 Stevenson 的试验(1956)指出，在日粮含锌 32 mg/kg 条件下，若其中同时含钙0.48%，则有50%的试验猪发生不全角化症；若是含钙0.67%～1.03%，则全部仔猪均患此病。又据吴晋强的试验(1983)，在日粮含锌 46.2 mg/kg 和含钙 0.61%条件下，即使不补饲锌亦不致诱发典型的皮肤不全角化症，而当含锌46.2 mg/kg和含钙1.02%条件下，如若不补饲锌则可使全部供试仔猪发生典型的皮肤不全角化症；如果在上述日粮中添加锌75 mg/kg和100 mg/kg，即可防止此病的发生。饲养实践中，采用干料饲喂的仔猪较之采用湿料饲喂的仔猪发病率高，这可能是因前者增加了钙的吸收所致。

(四)供给　各种饲草和饲料一般均含有一定量的锌，如青草、干草、糠麸和饼粕等均含有较多的锌，动物性饲料鱼粉等含锌(165 mg/kg)尤多；谷实中的玉米和高粱含锌量(10～15 mg/kg)较低，块根块茎饲料含锌最为贫乏(4～6 mg/kg)。

当饲料含锌不足时，可用含锌化合物(硫酸锌、氧化锌、蛋氨酸锌等)补饲。实际饲养中应特别重视仔猪补饲问题。补饲锌的仔猪食欲旺盛，采食量增多，健康状况亦较佳。近年来，国内外试验表明，高锌(2 500～3 000 mg/kg)可减少仔猪拉稀，对促进生长有重要作用。

四、碘

(一)生理功能　碘主要存在于动物体的甲状腺中，含量达

0.2%～0.5%。碘的最主要功能是构成甲状腺素。甲状腺素是调节机体新陈代谢的重要物质，对于动物的健康、生长和繁殖均有着重要影响。

（二）吸收和排泄　饲料和饮水中含有的碘极易为消化道所吸收，并进入血液中。所吸收的碘系呈离子态，其中部分碘被转运到甲状腺上皮细胞，并经过氧化物酶氧化成为元素碘。然后由碘化酶将碘置换到酪氨酸环上形成3-碘酪氨酸或3,5-二碘酪氨酸，然后由两分子一碘酪氨酸或二碘酪氨酸结合形成具有激素活性的三碘酪氨酸或四碘酪氨酸，并与甲状腺球蛋白结合而储存于甲状腺中。当代谢过程需要时，三碘酪氨酸和四碘酪氨酸即被释放进入血液，并与血浆中的α-球蛋白或白蛋白相结合而被转运。此种甲状腺激素由甲状腺释放进入血液的过程，是由脑下垂体前叶分泌的促甲状腺激素调节和控制。

碘主要通过粪、尿以及皮肤、肺和乳汁等途径排出。

（三）缺碘的表现　动物缺碘最易出现于胚胎阶段与性成熟阶段。妊娠母畜缺碘可导致胎儿缺碘，从而使胎儿发育受阻，出现弱胎和死胎。一胎多仔动物缺碘的可能性较大，其后果也较严重。初生仔猪缺碘的突出症状为皮厚无毛，全身肿胀。

动物性成熟阶段是代谢旺盛，发育迅速阶段。倘若缺碘可导致生长迟缓、骨架短小。其次，缺碘还会阻碍生殖器官发育，从而影响繁殖和生产性能。

（四）供给　动物所需要的碘主要是从饲料和饮水中摄取，而饲料和饮水中的含碘量则主要决定于各地区的生物地质化学状况。一般而言，远离海洋的内陆山区，其土壤和空气中含碘较少。故饲料和饮水中的含碘量亦较低，因而成为缺碘地区。缺碘地区与非缺碘地区其饲料和饮水中的含碘量差异很大（表6-2）。

表 6-2　华北某地区饲料和饮水含碘量　　（μg/kg）

饲料名称	缺碘地区含碘量	非缺碘地区含碘量
玉米	4.0	31.0
高粱	0.4	10.0
小麦	3.0	9.0
大米	3.0	12.0
大豆	0	21.0
甘薯	7.0	24.0
饮水	0.2	0.9

各种饲料在不同程度上均含有碘，其中以海洋植物含碘量最高，如某些海藻含碘量可高达0.6%。海产鱼加工制成的鱼粉也是碘的良好来源。一般非缺碘地区的植物性饲料，以饲草含碘量较高（可达0.25 mg/kg），而精料和块根块茎含量相对较低。但无论何种饲料，通常均难以确保妊娠和泌乳动物对碘的需要。为增加动物碘的供给量，在饲喂动物的食盐中常加有碘。在生产实践中，饲料企业通常在饲料中通过添加碘化钾或碘酸钙来补充猪对碘的需要。

五、钴

（一）生理功能　钴的主要功能是作为维生素 B_{12} 的构成成分而发挥其作用。其次，钴还可能是某些酶（磷酸葡萄糖变位酶、精氨酸酶等）的激活剂。

（二）供给　各种饲料一般均含有微量的钴，如牧草干物质含钴0.1～0.25 mg/kg，谷实则含0.06～0.90 mg/kg。迄今尚无充分证据表明钴为单胃动物所必需。虽然有试验证明，在一定条件下，给予猪适量（占日粮干物质 0.5～2 mg/kg）无机含钴化合物有加快猪生长的效果，但只要维生素 B_{12} 能满足需要，猪就不会出现缺钴现象。

六、锰

(一)生理功能　锰的主要功能是作为一系列酶的激活剂，其中某些酶对动物的正常生长和繁殖至关重要。锰是骨骼有机基质形成过程中所必需的两种重要酶，即多糖聚合酶和半乳糖转移酶的激活剂。当缺锰时因这两种酶的活性降低而影响骨骼的正常形成。其次，锰还是二羧甲戊酸激酶发挥催化胆固醇合成所不可缺少的因素，故当缺锰时胆固醇生物合成减少。而胆固醇为性激素的前体，所以缺锰会引起性激素缺乏，影响正常的繁殖功能。此外，近年研究还证明，锰可能还与核糖核酸、脱氧核糖核酸和蛋白质的生物合成有关。

(二)缺锰的表现　各种动物缺锰的表现不尽相同，但共有的症状为：生长停滞、骨骼畸形、繁殖功能紊乱以及初生幼畜四肢运动失调等。生长猪缺锰会导致生长速度下降，骨骼生长异常，四肢弯曲和短缩，关节肿胀或跛行。母猪缺锰会导致发情周期异常或不发情，甚至胎儿被重吸收，初生仔猪弱小。

(三)供给　一般植物性饲料含锰均较丰富，而动物性饲料含锰却较少。多数饲草含锰甚多(50～200 mg/kg)，谷实和糠麸含锰也较多(50～80 mg/kg)，惟有玉米(4～6 mg/kg)和大麦(8～10 mg/kg)含锰甚少。因此，在一般饲养条件下无需额外补饲锰。只有在以玉米等低锰饲料为基础饲料饲喂猪、鸡时应考虑锰的补给。为补充日粮中锰的不足，可采用无机锰化合物如硫酸锰、碳酸锰、氯化锰，或锰的螯合物如蛋氨酸锰等。

七、硒

(一)生理功能　硒的生理功能主要是以谷胱甘肽过氧化物酶(GSH-Px)形式发挥抗氧化作用，防止细胞膜的脂质结构遭到氧化破坏，对细胞正常功能起保护作用。硒是谷胱甘肽过氧化物酶的一种必需组成成分。GSH-Px 的功能是催化还原型谷胱甘肽转变成氧化型谷胱甘肽，同时使有害的过氧化物(ROOH)还原为无害的羟基化合物，并使 H_2O_2 分解；从而可保护生物膜(细胞膜、线粒体膜、细胞核膜等)脂质结构和功能免遭过氧化物的损害。

硒与维生素E具有协同效应，因此，当日粮中维生素E供给不足时，若日粮中含硒亦不足，则动物很快出现缺硒症，若日粮中硒不足，而维生素E充足，则可减轻缺硒症的危害。特别是动物的某些缺硒症，如幼畜白肌病、猪肝脏坏死及动物繁殖功能障碍等，硒与维生素E二者均具有防治效能。但要强调指出，在防治动物某些营养性疾病方面，硒与维生素E二者相互间并不能完全取代。

硒除具有上述抗氧化功能外，并参与辅酶A和辅酶Q的合成，同时还是与电子转移有关的细胞色素的组分；此外，硒在机体内尚可促进蛋白质的生物合成。在缺硒时可使胰脂酶的合成受阻，从而影响脂肪和包括维生素E在内的脂溶性维生素的吸收。现今认为，虽然硒和维生素E均具有抗氧化作用，但含硒的谷胱甘肽过氧化物酶较之维生素E具有更强的抗氧化能力。

影响硒发挥生理功能的因素颇多，除维生素E与硒具有协同效应外，其他因素如含硫氨基酸、脂肪酸、抗氧化剂等，亦是影响硒生理功能的重要因素。

(二)缺硒的表现　一般认为，若饲料中硒的含量低于0.1 mg/kg，即有可能引起动物硒的缺乏。缺硒可导致动物生长受阻、心肌和骨骼肌萎缩、肝细胞坏死、脾脏纤维化、出血、水肿、贫血、腹泻等一系列病理变化。幼畜的白肌病和雏鸡的渗出性素质症即是一种硒-维生素E缺乏综合征。

此外，硒与动物的繁殖性能亦有着密切联系。中国农业科学院畜牧研究所(1981)曾报道，缺硒可使幼年公猪生殖道精子数量减少、活力降低、头及尾部畸形率增加。

(三)供给　缺硒地区因饲料和牧草含硒量低，故必须采取适当措施为动物补硒。在生产实践中常将亚硒酸钠或硒酸钠加入预混料中为猪补硒。

八、钼

（一）生理功能　钼是动物体内黄嘌呤氧化酶的组成成分，而这种酶在嘌呤代谢中具有重要作用。其次，钼还是硝酸盐还原酶和细菌脱氢酶的组成成分。

（二）缺钼的表现　迄今尚未发现生产条件下猪缺钼的典型症状，但发现家禽在缺钼时，其肝、肾和肠组织中黄嘌呤氧化酶的含量急剧降低，种蛋孵化率有下降的趋势，且孵出的雏鸡生活力弱。

（三）供给　常用饲料中含有的钼足可满足猪的需要，所以实际饲养中一般无需考虑钼的供给问题。

九、铬

（一）生理功能　铬主要存在于动物的肝、肾和脾中，皮肤、血液和骨骼亦含有微量铬。铬在化合物中可呈二价、三价或六价，其中三价铬具有生理活性，为哺乳动物正常代谢所必需。铬通过与尼克酸、谷氨酸、胱氨酸和甘氨酸等形成有机螯合物——葡萄糖耐受因子(glucose tolerance factor，GTF)，协同胰岛素参与机体的碳水化合物代谢而发挥生理作用。此外，铬对调节蛋白质和脂类代谢亦具有重要作用。

（二）缺铬的表现　动物实验性缺铬，呈现体内血糖和胆固醇增高，动脉粥样硬化，眼角膜损伤而致视力障碍。同时表现生长减缓，繁殖机能异常，有时可出现神经症状。

（三）供给　一般常用饲料如谷实、糠麸、块根块茎等，均为有机铬化合物的良好来源，含量可达0.1～1 mg/kg。现今实验尚未能确认，动物的生产性日粮中是否有必要补充铬化合物。但实验证实，动物在应激状态下会引起缺铬，补充有机铬会降低应激造成的危害。有实验报道，猪日粮中补充有机铬会提高瘦肉率，提高母猪的产仔数。

十、其他微量元素

（一）砷的营养 砷广泛分布于动物的肌肉、内脏（肝、肾、脾、肠）等各种体组织和器官中。砷主要作为体内许多酶的激活剂或抑制剂而影响酶的活性。它能增进机体造血功能，促进组织细胞生长和增殖。此外，砷还是动物保持正常繁殖机能所必需。试验证实，动物日粮含砷量小于0.01～0.05 mg/kg 即可诱发缺砷症。动物缺砷会导致心肌、骨骼肌和肝脾等组织结构异常。动物表现为生长受阻、繁殖功能异常。正常情况下，谷实、糠麸、豆类和叶菜类饲料中，含砷量虽均小于0.1 mg/kg，但一般可满足动物对砷的需要。由于试验证明，适量砷化合物如对氨基苯砷酸等，可改善猪对营养物质的吸收和同化，从而提高生产性能，因而现今已将其作为生长促进剂使用。

（二）钒的营养 钒具有增强机体造血功能，促进蛋白质合成及抑制胆固醇蓄积的作用。适量钒可提高动物的生长速率和繁殖性能，并可促进骨骼和牙齿的钙化作用。动物实验性缺钒，可使体内蛋白质代谢发生紊乱，造血功能减弱，导致动物生长减缓，骨骼发育不良及繁殖功能失常等。动物对钒的需要量尚有待研究确定。现今仅知日粮中含钒量保持在0.05～0.5 mg/kg 范围内即可满足动物对钒的需要。植物性饲料如谷实含钒 0.03～0.06 mg/kg，牧草含钒达 0.08～0.12 mg/kg；动物性饲料含钒较丰富，如鱼粉含量可达 2.0～2.5 mg/kg。因此，饲养实践中在合理组合日粮条件下，猪不会出现缺钒现象。

（三）氟的营养 氟在动物体内有 95%含存于骨骼和牙齿中。氟对动物具有健齿的功能，这是因为氟可被吸附于牙齿珐琅质的羟磷灰石晶体表面上形成氟磷灰石，而氟磷灰石具有抗酸腐蚀的作用。其次，氟还能抑制口腔细菌酶分解糖产生酸，而这种酸据认为是损害齿质的主要物质。动物缺氟主要表现为对齿质和骨骼正常结构的损害。齿质的正常抗酸腐蚀性丧失，形成龋齿；骨骼钙化不良和硬度降低，引起骨质疏松症。动物对氟的需要量甚微，当饲料和饮水中含1～2 mg/kg 的氟就足以满足需要。而一般饲料和饮水中氟的含量往往超过其实际需要，所以动物一般不会发生氟的缺乏。生产实践中氟对动物可能造成的危害，通常不是氟的缺乏，而是因氟的过量而引起的中毒。如果在饲料中使用未经过脱氟处理的磷酸氢钙，则有造成氟中毒的可能。

(四)锡的营养　锡在 20 世纪 70 年代中期方被列入必需微量元素。现今已知锡参与动物体组织蛋白的合成过程，对核酸与蛋白质的反应过程起促进作用。此外，锡还与黄素酶的活性有关。试验证实，锡对实验动物具有强烈的促生长作用。锡在一般植物性饲料中均含有一定数量，而在富硅酸盐的土壤中生长的植物含锡量较高。现今尚不知猪对锡的确切需要量，但一般认为，生产性日粮中含有的锡足以满足猪对锡的需要。

(五)镍的营养　镍对动物亦是一种必需微量元素。它具有增进动物机体造血和红细胞再生的功能，并对机体内某些激素的释放及酶的生理活性呈现影响。动物缺镍可导致贫血、肝组织超微结构异常、骨骼发育不良等。猪对镍的需要量尚有待确定。

(六)硅　现已确认，硅是实验动物的必需微量元素。硅与黏多糖生物合成密切相关，而黏多糖是动物骨骼钙化的有机基质的必要组成成分。硅与钙在动物骨骼钙化过程中的相对比例呈正相关。因此，硅对动物骨骼保持正常结构与生长至关重要。动物实验性缺硅，可呈现骨骼畸形，发育异常，并严重影响生长。植物性饲料中富含硅，如谷实含硅35～50 mg/kg，糠麸含硅48～70 mg/kg。因而猪实际不存在缺硅问题。

第四节　过量矿物质对猪的影响

各种矿物元素虽然对于猪代谢具有极其重要的作用，然而，若过量供给将会危害猪健康和降低其生产性能，严重时甚至中毒死亡。

一、常量元素过量对猪的影响

（一）钠和氯　猪对过量食盐的耐受性较差，特别是在限量饮水条件下，日粮干物质中含有1%食盐，即会出现中毒现象。

（二）钙和磷　猪对过量钙具有一定的耐受性，然而高钙日粮可妨碍机体对营养物质的利用，并可干扰某些其他元素特别是磷、镁、锌、锰等的代谢和利用。猪会因钙与脂肪酸形成钙皂的数量增多，而影响脂肪的消化性。天然饲料中含有高水平的磷虽不致对猪造成严重危害，但却能干扰其他元素特别是钙和镁的代谢和利用。在生产实践中要注意日粮中钙和磷的含量适中，且保持其比例适宜。

（三）镁　迄今尚未发现因天然饲料含镁量超过猪实际需要而造成不良后果的现象。虽已知某些镁化合物可降低猪的采食量并可引起腹泻，但尚不知是否还具有其他方面的有害作用。日粮干物质中镁的含量应以不超过0.3%～0.5%为宜。

（四）钾　猪对过量钾具有一定的耐受性，因为当猪摄入过量钾时，可很快由尿排出体外。天然饲料中含有过量钾不致危害猪的健康，然而在某些情况下，有可能干扰其他一些元素如镁、磷、钠和氯的正常吸收、代谢和排出。因此，猪日粮干物质中含钾不宜超过2%。

（五）硫　有机态硫或硫元素通常对动物并无明显有害作用。然而，硫酸盐形式的硫却对动物具有较强的毒害作用，若日粮干物质中超过 0.05%即可引起中毒。

二、微量元素过量对猪的影响

（一）铁　猪对铁的需要量虽为微量元素中较高者，但致毒量却相对较低。饲料干物质若含铁超过猪的耐受量，可引起动物中毒。仔猪对铁的过量较为敏感，每日每头仔猪若摄入铁 400～500 mg即可引起中毒而死亡。

（二）铜　铜具有较强毒性。过量铜可危害动物健康，甚至引起中毒死亡。猪对过量铜的耐受性相对较强，但若饲料干物质含铜超过250 mg/kg 亦会引起中毒。

（三）钴　动物对钴的需要量虽甚微，但其对动物的致毒量却相对较高。试验表明，饲喂动物的日粮干物质中含钴量达10 mg/kg可能出现中毒症状。其原因在于：动物机体虽具有主动限制对钴吸收的能力，然而这种能力是有限度的，故当给予动物的钴量过多时，亦可能出现采食减少，甚至发生贫血。

（四）锰　现今认为，猪日粮含锰超过400 mg/kg，即可能对健康和生长造成不良影响。其时可能出现食欲减退、生长减缓，并可因机体对钙、磷的利用率降低以致出现佝偻病或软骨症，以及体内铁贮减少而发生贫血等。

（五）锌　锌对猪的致毒量大致为日粮干物质的1 000 mg/kg。过量锌可影响机体对铁、铜的吸收和利用，从而引起贫血。有试验表明，在仔猪日粮中使用高锌(2 000～3 000 mg/kg)对于降低其腹泻有重要作用。

（六）碘　持续给予过量碘可使猪呈现一系列中毒症状，如流涎、多泪、水样鼻液增多、气管充血、采食量降低及泌乳减少等。为防止过量碘对猪生产性能可能造成的危害，仍应注意限量供碘。

（七）硒　硒对动物的毒性甚强，故要注意避免动物摄入过量硒。动物摄入过量硒时，可呈现严重的中毒症状。动物的硒中毒可分为急性中毒与慢性中毒两种类型。当动物采食的饲料中含硒量高时，经数周或数月可出现慢性中毒，其症状为：食欲丧失、衰竭、肝硬化、肾炎、四肢疼痛；猪的被毛逐渐脱落。母猪硒慢性中毒时会出现受胎率下降，死胎、弱胎增多且所生仔猪发育不良，成活率低。猪的硒最低致死剂量为5～8 mg/kg。

（八）氟　氟对动物具有较强毒性，猪对氟的耐受力则相对较强。引起动物氟中毒的原因主要是：①矿物质饲料未经脱氟，如饲喂磷矿石时，因其含氟量高达2%～5%，若不经脱氟即行饲喂将会导致动物中毒；②工厂的含氟废物污染了水源、饲料或土壤；③某些地区的水源和土壤天然含氟量高。过量氟大部分蓄积在骨骼和牙齿中，故氟中毒主要表现为骨骼和牙齿的损害。

（九）砷　砷元素对动物无毒，但其化合物尤其是无机化合物三氧化二砷等对动物却呈现剧毒作用。砷化合物的毒性与其氧化状态有关，通常$As^{3+}>As^{5+}$。动物摄入过量砷化合物后很快即会出现中毒症状。急性中毒表现为剧烈腹痛、流涎、呕吐、肌肉震颤、麻痹、衰竭，最终常昏迷致死。慢性蓄积性中毒表现为口腔黏膜溃疡、消化不良、消瘦、虚弱、脱毛；猪还会呈现运动失调和麻痹等症状。由于砷化合物广泛应用于各种工业，而工业“三废”污染可使水源、土壤、饲料等含砷量大幅度增加。因此，实践中要注意防范动物摄入过量砷而致毒。我国饲料卫生标准规定，猪用商品配合饲料无机砷含量<2 mg/kg。

（十）镉　镉对动物具有很强毒性。动物摄入过量镉可引起急性中毒，症状为呕吐、腹泻等胃肠炎症状。镉亦可在动物体内逐渐积蓄而引起慢性中毒，症状为贫血、黄疸、繁殖机能障碍（死胎、流产等），以及骨骼疾患和跛行等。镉亦可因工业“三废”污染而使空气、水源、土壤和饲料等含镉量大幅度增多。我国饲料卫生标准规定猪用商品配合饲料镉含量<0.5 mg/kg。

三、猪对矿物质元素的耐受量

现将猪对矿物质元素的最大耐受量列于表6-3,仅供参考。

表6-3 猪对矿物质元素的最大耐受量

元素名称	耐受量	元素名称	耐受量
氯化钠(%)	1.0	钾(%)	2.0
钙(%)	1.0	镁(%)	0.3
磷(%)	1.5	硫(%)	—
铜(mg/kg)	250	钴(mg/kg)	10
铁(mg/kg)	3 000	钼(mg/kg)	20
锰(mg/kg)	400	钒(mg/kg)	10
锌(mg/kg)	1 000	氟(mg/kg)	150
硒(mg/kg)	2.0	镍(mg/kg)	100
碘(mg/kg)	400	镉(mg/kg)	0.5
氯化铬(mg/kg)	1 000	无机砷(mg/kg)	50
氧化镉(mg/kg)	3 000	有机砷(mg/kg)	100

NRC(1980)。

第七章　猪的维生素营养

维生素是维持猪正常生理功能所必需的一类低分子有机化合物。其特点是需要量少，体内一般不能合成，必须由饲粮提供或者提供其先体物。

维生素不是形成机体各种组织器官的原料，也不是能源物质。它们主要以辅酶的形式广泛参与体内代谢的多种化学反应，从而保证机体组织器官的细胞结构和功能正常，以维持动物的健康和各种生产活动。维生素缺乏可引起机体代谢紊乱，产生一系列缺乏症，影响动物健康和生产性能，严重时可导致动物死亡。

维生素的需要受其来源、饲粮（料）结构与成分、饲料加工方式、贮藏时间、饲养方式（如集约化饲养）等多种因素的影响。为保证畜产品的质量和延长贮藏时间，增强机体免疫力和抗应激能力，都倾向于增加某些维生素在饲粮中的添加量，有时可超过需要量10倍。

目前已确定的维生素有14种，按其溶解性可分为脂溶性维生素和水溶性维生素两大类。

本章主要介绍各种维生素的特性、生物效价、生物学功能及主要的代谢过程；猪缺乏维生素的表现及典型症状，维生素的来源以及猪对各种维生素的需要及其影响因素。

第一节　脂溶性维生素

脂溶性维生素包括维生素A、维生素D、维生素E和维生素K，它们主要含有碳、氢、氧三种元素。在消化道内随脂肪一同被吸收，吸收的机制与脂肪相似。任何有利于脂肪吸收的条件或因素均有利于脂溶性维生素的吸收，反之亦然。脂溶性维生素以被动的扩散方式穿过肌肉细胞膜的脂相，主要经胆囊从尿中排出。摄入过量的脂溶性维生素可引起中毒，从而对猪的生长代谢产生不良影响。脂溶性维生素的缺乏症一般与其功能相联系。除维生素K可由动物消化道微生物合成所需的量外，其他脂溶性维生素都必须由饲粮提供。

一、维生素A

（一）特性和效价　维生素A是一种环状的不饱和一元醇。它有视黄醇、视黄醛和视黄酸三种衍生物，每种都有顺、反两种构型，其中以反式视黄醇效价最高。维生素A只存在于动物体中，植物中不含维生素A，而含有维生素A原（先体）——胡萝卜素。胡萝卜素也存在多种类似物，其中以β-胡萝卜素活性最强。在动物肠壁中，一分子β-胡萝卜素经酶作用可生成两分子视黄醇。各种动物转化β-胡萝卜素为维生素A的能力也不同，如果以家禽的转化能力为100%，猪只有30%左右。

维生素A和胡萝卜素易被氧化破坏，尤其是在湿热和与微量元素及酸败脂肪接触的情况下。在无氧黑暗处较稳定，在0℃以下的暗容器内可长期保存。一个国际单位（IU）的维生素A相当于0.3 μg 的视黄醇、0.55 μg 维生素A棕榈酸盐和0.6 μg β-胡萝卜素。

（二）吸收与代谢　食入的维生素A和胡萝卜素，在胃蛋白酶和肠蛋白酶的作用下，从与之结合的蛋白质上脱落下来。在小肠中游离的维生素A被酯化后吸收。胆盐有表面活性剂的作用，对β-胡萝卜素的吸收具有重要意义，可促进β-胡萝卜素的溶解和进入小肠细胞。饲粮中50%～90%的维生素A可被吸收，胡萝卜素的吸收率为50%～60%。

吸收的维生素A以酯的形式与维生素A结合蛋白相结合，经肠道淋巴系统转运至肝脏贮存。当周围组织需要时，水解成游离的视黄醇并与视黄醇结合蛋白结合，再与血浆中别的蛋白质结合，形成视黄醇-蛋白质-蛋白质复合物，通过血液转运到达靶器官发挥作用。

（三）功能与缺乏症　维生素A在猪体内具有重要生理作用。它与视觉、上皮组织、繁殖、骨骼的生长发育、脑脊髓液压、皮质酮的合成以及癌的发生都有关系，但目前了解较清楚的是维生素A与视觉。

1. 对视觉的作用　饲粮中长期缺乏维生素A会导致猪对弱光的敏感度降低而产生夜盲症，随之会引起上皮组织干燥和过度角质化。严重时眼角膜和结膜上皮组织退变，泪液分泌减少，导致干眼病。所以维生素A也被称为抗干眼病维生素。

2. 维持上皮组织的正常结构和功能　维生素A是维持一切上皮组织健全所必需的物质。缺乏时，消化道、呼吸道、生殖泌尿系统、眼角膜及其周围软组织等的上皮组织细胞都可能发生鳞状角质化。上皮组织的这种变化可引起腹泻，眼角膜软化、浑浊，干眼，流泪和分泌脓性物等多种症状。脱落的角质化细胞在膀胱和肾易形成结石，角质化也减弱了上皮组织对外来感染和侵袭的抵抗力，动物因此易患感冒、肺炎、肾炎和膀胱炎等。

3. 对繁殖性能的作用　母猪长期缺乏维生素A会造成不发情，严重时可发生胎儿被吸收、畸形、死胎、弱胎等症状。目前研究发现，维生素A酸（视黄酸）在胚胎发育中起着重要的作用。

4. 骨的生长发育　维生素A缺乏，软骨上皮的成骨细胞和破骨细胞的活动受到影响而使骨发生变形。生长期骨形的变化可压迫神经，进而发生退化。也可因软组织受损而造成先天畸形，如猪先天性无眼球。

5. 对机体免疫力的作用　维生素A在机体的免疫功能方面也起着重要的作用。在体液免疫方面，维生素A缺乏的动物其抗体抗原的应答下降，黏膜免疫系统机能减弱，病原体易于入侵。在细胞免疫方面，维生素A 的缺乏会影响机体非抗原系统的免疫功能，如吞噬作用，外周血淋巴细胞的捕捉和定位，天然杀伤细胞的溶解，白血球溶菌酶活性的维持以及黏膜屏障抵抗有害微生物侵入机体的能力。维生素 A 对于防止某些癌症也有一定作用。

（四）来源与需要　维生素 A 主要存在于鱼粉、鱼肝油等动物性饲料中，多以脂的形式存在。胡萝卜素在豆科牧草和青绿饲料中含量较多，幼嫩的比老的多。青绿饲料在干燥、加工和贮藏过程中，由于所含胡萝卜素易遭氧化破坏而含量差异较大。

猪对维生素A 的需要和饲粮中维生素A 的添加水平受多种因素的影响，如猪的品种（品系）、生理状况，环境条件、饲养方式等。一般情况下，种猪和仔猪对维生素A 的需要较多；环境卫生条件较差及有害微生物侵袭时应加大维生素 A 的供给；在高温高湿、集约化饲养、饲料制粒等条件下应增加维生素 A 的添加量。

猪对维生素 A 的需要一般在每千克饲料 1 300～4 000 IU。

（五）维生素A 的过量　维生素A 过量能引起猪中毒。症状可表现为被毛粗糙，鳞状皮肤；过度兴奋，对触摸敏感，蹄壳周围裂纹处出血，周期性震颤和死亡。

二、维生素 D

（一）特征和效价　维生素 D 有 D_2（麦角钙化醇）和 D_3（胆钙化醇）两种活性形式。麦角钙化醇的先体是来自植物的麦角固醇，胆钙化醇来自动物的 7-脱氢胆固醇。先体经紫外线照射而转变成维生素 D_2 和维生素 D_3。

结晶的胆钙化醇是一种白色针状物，低温和暗环境下较稳定。紫外线的照射、酸败的脂肪以及矿物质元素均可使之氧化失效。维生素 E 和其他抗氧化剂可防止胆钙化醇的破坏。1 IU 的维生素 D 相当于0.025 μg 维生素D_3 的活性。对于猪，维生素D_3 的效价可能高于维生素D_2。

（二）吸收与代谢　小肠是主要的吸收部位。皮肤经光照产生的维生素D_2或维生素D_3和小肠吸收的维生素D_2或维生素D_3都进入血液。维生素D_3在肝细胞中经25-羟化酶的作用生成25-OH-D_3，在肾小管细胞中进一步转变成1,25-$(OH)_2$-D_3，是维生素D的一种真正活性形式，其作用类似类固醇激素。1,25-$(OH)_2$-D_3的合成受体内钙磷代谢、甲状旁腺激素和降钙素分泌的影响。

（三）功能与缺乏症　维生素D是骨正常钙化所必需的。佝偻病的产生除了钙、磷代谢障碍的影响外，维生素D也是一个重要的因素。猪缺乏维生素D会引起钙、磷吸收和代谢紊乱，其表现与钙、磷的缺乏相似。母猪孕期维生素D过度缺乏会造成新生仔猪先天骨畸形，母猪本身骨也受损害。

维生素D最基本的功能是促进肠道钙、磷的吸收，提高血液钙和磷的水平，促进骨的钙化。佝偻病和软骨病病畜均伴随有血清钙水平的降低（常在50～70 mg/L）和碱性磷酸酶活性的上升，这可用于维生素D缺乏症的诊断。在肝脏形成的25-OH-D_3是维生素D的贮存形式，当血钙过低时，可促进甲状旁腺激素释放并刺激羟化酶，使25-OH-D_3在肾脏进一步转化成1,25-$(OH)_2$-D_3。1,25-$(OH)_2$-D_3进入肠道，通过促进钙结合蛋白质的形成参与钙的吸收，在体内则参与骨的钙化。

此外，维生素D与肠黏膜细胞的分化有关。已有实验证明，维生素D可促进肠道中Be、Co、Fe、Mg、Sr、Zn以及其他元素的吸收。

（四）来源与需要　植物性饲料中维生素D_2的含量主要决定于光照程度，动物性饲料则取决于7-脱氢胆固醇的活性物质25-OH-D_3的含量。动物的肝和禽蛋含有较多的维生素D_3，特别是某些鱼类的肝中含量很丰富。

太阳光照射是获得维生素D最廉价来源的方式之一。牧草在收获季节通过太阳光照射，维生素 D_2 含量大大增加。人和动物皮肤的分泌物中也含有7-脱氢胆固醇，经照射可转变成维生素 D_3 的活性形式，而且可被皮肤吸收。猪每天可合成维生素 D_3 1 000～4 000 IU。

因此，饲粮中维生素 D 的补充需视具体情况而定，一般在工厂化封闭饲养条件下可适当增加维生素 D。繁殖母猪和种猪需要也较多。

猪对维生素 D 的需要一般在每千克饲粮 125～220 IU。

(五)维生素 D 的过量　对于大多数动物，连续饲喂超过需要量4～10倍以上的维生素 D_3 可出现中毒症状，例如，猪每天摄入超过25万IU，持续30天可出现中毒症状。短期饲喂，大多数动物可耐受100倍的剂量。维生素 D_3 的毒性比维生素 D_2 大10～20倍。

三、维生素E

(一)特性和效价　维生素E(又称生育酚，抗不孕维生素)是一组化学结构近似的酚类化合物。自然界中存在八种具有维生素E 活性的生育酚，主要分 α、β 和 γ 型，其中以 *DL*-α-生育酚活性最高，1 IU 的维生素E 相当于1 mg *d*-α-生育酚乙酸酯或1 mg *DL*-α-生育酚乙酸酯。合成*DL*-α-生育酚1 mg 相当1.1 IU 维生素E；天然存在的α-生育酚和*d*-α-生育酚1 mg 相当于1.49 IU 维生素E，其乙酸盐为1.36 IU。

α-生育酚是一种黄色油状物，不溶于水，易溶于油、脂肪、丙酮等有机溶剂。维生素E 易被饲粮中的矿物质和不饱和脂肪酸氧化破坏，因此，它本身是一种很好的生物抗氧化剂。

(二)吸收与代谢　维生素E 的吸收主要是通过在肠道形成乳糜微粒进行的。如是维生素E 醋酸酯或柠檬酸酯等，则先在小肠内被水解，分解成维生素E 和有机酸，维生素E 再与微胶粒结合。微胶粒被吸收进入肠黏膜细胞内，再以乳糜微粒的形式进入淋巴和血液，转运到机体各部。维生素E和其他脂溶性维生素以及油脂之间存在吸收竞争。维生素E不仅可在肝脏中贮存，也可在肌肉组织和脂肪组织中贮存。

（三）功能与缺乏症　从维生素E缺乏的影响和一些生化方面的证据表明，维生素E有以下几个方面的作用：①生物抗氧化作用，通过中和过氧化反应链形成的游离基和阻止自由基的生成使氧化链中断，从而防止细胞膜中脂质的过氧化和由此而引起的一系列损害；②α-生育酚也能通过影响膜磷脂的结构而影响生物膜的形成；③促进十八碳二烯酸转变成二十碳四烯酸并进而合成前列腺素；④维生素E和硒缺乏可降低机体的免疫力和对疾病的抵抗力；⑤维生素E在生物氧化还原系统中是细胞色素还原酶的辅助因子；⑥参与细胞DNA合成的调节；⑦可以降低镉、汞、砷、银等重金属和有毒元素的毒性；⑧通过使含硒的氧化型谷胱甘肽过氧化物酶变成还原型的谷胱甘肽过氧化物酶以及减少其他过氧化物的生成而节约硒，减轻因缺硒而带来的影响；⑨维生素E也涉及磷酸化反应、维生素C和泛酸的合成以及含硫氨基酸的代谢等。

维生素E的缺乏症是多样化的，涉及多种组织和器官。维生素E缺乏时，其症状很多都与硒的缺乏相似，而且也受饲粮中硒、不饱和脂肪酸和含硫氨基酸水平的影响。常表现为公猪睾丸退化，性欲降低，精液品质下降。母猪的胎盘及胚胎血管受损，胚胎死亡率增加，弱仔增加。还会出现肝坏死、营养性肌肉障碍以及免疫力降低。

（四）来源与需要　植物能合成维生素E，因此所有谷类粮食都含有丰富的维生素E，特别是种子的胚芽中。绿色植物和优质干草也是维生素E很好的来源，尤其是苜蓿中含量很丰富。青绿饲料（以干物质计）维生素E含量一般较禾谷类子实高出10倍之多。小麦胚油、豆油、花生油和棉子油含维生素E也很丰富。但浸提油饼类缺乏维生素E，动物性饲料含量也很少。在饲料的加工和贮存中，维生素E损失较大，半年可损失30%～50%。

维生素E的需要量随饲粮不饱和脂肪酸、氧化剂、维生素A、类胡萝卜素和微量元素的增加而增加，随脂溶性抗氧化剂、含硫氨基酸和硒水平的提高而减少。

近年来，为了提高肉的品质和延长贮藏时间，一些国家的标准推荐的维生素E的需要量已有所提高。猪每千克饲粮维生素E的量已从以往的5～10 mg提高到了10～20 mg。

（五）维生素E的过量　相对于维生素A和维生素D而言，维生素E几乎是无毒的，大多数动物能耐受100倍于需要量的剂量。

四、维生素K

（一）特性和效价　维生素K是具有活性的萘醌化合物。天然存在的维生素K活性物质有叶绿醌（维生素K_1）和甲基萘醌（维生素K_2）。前者为黄色油状物，由植物合成；后者是淡黄色结晶，可由微生物和动物合成。维生素K耐热，但对碱、强酸、光和辐射不稳定。

各种维生素K的生物学活性是不同的，但维生素K_1和维生素K_2相当。合成的甲萘醌系列产品生物活性相差较大，这主要取决于产品的稳定性和饲粮组成质量。

（二）吸收与代谢　维生素K的吸收与其他脂溶性维生素类似。维生素K_1通过一个耗能过程在小肠起始部位主动吸收，而维生素K_2则为被动吸收。维生素K的吸收率一般在10%～70%之间。维生素K_3似乎可全部吸收，但在肝脏很快转化为维生素K_2，未转化的很快经肾从尿中排出。而维生素K_1的吸收较差，仅为50%左右，但在体内存留时间较长，主要从粪中排出。维生素K_2是动物组织中的主要维生素K形式。

（三）功能与缺乏症　目前所知，维生素K不像前三种脂溶性维生素那样具有较广泛的功能。它主要是参与凝血过程。维生素

K 缺乏，凝血时间延长。

依赖维生素 K 的羧化酶系统除对凝血有重要作用外，也与钙结合蛋白质的形成有关，钙结合蛋白质可能在骨钙化中起作用。

维生素 K 的缺乏症主要是在家禽中发现，猪的饲料含维生素 K 较多，而且肠道微生物也能合成相当的维生素 K，所以一般情况下不会发生维生素 K 缺乏。

（四）来源和需要　绿色饲料是维生素 K 的丰富来源，其他植物饲料含量也较多。肝、蛋和鱼粉含有较丰富的维生素 K_2。

动物的种类和年龄可影响维生素 K 的需要，主要是肠道微生物合成维生素K 的能力不同。饲料中维生素K 的拮抗物、抗生素及磺胺类药的使用（抗生素和磺胺类药物能抑制或减少维生素 K 的合成），动物感染疾病和寄生虫，进食减少，肠壁吸收障碍，肝脏胆汁形成和分泌减少等都可影响动物对维生素K 的需要。除家禽外，一般不需补充维生素 K。

猪对维生素 K 的需要一般为每千克饲料 0.5～1 mg。

（五）维生素 K 的拮抗物和毒性　双香豆素是自然界维生素 K 的主要拮抗物。动物采食草木樨可引起出血性疾患。抗生素、某些杀鼠药和磺胺等对维生素 K 有明显的拮抗作用，特别是一些含硫酰基的化合物，如磺胺喹沙啉可能使动物产生维生素 K 缺乏。

维生素 K_1 和维生素 K_2 相对于维生素 A 和维生素 D 而言，几乎无毒。但大剂量维生素 K_1 可引起溶血、正铁血红蛋白尿和卟啉尿症。

第二节　水溶性维生素

目前已确定的水溶性维生素共有 10 种，另有几种没有完全确定，常称为类维生素。水溶性维生素主要有以下特点：①水溶性维生素可从食物及饲料的水溶物中提取。②除含碳、氢、氧元素外，多数都含有氮，有的还含硫或者钴。③B 族维生素主要作为辅酶，催化碳水化合物、脂肪和蛋白质代谢中的各种反应。多数情况下，缺乏症无特异性，而且难以与其生化功能直接相联系。食欲下降和生长受阻是共同的缺乏症状。④B 族维生素多数通过被动的扩散方式吸收，但在饲粮供应不足时，可以主动的方式吸收。维生素 B_{12} 的吸收较特殊，需要胃分泌的一种内因子帮助。⑤除维生素 B_{12} 外，水溶性维生素几乎不在体内贮存，主要经尿排出（包括代谢产物）。

所有水溶性维生素都为代谢所必需。猪肠道微生物也能合成 B 族维生素，但难于吸收。

大多数动物能在体内合成一定数量的维生素 C。在高温、运输、疾病等逆境情况下，动物对维生素 C 的需要量增加。

相对于脂溶性维生素而言，水溶性维生素一般无毒性。

一、维生素 B_1

（一）性质和功能　维生素 B_1 又叫硫胺素、抗脚气病维生素、抗神经炎维生素等。硫胺素由一分子嘧啶和一分子噻唑通过一个甲基桥结合而成，含有硫和氨基，故称硫胺素。能溶于 70% 的乙醇和水，受热、遇碱迅速被破坏。

硫胺素的主要功能是参与碳水化合物代谢，需要量也与碳水化合物的摄入量有关。硫胺素在细胞中的功能是作为辅酶（羧辅酶），参与 α-酮酸的脱羧而进入糖代谢和三羧酸循环。硫胺素也可能是神经介质和细胞膜的组成成分，参与脂肪酸、胆固醇和神经介质乙酰胆碱的合成，影响神经节细胞膜中钠离子的转移，降低磷酸戊糖途径中转酮酶的活性而影响神经系统的能量代谢和脂肪酸的合成。

（二）缺乏症和需要量　当硫胺素缺乏时，由于血液和组织中丙酸和乳酸的积累而表现出缺乏症状。猪硫胺素缺乏表现为食欲和体重下降、呕吐、脉搏慢、体温偏低、神经症状、心肌水肿和心脏扩大。硫胺素缺乏也可引起猪繁殖性能的丧失或降低。母猪早产，初生仔猪弱小，死亡率增加。

猪对硫胺素的需要一般为每千克饲粮1～2 mg。猪对硫胺素的需要受饲粮成分、遗传因素、代谢特点以及疾病的影响。饲粮碳水化合物含量增加，动物对硫胺素的需要也增加。脂肪和蛋白质有节约硫胺素的作用。一些饲料含有抗硫胺素因子，如许多鱼类产品中含有硫胺素酶，另外，饲料受念珠状镰刀菌侵袭、动物受疾病感染等情况下，对硫胺素的需要都将增加。

（三）饲料来源　酵母是硫胺素最丰富的来源。谷物含量也较多，胚芽和种皮是硫胺素主要存在的部位。瘦肉、肝、肾和蛋等动物产品也是硫胺素的丰富来源。成熟的干草含量低，加工处理后比新鲜时少。带叶片的多少、绿色状况以及蛋白质含量多少都影响硫胺素的含量。优质绿色干草含量丰富。饲料在干燥气候下加工贮存损失较少，湿热条件（烹饪）将大量损失。但猪对肠道合成的硫胺素不能很好地利用。

二、维生素B_2

（一）性质和功能　维生素B_2又叫核黄素，由异咯嗪和核醇结合而成，是橙黄色的结晶，微溶于水，耐热，但蓝色光或紫外光以及其他可见光可使之迅速破坏。巴氏灭菌和暴露于太阳光可使牛奶中的核黄素损失10%～20%，饲料暴露于太阳的直射光线下数天，核黄素可损失50%～70%。

饲料中的核黄素大多以FAD（黄素腺嘌呤二核苷酸）和FMN（黄素单核苷酸）的形式存在，在肠道随同蛋白质的消化被释放出来，经磷酸酶水解成游离的核黄素，进入小肠黏膜细胞后再次被磷酸化，生成FMN。在门脉系统与血浆白蛋白结合，在肝脏转化为FAD或黄素蛋白质。当机体缺乏核黄素时，肠道对核黄素的吸收能力提高。动物缺乏储备核黄素的能力。在体内，FMN和FAD以辅基的形式与特定的酶蛋白结合形成多种黄素蛋白酶。这些酶与碳水化合物、脂肪和蛋白质的代谢密切相关。

(二)缺乏症和需要量　生长猪缺乏核黄素会导致厌食,生长不良,脱毛,被毛粗糙,呕吐、腹泻,腿的弯曲、僵硬、皮厚、皮疹,背和侧面的皮肤上有渗出物,晶状体浑浊和白内障,母猪缺乏核黄素会引起食欲减退,繁殖障碍,不发情或早产,胚胎死亡,产无毛猪和死猪。

猪对核黄素的需要一般为每千克饲粮2～4 mg。核黄素的中毒剂量是需要量的数十倍到数百倍。妊娠泌乳母猪的需要量比一般的猪高1倍左右。小猪由于生长快,相对需要量比大猪多。

(三)饲料来源　核黄素能由植物、酵母菌、真菌和其他微生物合成。绿色的叶子,尤其是苜蓿,核黄素的含量较丰富,鱼粉和饼粕类次之。酵母、乳清和酿酒残液以及动物的肝脏含核黄素很多。谷物及其副产物中核黄素含量少。玉米-豆饼型饲粮易产生核黄素缺乏症。

三、烟酸

(一)性质和功能　烟酸又叫尼克酸、维生素PP。是吡啶的衍生物,它很容易转变成尼克酰胺。尼克酸和尼克酰胺都是白色、无味的针状结晶,溶于水,耐热。

无论是饲料中的尼克酸和尼克酰胺,还是合成物都能以扩散的方式迅速而有效地被吸收。吸收的部位是在胃及小肠上段。尼克酸在小肠黏膜中可转变成尼克酰胺,然后在组织中与蛋白质结合,变成辅酶NAD(烟酰胺腺嘌呤二核苷酸)或NADP(烟酰胺腺嘌呤二核苷酸磷酸)。代谢产物主要经尿排出。尼克酸主要通过NAD和NADP参与碳水化合物、脂类和蛋白质的代谢,尤其在体内供能代谢的反应中起重要作用。NAD和NADP也参与视紫红质的合成。

（二）缺乏症和需要量　生长猪容易出现尼克酸缺乏症状，主要症状是食欲减退，生长迟缓，皮肤干燥，偶有呕吐，皮炎和正常红细胞贫血，被毛粗糙、脱毛，腹泻，口腔黏膜溃疡，溃疡性胃炎，盲肠和结肠发炎、坏死。

猪对尼克酸的需要一般为每千克饲粮10～22 mg。每日每千克体重摄入的尼克酸超过350 mg可能引起中毒。

（三）饲料来源　尼克酸广泛分布于饲料中，但谷物中的尼克酸利用率低。动物性产品、酒糟、发酵液以及油饼类含量丰富。谷物类的副产物、绿色的叶子，特别是青草中的含量较多。饲粮中的色氨酸在多余的情况下可转化为尼克酸。对于猪，50 mg色氨酸可转化为1 mg尼克酸。在猪的饲粮中需要提供尼克酸。

四、维生素B_6

（一）性质和功能　维生素B_6包括吡哆醇、吡哆醛和吡哆胺三种吡啶衍生物。维生素B_6的各种形式对热、酸和碱稳定；遇光，尤其是在中性和碱性溶液中易被破坏。合成的吡哆醇是白色结晶，易溶于水。

维生素B_6的功能主要与蛋白质代谢的酶系统相联系，也参与碳水化合物和脂肪的代谢，涉及体内50多种酶。维生素B_6对猪具有重要的意义。

（二）缺乏症和需要量　维生素B_6缺乏，猪表现为食欲差、生长缓慢、小红细胞异常的血红蛋白过少性贫血，类似癫病的阵发性抽搐或痉挛，神经退化，尸检可见有规律性的黑黄色色素沉着，肝发生脂肪浸润、腹泻和被毛粗糙。

猪对维生素B_6的需要一般为每千克饲粮1～3 mg。饲粮蛋白质水平的升高，色氨酸、蛋氨酸或其他氨基酸过多也将增加维生素B_6的需要。

（三）饲料来源　维生素B_6广泛分布于饲料中，酵母、肝、肌肉、乳清、谷物及其副产物和蔬菜都是维生素B_6的丰富来源。由于来源广而丰富，生产中没有明显的缺乏症。

五、泛酸

（一）性质和功能　泛酸又叫遍多酸，是由丙氨酸和丁酸衍生物构成的一种二肽的酸性物质。

游离的泛酸是一种黏性的油状物，不稳定，易吸湿，也易被酸碱和热破坏。泛酸钙是该维生素的纯品形式，为白色针状物。有右旋（D）和消旋（DL）两种形式，消旋形式泛酸的生物学活性为右旋的1/2。

饲料中的泛酸大多是以辅酶A的形式存在，少部分是游离的。只有游离形式的泛酸以及它的盐类能在小肠吸收，不同动物对泛酸的吸收率差异较大（40%～94%）。泛酸主要以游离形式经尿排出。

泛酸是两个重要辅酶，即辅酶A和酰基载体蛋白质（ACP）的组成成分。辅酶A是碳水化合物、脂肪和氨基酸代谢中许多乙酰化反应的重要辅酶，在细胞内的许多反应中起重要作用。ACP在脂肪酸碳链的合成中有相当于辅酶A的作用。并已证明，ACP与辅酶A有类似的酰基结合部位。

（二）缺乏症和需要量　猪缺乏泛酸，皮屑增多，毛细，眼周围有棕色的分泌物，胃肠道疾病，生长缓慢并表现为典型的鹅步症。尸检可发现神经退化和实质性器官的病变。

猪对泛酸的需要量一般为每千克饲料7～13 mg。饲粮能量浓度增加，动物对泛酸的需要量增加。饲粮脂肪含量高可促使猪出现泛酸缺乏症。抗生素能节约猪对泛酸的需要。不同品种的生长猪对泛酸的需要也存在差异，相差可达40%。

（三）饲料来源　泛酸广泛分布于动植物体中，苜蓿干草、花生饼、糖蜜、酵母、米糠和小麦麸含量丰富；谷物的种子及其副产物和其他饲料中含量也较多。常用饲粮一般不会发生泛酸的缺乏。

六、生物素

(一)性质和功能 生物素具多种异构体,但只有d-生物素才有活性。合成的生物素是白色针状结晶,在常规条件下很稳定,酸败的脂和胆碱能使它失去活性,紫外线照射可使之缓慢破坏。

自然界存在的生物素,有游离的和结合的两种形式。结合形式的生物素常与赖氨酸或蛋白质结合。被结合的生物素不能被一些动物所利用。

在动物体内生物素以辅酶的形式广泛参与碳水化合物、脂肪和蛋白质的代谢,例如丙酮酸的羧化、氨基酸的脱氨基、嘌呤和必需脂肪酸的合成等。

(二)缺乏症和需要量 许多动物的生物素缺乏症都可通过饲喂生蛋清、无生物素的饲粮或加磺胺药(抑制肠道微生物的合成)引起。缺乏的症状一般表现为生长不良,皮炎以及被毛脱落。猪表现为后腿痉挛、足裂缝和干燥及以粗糙和棕色渗出物为特征的皮炎。

猪对生物素的需要量一般在每千克风干料50～300μg。在相当于需要量4～10倍的剂量范围内,生物素对于猪是安全的。

(三)饲料来源 生物素广泛分布于动植物组织中,食物和饲料中一般不缺乏。苜蓿粉、酵母、肝脏粉和乳中生物素含量较高。大量使用生物素利用率低的饲料(小麦、大麦、高粱、棉子饼)可引起缺乏症。

七、叶酸

(一)性质和功能 叶酸是橙黄色的结晶粉末,无臭无味。叶酸有多种生物活性形式。

叶酸在一碳单位的转移中是必不可少的,通过一碳单位的转移而参与嘌呤、嘧啶、胆碱的合成和某些氨基酸的代谢。叶酸缺乏可使嘌呤和嘧啶的合成受阻,核酸形成不足,使红细胞的生长停留在巨红细胞阶段,最后导致巨红细胞性贫血;同时也影响血液中白细胞的形成,导致血小板和白细胞减少。叶酸对于维持免疫系统功能的正常也是必需的。

(二)缺乏症和需要量　猪缺乏叶酸会导致体质瘦弱,食欲减退,增重减慢。叶酸缺乏后,由于导致免疫球蛋白合成受阻,增加了猪对感染的敏感性。猪对叶酸的需要一般为每千克饲料0.3 mg 左右。近年的研究表明,对于繁殖母猪,叶酸的需要量已从0.3 mg 提高到了1.3 mg。叶酸可认为是一种无毒性的维生素。

(三)饲料来源　叶酸广泛分布于动植物产品中。绿色的叶片和肉质器官、谷物、大豆以及其他豆类和多种动物产品中叶酸的含量都很丰富,但奶中的含量不多。猪肠道微生物能合成一定数量的叶酸,但利用率很低。苜蓿粉、酵母、肝脏粉、花生、豆粕中含量较高。

八、维生素 B_{12}

(一)性质和功能　维生素 B_{12} 是一个结构最复杂的、惟一含有金属元素(钴)的维生素,故又称钴胺素。它有多种生物活性形式,呈暗红色结晶,易吸湿,可被氧化剂、还原剂、醛类、抗坏血酸、二价铁盐等破坏。

饲料中的维生素 B_{12} 通常与蛋白质结合,在胃的酸性环境中经胃蛋白酶作用释放。在肠道微碱性环境中,维生素 B_{12} 以氰钴胺的形式与胃黏膜壁细胞分泌的一种糖蛋白质内源因子结合形成二聚复合物,在回肠黏膜的刷状缘,维生素再从二聚复合物中游离出来被吸收。

维生素 B_{12} 在体内主要以二脱氧腺苷钴胺素和甲钴胺素两种辅酶的形式参与多种代谢活动,如嘌呤和嘧啶的合成、甲基的转移、某些氨基酸的合成以及碳水化合物和脂肪的代谢。与缺乏症密切相关的两个重要功能是促进红细胞的形成和维持神经系统的完整。

(二)缺乏症和需要量 维生素B_{12}缺乏,猪最明显的症状是生长受阻,继而表现为步态的不协调和不稳定。猪的繁殖性能也可受影响。母猪缺乏维生素B_{12}会导致流产、胚胎异常和产仔数减少。

猪对维生素B_{12}的需要为每千克饲料11~20 μg。维生素B_{12}的中毒剂量至少是数百倍于需要量。

(三)饲料来源 在自然界,维生素B_{12}只在动物产品和微生物中发现,植物性饲料基本不含此维生素。因此,猪在饲喂植物性饲料、含钴不足的饲粮、胃肠道疾患等情况下,需补给维生素B_{12}。

九、胆碱

(一)性质和功能 胆碱是β-羟乙基三甲胺羟化物,常温下为液体、无色,有黏滞性和较强的碱性,易吸潮,也易溶于水。

饲料中的胆碱主要以卵磷脂的形式存在,较少以神经磷脂或游离胆碱形式出现。在胃肠道中经消化酶的作用,胆碱从卵磷脂和神经磷脂中释放出来,在空肠和回肠经钠泵的作用被吸收。但只是1/3 的胆碱以完整的形式吸收,约 2/3 的胆碱以三甲基胺的形式吸收。

胆碱参与卵磷脂和神经磷脂的形成,卵磷脂是动物构成细胞膜的主要成分,在肝脏脂肪的代谢中起重要作用,能防止脂肪肝的形成;胆碱是神经递质——乙酰胆碱的重要组成部分,同时它也是一个不固定的甲基供给者。

(二)缺乏症和需要量 猪缺乏胆碱表现为生长迟缓。猪使用纯合饲粮可引起胆碱缺乏症,表现为生长慢,运动不协调,尸检可发现肝脏脂肪渗入。母猪缺乏胆碱影响繁殖性能,泌乳量下降,仔猪成活率降低,断奶体重下降。有的仔猪会出现脂肪肝,后腿劈叉症状。

猪对胆碱的需要一般为每千克饲料 300~1 250 mg。在水溶性维生素中，胆碱相对其需要量较易过量中毒。猪对胆碱的耐受力比较强。胆碱中毒表现为流涎、颤抖、痉挛和呼吸麻痹。多数动物能由甲基合成足够量的胆碱，合成的量和速度与饲粮含硫氨基酸、甜菜碱、叶酸、维生素 B_{12}及脂肪的水平有关。给饲喂玉米-豆饼型饲粮的母猪补充胆碱可提高产活仔数。

(三)饲料来源　富含胆碱的饲料有肝脏粉、蛋黄、鱼粉、酵母、烧酒糟、豆粕等，绿色植物和谷实中的含量也很丰富。

十、维生素C

(一)性质和功能　维生素C是一种含有6个碳原子的酸性多羟基化合物，因能防治坏血病而又称为抗坏血酸。它是一种无色的结晶粉末，加热很容易被破坏。结晶的抗坏血酸在干燥的空气中比较稳定，但金属离子可加速其破坏。

由于维生素C具有可逆的氧化性和还原性，所以它广泛参与机体的多种生化反应。已被阐明的最主要的功能是参与胶原蛋白质合成。此外，还有以下几个方面的功能：①在细胞内电子转移的反应中起重要的作用；②参与某些氨基酸的氧化反应；③促进肠道铁离子的吸收和在体内的转运；④减轻体内转运金属离子的毒性作用；⑤能刺激白细胞中吞噬细胞和网状内皮系统的功能；⑥促进抗体的形成；⑦是致癌物质——亚硝基胺的天然抑制剂；⑧参与肾上腺皮质类固醇的合成。

(二)关于需要量　猪能合成维生素 C，因此并非必需。在妊娠、泌乳和甲状腺机能亢进情况下，维生素 C 的吸收减少，排泄增加。在高温、寒冷、运输等逆境和应激状态下，以及饲粮能量、蛋白质、维生素 E、硒和铁等不足时，猪对维生素 C 的需要则大大增加，适当补充对于改进猪的生产性能有好处。

柑橘类水果、番茄、绿色蔬菜、植物的叶子、马铃薯和大多数的水果都是维生素C 的重要来源。牛奶中含维生素C 也较多，但加热消毒易大量损失。

第八章　猪的常用饲料

猪的常用饲料有能量饲料、蛋白质饲料、青饲料、青贮饲料、粗饲料、矿物质饲料和饲料添加剂等。以下将分述各类饲料的营养特性和利用方法。

第一节　能量饲料

能量饲料是指干物质中粗纤维含量低于18%，粗蛋白质含量低于20%的饲料，其营养特性是含有丰富的易于消化的淀粉，是猪所需要能量的主要来源。但这类饲料蛋白质、矿物质和维生素的含量低。主要包括禾谷类子实及其加工副产品、淀粉质的块根块茎等。

一、禾谷类子实

禾谷类子实指禾本科植物成熟的种子，包括有玉米、高粱、大麦、燕麦、小麦、稻谷、小米等。这类饲料的特点是含有丰富的无氮浸出物，占干物质的70%～80%，其中主要是淀粉，占80%～90%。其消化率很高，消化能大都在13 MJ/kg 以上。缺点是蛋白质含量低，为8.5%～12%。单独使用该类饲料不能满足猪对蛋白质的需要；赖氨酸、蛋氨酸含量也较低；缺钙，缺磷，钙磷比也不适宜，缺乏维生素A（除黄玉米外）和维生素D。

（一）玉米　玉米产量高，能值高，适口性好，对任何动物都无副作用，具有饲料之王的美称。缺点是蛋白质含量低，在8.5%左右，并缺乏赖氨酸、蛋氨酸、色氨酸和胱氨酸，矿物质和维生素不足，但黄玉米含胡萝卜素较多，可在猪体内转变为维生素A。另外，玉米含脂肪多,一般在4%以上,并且不饱和脂肪酸所占比例大,粉碎后易酸败变质、发苦,口味变差,不宜久贮,夏季粉碎后宜在7～10 d喂完。

玉米子实不易干,含水量高的玉米容易发霉,尤以黄曲霉菌和赤霉菌危害最大。黄曲霉毒素可直接毒害有关酶和DNA模板,具有致癌作用。赤霉烯酮与雌激素作用有相似之处。据试验,日粮含0.000 2%赤霉烯酮可使母猪卵巢病变,抑制发情,减少产仔数,公猪性欲降低,配种效果变差。0.006%～0.008%可使初产母猪全部流产,在生产上应引起注意。

(二)高粱　营养成分比玉米略低,其价值相当于玉米的70%～95%。蛋白质品质也稍差,缺乏胡萝卜素。另外高粱含有单宁,有涩味,适口性差,喂量过多易引起便秘,但对仔猪非细菌病毒性拉稀有止泻作用。

(三)大麦　大麦多带皮磨碎,粗纤维含量较高,其价值相当于玉米的90%左右。大麦含蛋白质较高,为11%～12%,品质也较好;脂肪含量低,喂肥猪可得白色硬脂的优质猪肉。

(四)小麦　蛋白质含量和品质都较玉米高,能量比玉米略低,适口性较玉米好,其价值相当于玉米的100%～105%,作饲料时宜粗磨,以免糊口。

(五)稻谷　稻谷含有稻壳,粗纤维较高,其营养价值仅为玉米的80%～85%。稻谷去壳为糙米,糙米去米糠为大米,在加工过程中留存在2.0 mm圆孔筛以上,不足正常整米2/3的米粒称大碎米,通过直径2.0 mm圆孔筛,留存在直径1.0 mm圆孔筛以上的碎米称小碎米。糙米、碎米的营养价值接近玉米。

二、糠麸类

(一)小麦麸　即麸皮,系由小麦的种皮、糊粉层与少量的胚和胚乳组成,其营养价值因面粉加工工艺过程不同而异。小麦子实由胚乳(85%)、种皮与糊粉层(13%)及麦胚(2%)组成,在面粉生产过程中,不是全部胚乳都可转入到面粉之中。上等面粉只有85%左右的胚乳转入面粉,其余的15%与种皮、胚等混合组成麸皮的成分,这样的麸皮占子粒重的28%左右,故每100 kg小麦可生产面粉72 kg,麸皮28 kg,这种麸皮的营养价值较高。如果面粉质量要求不高,不仅胚乳在面粉中保留较多,甚至糊粉的一部分也进入面粉,则生产的面粉较多,可达84%,而麸皮产量较少,仅16%,这样,面粉与麸皮两方面的营养价值都降低。

麸皮的种皮和糊粉层粗纤维含量较高(8.5%~12%),营养价值较低,因而,麸皮的能值较低,消化能为10.5~12.6 MJ/kg;麸皮的粗蛋白质含量较高,可达12.5%~17%,其质量也高于麦粒,含赖氨酸0.67%;B族维生素含量丰富;含钙多,含磷少,几乎成8∶1的比例。

麸皮容积较大,可调节日粮营养浓度和沉积性质;麸皮具有轻泻作用,适于喂母猪,可调节消化道机能,防止便秘,一般喂量为5%~25%,超过30%将引起排软便;麸皮吸水性强,大量干喂也可引起便秘。

(二)米糠　米糠是糙米加工成白米时分离出的种皮、糊粉层与胚三种物质的混合物,与麦麸情况一样,其营养价值视白米加工程度不同而异。加工的白米越白,则胚乳中的物质进入米糠越多,米糠的能量价值越高。但糙米出糠量少,一般为6%~8%。米糠的蛋白质含量高,为12%左右。而且多为不饱和脂肪酸,易氧化酸败,不易贮藏。富含B族维生素。含钙少,含磷多。喂量一般不超过30%,肉猪喂量过多易引起软质肉脂,幼猪喂量过多易引起腹泻。

米糠榨油后的产品称为脱脂米糠,也叫糠饼,脂肪含量下降,能值降低。

稻壳粉(砻糠)和少量米糠混合称统糠。常见的有“二八糠”和“三七糠”,即米糠与稻壳粉的比例分别为2∶8和3∶7。统糠属于粗饲料，不适于喂猪。

三、淀粉质块根块茎类

主要有甘薯（山芋）、马铃薯（土豆）等，它们常被列入多汁饲料，但含水分比多汁饲料少，为70%～75%，粗纤维含量低，只占干物质的4%左右，钙含量也较少。有黑斑病的甘薯不要喂猪，以免中毒。

第二节　蛋白质饲料

蛋白质饲料是指饲料干物质中粗蛋白质含量在20%以上，粗纤维含量在18%以下的饲料。包括豆科子实、油饼（粕）类、糟渣类、动物性蛋白类和单细胞蛋白类。

一、豆科子实

豆科子实包括有黄豆、黑豆、蚕豆、豌豆等，其特点是蛋白质含量高（20%～40%），品质优良，但含有多种有毒有害成分。大豆含有蛋白酶抑制剂、植物性红细胞凝集素、皂甙、胃肠胀气因子、植酸、抗维生素、致甲状腺肿物质、类雌激素因子等，其中最主要的是蛋白酶抑制剂，它也存在于豌豆、蚕豆、油菜子等92种植物中，特别是豆科植物，但以大豆中的活性最高。它的有害作用主要是抑制某些酶对蛋白质的消化，降低蛋白质的消化利用率，引起胰腺重量增加，抑制猪的生长。

蛋白酶抑制剂是一些糖蛋白，加热可使其变性，失去生物活性，其他抗营养因子也同时遭到破坏（除胃肠胀气因子、皂甙等少数几个较耐热因子外）。蛋白酶抑制剂受热而破坏的程度，因温度、压力、水分含量、加热时间、饲料颗粒大小而不同，一般高温、高湿、高压及小的粒度,可使其更快地破坏。如果加热过度,也会导致一些氨基酸的破坏,尤其是赖氨酸、精氨酸和胱氨酸,同时降低异亮氨酸和赖氨酸的消化率,并降低猪的采食量与生产性能。一般认为,大豆用水泡至含水量60%时,蒸煮5 min;或常压蒸气加热30 min;1 kg压力蒸气加热15～20 min,去毒效果较好。

豆科子实主要是人的食物,只在必要的情况下少量用做饲料。

二、油饼(粕)类饲料

饼粕类的生产技术有两个,即溶剂浸提法与压榨法。前者的副产品为"粕",后者的副产品为"饼",粕的蛋白质高于饼,饼的脂肪含量高于粕,并且由于压榨法的高温高压导致蛋白质变性,特别是赖氨酸、精氨酸破坏严重,但高温高压也使有毒有害物质遭到破坏。

(一)豆饼(粕) 豆饼(粕)蛋白质含量高,豆饼42%以上,豆粕45%以上,品质优良,尤以赖氨酸、色氨酸含量较多,蛋氨酸含量较少;粗纤维5%左右,能值较高;富含核黄素与烟酸,胡萝卜素与维生素D含量少。在植物性蛋白质饲料中,豆饼(粕)的质量是最好的。

但是,大豆中的有毒有害物质,因加工条件不同而不同程度地存在于豆饼(粕)中,从而降低蛋白质及其他营养物质的消化吸收率,易引起猪尤其是幼猪腹泻,增重降低,饲料利用率下降。加热虽然可以破坏这些有毒有害物质,但加热过度也会导致蛋白质中某些氨基酸的破坏。大豆制品中含有脲酶,容易检测,所以常采用测定脲酶活性来衡量大豆饼粕的热处理程度,美国大豆粕质量标准中规定脲酶活性为0.05～0.2(pH增值法),多数国家为0.05～0.5,0.5以上说明加热不足,0.05以下说明加热过度。加热程度对大豆饼蛋白质的影响见表8-1。

表8-1 加热程度对大豆饼蛋白质的影响

	蛋白相对效率	脲酶活性
生大豆	30%	1.90
未加热大豆饼	36%	1.80
加热不足的大豆饼	70%	0.75
加热适当的大豆饼	89%	0.20
加热过度的大豆饼	81%	0.00

(二)花生饼 含粗蛋白41%以上,蛋白质品质低于豆饼,赖氨酸、蛋氨酸含量较低。花生饼有甜香味,适口性好,但容易变质,不宜久贮,特别容易发霉,产生黄曲霉毒素,对幼猪毒害最甚,贮存时应注意保持低温、干燥。

(三)棉子饼(粕) 棉子饼(粕)含粗纤维较高,一般14%左右,含粗蛋白30%～40%,赖氨酸含量低,只有豆饼的60%,消化率也比豆饼低25个百分点。据测定,所有必需氨基酸的消化率,豆饼为84.2%,棉子饼为72.7%。

棉子中含有毒有害物质,其中主要是棉酚,在棉子中的含量为1.0%～1.7%,经过榨油加工,存在于棉子中的棉酚大部分转入油中,部分受热与棉子中的蛋白质结合形成对猪无毒的结合棉酚,但仍有部分棉酚呈游离状态残留在饼(粕)中,其残留量决定于棉子中棉酚的含量与工艺过程。据中国农业科学院畜牧研究所营养室测定,棉子饼(粕)中的棉酚含量,螺旋压榨为0.075%,预压浸出为0.07%,土榨为0.196%。

棉酚的有毒有害作用主要是与棉子饼粕中的蛋白质和氨基酸结合,降低蛋白质、氨基酸特别是赖氨酸的有效性;进入肠道的棉酚可刺激胃肠黏膜,引起胃肠炎;进入机体后损害心、肝、肾、神经等组织器官;棉酚在体内还与功能蛋白结合,使其失去活性,与铁结合引起缺铁性贫血;对公猪生精细胞有持久毒害作用,可造成不育，对母猪卵巢发育有明显抑制作用。猪对棉酚较其他动物敏感，日粮中棉酚含量不超过0.01%时生长正常，0.01%～0.02%时出现食欲减退，生长减慢或停滞，超过0.02%可引起中毒，0.03%时可引起严重中毒，甚至死亡。不过在生产中，猪在短时间内大量采食棉子饼粕而引起急性中毒的极为少见，一般多是长期不间断地喂给棉子饼(粕)，致使棉酚在体内积累而产生慢性中毒，其表现为食欲减退，渴欲增进，粪便呈黑褐色，先便秘后拉稀，粪便呈恶臭并混有血液和黏液。

生产上为了充分利用棉子饼，对含毒较高的棉子饼(粕)应进行去毒处理。棉子饼(粕)加水煮沸1 h可去毒75%，0.4%硫酸亚铁、0.5%石灰水浸泡2～4 h，效果较好。按铁与棉酚1∶1的比例往日粮中加入硫酸亚铁，也可起到解毒作用。

(四)菜子饼(粕) 菜子饼粕含粗蛋白35%～40%，赖氨酸含量比豆饼低，蛋氨酸含量较高，蛋白质消化率75%～80%，低于豆饼蛋白，粗纤维10%左右。

菜子饼(粕)中含有硫葡萄糖甙、芥子碱、芥酸、单宁等有毒有害成分，其中主要是硫葡萄糖甙，菜子中含量为3%～8%，但它本身并没有毒性，而是在发芽、受潮、压碎等情况下，菜子中伴随的硫葡萄糖甙酶可将其分解为异硫氰酸酯、噁唑烷硫酮、腈等有毒物质。硫葡萄糖甙还可在酸碱的作用下水解，并且比酶解更快。异硫氰酸酯有辛辣味，严重影响菜子饼的适口性；高浓度时对黏膜有强烈刺激作用，可引起胃肠炎、肾炎、支气管炎及肺水肿，也可引起甲状腺肿。水洗不能将其除去，加热、日晒可使其失去活性。硫腈酸酯和噁唑烷酮也都可导致甲状腺肿。腈进入体内迅速析出腈离子，对机体毒害作用极大，可引起细胞窒息，抑制动物生长，加热可破坏促进腈生成的因子，减少或防止腈的生成。

为了合理利用菜子饼，可对其进行去毒处理，如水浸法，将菜子饼(粕)浸泡数小时,再换水1～2次。坑埋法,将菜子饼(粕)用水拌和后封埋于土坑中30～60 d,可去除大部分毒物。另外还有硫酸亚铁处理法、碳酸钠处理法、加热法、微生物发酵法等。对于未脱毒的菜子饼(粕)应控制喂量,一般种猪与仔猪不超过日粮的5%,肉猪不超过10%～15%,与其他饼类搭配使用比单一使用效果好。

三、糟渣类

糟渣多为食品加工的副产品,其品种繁多,猪常用的糟渣有粉渣、豆腐渣、酱油渣、醋糟、酒糟等。由于原料和产品种类不同,各种糟渣的营养价值差异很大。主要特点是含水量高,不易贮存。按干物质计算,许多糟渣可归入蛋白质饲料,但有些糟渣的粗蛋白含量达不到蛋白质饲料水平。

(一)粉渣　粉渣是制作粉条和淀粉的副产品,由于大量淀粉被提走,所以,残存物中粗纤维、粗蛋白质、粗脂肪等的含量均相应比原料大大提高。粉渣的质量好坏随原料而有所不同,以玉米、甘薯、马铃薯等为原料产生的粉渣,蛋白质含量仍较低,品质也差;以绿豆、豌豆、蚕豆等为原料产生的粉渣,粗蛋白质含量高,品质好。

无论用哪种原料制得的粉渣,都缺乏钙和维生素,如长期用来喂猪,应注意搭配能量、蛋白质、矿物质和维生素等饲料,保证猪的营养平衡。

粉渣含水85%以上,如放置过久,特别是夏天气温高,容易发酵变酸,猪吃后易引起中毒。因此,用粉渣喂猪,越鲜越好。如放置过久酸度高的粉渣,喂前最好先用适量的石灰水或小苏打中和处理,然后再喂。

粉渣可晒干贮存,也可窖贮,或与糠麸、酒糟混贮,贮存时含水量65%～75%为宜。

(二)酒糟　酒糟是酿酒工业的副产品,由于大量淀粉变成酒被提取出去，所以无氮浸出物含量低，粗蛋白等其他成分相对增高。酒糟的营养价值因原料种类而异，原料主要有高粱、玉米、大米、甘薯、马铃薯等，啤酒以大麦作原料。好的粮食酒糟和大麦啤酒糟比薯类酒糟营养价值高2倍左右。但酿酒过程中常加入稻壳，使酒糟营养价值降低。

酒糟干物质含粗蛋白20%～30%，蛋白质品质较差。酒糟中含磷和B族维生素丰富，缺乏胡萝卜素，维生素D和钙质，并残留部分酒精。

酒糟不宜用来大量喂种猪，以免影响繁殖性能。肉猪大量饲喂易引起便秘，最好不要超过日粮的1/3，并注意与其他饲料搭配，保持营养平衡。

酒糟含水65%～75%，如放置过久，易产生游离酸和杂醇，猪吃后易引起中毒。因此，宜用鲜酒糟喂猪或妥善保藏。一种是晒干保藏，一种是加适量糠麸，使含水量在70%左右，进行窖贮。方法同青贮。

（三）豆腐渣、酱油渣　豆腐渣和酱油渣主要是以大豆或豆饼为原料加工豆腐和酱油的副产品。由于提走部分蛋白质，豆腐渣和酱油渣蛋白水平较原料低，其他成分提高。一般干渣含粗蛋白20%～30%，品质较好。

豆腐渣含蛋白酶抑制物质，喂多了易拉稀，也缺少维生素，喂前煮熟为好。酱油渣含较多的食盐，7%～8%，不能大量喂猪，以免引起食盐中毒。

鲜豆腐渣含水80%以上，鲜酱油渣含水70%以上，易腐败变质，为此，可晒干贮藏，或与酒糟窖贮，也可单独窖贮。

四、动物性蛋白质饲料

是鱼类、肉类和乳品加工的副产品以及其他动物产品的总称。

猪常用的动物性蛋白质饲料有鱼粉、血粉、羽毛粉、肉粉、肉骨粉、蚕蛹、全乳和脱乳以及乳清粉等。其特点是蛋白质含量高，大都在55%以上，各种必需氨基酸含量高，品质好，几乎不含粗纤维，维生素含量丰富，钙、磷含量高，是一种优质蛋白质补充料。

（一）鱼粉　品质优良的鱼粉呈金黄色，脂肪含量不超过8%，干燥而不结块，水分不高于15%，食盐含量低于4%。鱼粉的脂肪含量高，容易氧化变质，呈黑色或咖啡色。优质鱼粉蛋白质含量在60%以上，富含谷物类饲料缺乏的胱氨酸、蛋氨酸和赖氨酸。维生素A、维生素D和B族维生素多，特别是植物性饲料容易缺乏的维生素B_{12}含量高。矿物质量多质优，富含钙、磷、锰、铁、碘等，但钙、磷含量过多，则说明鱼骨多，品质差。由于鱼粉价格较高，一般只用于喂幼猪和种猪，用量在10%以下。

（二）肉骨粉　肉骨粉是由不适于食用的畜禽躯体、骨头、胚胎、内脏及其他废物制成，蛋白质含量在30%～55%，消化率在60%～80%。赖氨酸含量高，钙、磷、锰含量高，用量为猪日粮的10%左右。正常肉骨粉呈黄色，有香味；发黑而有臭味的肉骨粉不能饲用。

（三）血粉　血粉是屠宰场屠宰家畜时得到的血液经干燥制成。方法有常规干燥、快速干燥、喷雾干燥，其中以喷雾干燥获得的血粉消化利用率最高，常规干燥的血粉消化利用率最低。血粉含蛋白质80%以上，但蛋氨酸、异亮氨酸和甘氨酸含量低。在猪日粮中添加一般不超过5%，在仔猪日粮中加1%～3%具有良好效果。如果干燥前将血浆与血细胞分离，制成喷雾干燥血浆粉，蛋白质含量为68%左右，赖氨酸6.1%，在仔猪日粮中添加6%～8%，代替脱脂奶粉，能取得良好效果。

（四）羽毛粉　羽毛粉由家禽的羽毛制成，含蛋白质85%以上，含亮氨酸和胱氨酸较多，赖氨酸、色氨酸和蛋氨酸不足。含维生素

B_{12}和未知生长因子。经水解处理的羽毛粉，蛋白质消化率可达80%～90%，未经处理的羽毛粉消化率很低，仅30%左右。

（五）单细胞蛋白质饲料　是指用饼（粕）或玉米面筋等做原料，通过微生物发酵而获得的含大量菌体蛋白的饲料，包括酵母、真菌、藻类等。

目前酵母应用较广泛，一般含蛋白质40%～80%。除蛋氨酸和胱氨酸较低外，其他各种必需氨基酸的含量均较丰富，仅低于动物蛋白质饲料。酵母富含B族维生素，磷含量高，钙较少，一般喂量为日粮的2%～3%。

第三节　青　饲　料

青饲料种类繁多，包括天然草地牧草、栽培牧草、蔬菜类、作物茎叶、枝叶及水生植物等。这类饲料产量高，来源广，成本低，采集方便，适口性好，养分比较全面。

青饲料蛋白质含量较高，一般占干物质的10%～20%，豆科植物含量更高，蛋白质品质较好，赖氨酸含量较玉米高1倍以上。青饲料含有丰富的维生素，如胡萝卜素比玉米子实高50～80倍，核黄素高3倍，泛酸高近1倍，并富含尼克酸，维生素C、维生素E、维生素K等。青饲料含有丰富的矿物质，钙、磷含量高，比例合适，镁、钾、钠、氯、硫等含量也较高。青饲料中粗纤维所含木质素少，猪易于消化。因此，青饲料喂量适当，不但可以节省精料，而且可以完善日粮营养，使养猪生产获得比单喂精料更高的生产效果和经济效益。20世纪初，在维生素被发现以前，青绿饲料被认为是仔猪和雏鸡日粮绝对不可缺少的饲料组分。在近代，随着科学技术的进步，人们不但可以用其他来源的精制维生素为猪配制出完全能满足营养需要的日粮，而且方法简单，更省工，成本也较低。因此，青绿饲料在养猪业中已不是绝对不可少的了。青饲料确实有它的缺点，如水分含量高，一般在70%～95%。粗纤维含量高，占干物质的18%～30%，喂多了易引起腹泻。青饲料还受季节、气候、生长阶段的影响与限制，生产供应和营养价值很不稳定，为配制平衡饲粮增加了困难。同时，种、割、贮、喂费工费时，极不方便。所以，许多规模化猪场，使用添加多种维生素的全价日粮，不再喂给青绿饲料。不过，生产实践证明，在喂给全价配合料时，再加喂一些青饲料，会取得更好的效果，特别是对种猪，可提高繁殖性能。

据以上所述，青饲料喂与不喂，喂量多少，应根据具体情况而定（表8-2）。如果青饲料来源充足、便利，价格低廉，可按表8-2推荐量喂，在青饲料不太充足的情况下，则优先保证种猪；如果来源不便，也可不喂。青饲料喂猪应以优质、幼嫩的为好，如苜蓿、苦荬菜、蔬菜类和一些水生饲料等。

表8-2 各类猪青饲料大致用量

	育肥猪	后备母猪	怀孕母猪	泌乳母猪
占日粮干物质(%)	3～5	15～30	25～50	15～35

第四节 青贮饲料

青贮饲料是指将新鲜青饲料填入密闭的青贮窖、塔、壕、袋等容器内，经微生物发酵保存的饲料。青贮饲料能有效地保存新鲜青饲料的营养成分，青贮后只降低10%左右，而晒干则降低30%～50%，特别是能保存蛋白质和维生素。青贮饲料耐贮存，可供全年喂用。

青贮窖、塔或壕应建在地势高燥、易排水处，建筑要求坚固、不漏气、不漏水。其大小可根据需要而定。

青贮原料应有一定含糖量，一般不低于1%～1.5%。适合做青贮的原料主要有玉米等禾本科植物、青草、野菜、甘薯藤、甜菜、萝卜缨等。含糖量少而含粗蛋白质较多的豆科植物如苜蓿、苕子、草木犀、蚕豆苗、青刈大豆苗等不宜做青贮原料，如有必要，可与禾本科植物混贮，以防变质。

青贮原料含水量应为65%～75%，原料粗老时可达80%。

青贮时先切短，一般以3～5 cm为宜，再装填，压实，每装填20～30 cm厚，即应踩实，最好用拖拉机压紧，用蒿秆(厚20～30 cm)或塑料薄膜覆盖，加土30～50 cm厚，并随时注意防止漏水漏气。

一般封埋17～21 d即可开窖喂用。正常的青贮料为青绿或黄绿色，有酸香并带酒味。低劣的青贮料呈黄褐色或暗褐色，甚至黑色，有刺鼻酸味或腐臭味。常用青贮料的成分及其营养价值见表8-3。

表8-3　常用青贮料的成分及其营养价值

项　目	青贮玉米	青贮甘薯藤	青贮胡萝卜秧	青贮马铃薯秧	青贮白菜
干物质(%)	23.0	14.7	19.7	23.0	10.9
消化能(MJ/kg)	1.00	0.96	0.88	1.05	0.79
代谢能(MJ/kg)	1.6	1.5	3.1	2.1	2.0
粗蛋白(%)	6.9	3.8	5.7	6.1	2.3
粗纤维(%)	0.10	0.29	0.35	0.27	0.29
钙(%)	0.06	0.03	0.03	0.03	0.07
磷(%)	0.06	0.03	0.03	—	0.07
有效磷(%)	0.17	0.06	—	0.13	0.02
赖氨酸(%)	0.09	0.04	—	0.12	0.03
蛋氨酸+胱氨酸(%)	0.07	0.05	—	0.11	0.02
异亮氨酸(%)	0.23	0.05	—	0.20	0.02
精氨酸(%)	0.69	0.06	—	—	0.03

第五节　粗　饲　料

粗饲料是指干物质中粗纤维含量在18%以上的饲料，包括秸秆、秕壳和干草等。这类饲料的特点是：含粗纤维多，质地粗硬，适口性差，不易消化，可利用的营养较少，饲喂效果不及青饲料。粗饲料的质量差别较大，效果各异。

衡量粗饲料质量的主要指标，首先是粗纤维含量的多少，木质化的程度，其次是所含其他营养物质的数量和质量。一般来说，豆科粗饲料优于禾本科粗饲料，嫩的优于老的，绿色的优于枯黄的，叶片多的优于叶片少的。如苜蓿等豆科干草、野生青干草、花生秧、大豆叶、甘薯藤等，粗纤维含量较低，一般在18%～30%，木质化程度低，并富含蛋白质、矿物质和维生素，营养全面，适口性好，较易消化，在肉猪及种猪饲料中适当搭配，具有良好效果。而藁秆、秕壳饲料如小麦秸秆、稻草、花生壳、稻壳、高粱壳等，粗纤维含量极高，一般为30%～65%，而且木质化程度高，质地粗硬，猪难以消化，如用这类饲料喂猪，不仅对猪没有好处，而且还会起副作用。所以用粗饲料喂猪，应注意质量，同时要合理加工调制，掌握适当喂量。注意适宜的收割时间和贮藏方法，防止粗老枯黄。

一、青干草

青草在未结子实前割下来干制而成。由于干制后仍保持一定绿色，故称青干草。干制青草的目的与青贮相同，是为了保存青饲料的营养价值。晒制的干草含有维生素，但多数营养物质有损失，损失程度较青贮饲料大(表8-4)。

青干草的营养价值取决于制造它们的原料种类、生物阶段与调制技术。就原料而言，豆科植物，如苜蓿、三叶草、草木犀等含有较丰富的蛋白质、矿物质和维生素。如果豆科植物在干草中占的比

表8-4 甘薯藤青贮晒制干草营养物质比较 %

处理	干物质	粗蛋白质	粗脂肪	粗纤维	无氮浸出物	粗灰分
青贮	100	18.8	4.2	25.5	43.7	10.8
晒制	80.5	14.1	3.2	19.6	35.5	8.1

例大，青干草的质量就好，否则质量就差。

青草的生长阶段对其营养成分影响很大。因此，晒制干燥的植物，应在产量很高和营养物质最丰富的时期收割。禾本科植物一般在抽穗期，豆科植物一般在孕蕾期或初花期，此时收割晒制的干草营养价值高，含粗蛋白、胡萝卜素多，含粗纤维少。

调制青干草的方法是否得当，对保存营养、减少损失关系极大。特别是蛋白质和胡萝卜素营养的损失最为明显。方法不当时，前者损失可达20%～50%，后者可达80%。加工方法对黑麦草营养成分及营养价值的影响见表8-5。

表8-5 不同干制方法对黑麦草营养成分及营养价值的影响 %

项　目	营养成分			干物质消化率		
	鲜草	地面晒制干草	架上晒制干草	鲜草	地面晒制干草	架上晒制干草
有机物	93.2	92.5	92.8	76.3	59.1	67.6
粗蛋白质	12.8	9.9	12.1	63.6	47.3	59.3
粗脂肪	2.2	1.4	1.6	43.5	10.9	27.9
粗纤维	26.9	36.2	32.4	76.8	69.4	75.9
无氮浸出物	51.3	45.0	44.7	79.9	54.9	65.2

可见，架上干制法较地面晒干法营养损失少。实践证明，人工快速干燥（机械干燥）营养损失更少，一般可保存90%～95%的养分。

我国目前以地面晒制为主，但应注意晒制方法，以减少损失。一般先采用薄层平铺曝晒4～5 h，水分由65%～85%减少到38%左右，即可堆成高1 m，直径1.5 m的小堆，继续晾晒4～5 d，等水分下降到17%,最好15%以下时即可上垛。

优质干草的颜色为青绿色且有光泽,叶片保存较多,具有芳香气味。色泽枯黄,蛋白质及胡萝卜素含量较低,暗褐色发霉的干草不能用来喂猪。

青干草喂猪前应粉碎,最好在1 mm以下,一般越细越好。猪日粮中适当搭配青干草粉可以节约精料,降低饲养成本,提高经济效益,幼猪及肉猪喂量为1%~5%,种猪为5%~10%。

二、树叶

我国山区和半山区的多种树叶也是喂猪的好饲料。可以用来喂猪的优质树叶有榆、桑、槐、紫穗槐、松针、柳、杨等树叶,此外,各种果树如杏、桃、梨、枣、苹果、葡萄等树叶也可用来喂猪。

树叶的特点是粗纤维含量较低,粗蛋白质含量较高,但因季节不同而有一定差异(表8-6)。

表8-6 各季节树叶干物质成分变化 %

树叶种类	季节	蛋白质	粗脂肪	粗纤维	无氮浸出物	灰分	单宁
洋槐	春	27.2	3.6	12.8	48.1	7.8	0.5
	夏	24.7	3.6	14.8	49.1	7.9	—
	秋	19.3	5.0	19.4	48.9	5.5	1.1
柳	春	18.9	3.0	18.7	49.8	5.5	0.8
	夏	17.4	4.5	20.1	47.5	10.5	—
	秋	12.0	4.0	22.9	50.8	10.3	1.7
白杨	春	16.3	4.0	19.2	51.1	9.4	0.7
	夏	15.2	5.6	25.9	40.7	11.6	—
	秋	121.0	10.3	26.6	40.3	10.2	1.5

另外,树叶含有单宁,有涩味,猪不爱吃,喂多了易引起便秘。除晒干的树叶粉碎后可加入日粮喂猪外,还可用新鲜树叶或青贮、发酵后的树叶喂猪。

三、藁秕饲料

藁秕是农作物成熟收获子实后的枯老茎叶。秕壳是包被子实的颖壳、荚皮与外皮等。包括玉米秸、高粱秸、大豆秸、蚕豆秸、豌豆秸、大豆荚皮、豌豆荚、大麦皮壳、玉米芯、玉米苞皮、稻谷壳、花生壳等。这类饲料含粗纤维在30%以上，木质素含量高，不易消化，蛋白质、无氮浸出物、维生素含量低，矿物质含量高，但利用率低，所以一般不作猪饲料。

第六节　矿物质饲料

植物饲料中含有矿物质元素，但满足不了猪的需要，给猪配制日粮时还要另外补充矿物质饲料。目前需要补充的主要是食盐、钙和磷，其他微量元素作为添加剂补充。

一、食盐

食盐不仅可以补充氯和钠，而且可以提高饲料适口性，一般占日粮的0.2%～0.5%，过多可发生食盐中毒。

二、含钙的矿物质饲料

主要有石粉、贝壳粉、轻质碳酸钙、白垩质等，含钙量为32%～40%。新鲜蛋壳与贝壳含有机质，应防止变质。

三、含磷的矿物质饲料

多属于磷酸盐类，有磷酸钙、磷酸氢钙、骨粉等。本类矿物质饲料既含磷，也含有钙。磷酸盐同时含氟，但含氟量一般不超过含磷量的1%，否则进行脱氟处理。

常用矿物质盐类的元素组成和含量见表8-7。

表8-7 常用矿物质盐类的元素组成和含量 %

矿物质名称	分子式	元素含量	
碳酸钙	$CaCO_3$	Ca40	—
石灰石		Ca35	—
贝壳粉		Ca38	—
磷酸钙	$Ca_3(PO_4)_2$	Ca38.8	P20.0
磷酸氢钙	$CaHPO_4$	Ca29.5	P22.8
磷酸氢钙	$CaHPO_4 \cdot 2H_2O$	Ca23.3	P18.0
过磷酸钙	$Ca(H_2PO_4)_2 \cdot H_2O$	Ca15.9	P24.6
骨粉		Ca30.0	P15.0
食盐	NaCl	Na38.4	Cl60.7

四、其他几种矿物质饲料

除上述矿物质饲料外，还有沸石、麦饭石、膨润土、海泡石、滑石、方解石等广泛应用于畜牧业。这些矿物除供给猪生长发育所必需的部分微量元素、超微量元素外，还具有独特的物理微观结构和由此而具有的某些物理、化学性质。例如，独特的选择吸附能力和大的吸附容积，可以吸收肠道中过量的氨以及甲烷、乙烷、丙烯、甲醇、大肠杆菌和沙门氏杆菌的毒素等有毒物质，抑制某些病原菌的繁殖；可逆的离子交换性能，满足猪对微量元素的需要；并有促进钙吸收的功用，从而增进猪的健康，提高生产性能。

（一）*沸石* 沸石是一种含水的碱金属或碱土金属的铝硅酸盐矿物，是50多种沸石族矿物质的总称。应用于猪饲料的天然沸石主要是斜发沸石和丝光沸石等，其中含有多种矿物质和微量元素。据试验，在猪日粮中添加5%～15%，可提高日增重，节约饲料，增进健康，除臭，改善环境。

（二）*麦饭石* 麦饭石是一种含有多种矿物质和微量元素的岩石，因其外观颇似手握的麦饭团而得名。在猪日粮中添加2%以上，可提高猪的健康与生产性能。

(三)膨润土 膨润土是一种黏土型矿物,属蒙脱石族,主要成分是硅铝酸盐。猪日粮中添加1%~2%,可提高猪的生产性能。

第九章　猪的饲料添加剂

饲料添加剂是指那些在常用饲料之外，为补充满足动物生长、繁殖、生产各方面营养需要或为某种特殊目的而加入配合饲料中的少量或微量的物质。其目的在于强化日粮的营养价值或满足养殖生产的特殊需要，如保健、促生长、增食欲、防饲料变质、保存饲料中某些物质活性、破坏饲料中的毒害成分、改善饲料及畜产品品质、改善养殖环境等。广义的饲料添加剂包括营养性和非营养性添加剂。添加剂主要是指那些长期(或某一生长阶段)加入饲料中饲喂养殖动物的物质，不包括为治疗目的短期大剂量加入饲料的药物。

饲料添加剂是20世纪40年代后期才发展起来的。添加剂的使用是养殖业发展的要求，是配合饲料中不可缺少的重要组成成分。人们利用在饲料中添加某些微量物质以人为地干涉动物体内代谢的过程已成为现代养殖业的有力手段。在畜牧业发达的国家，饲料添加剂几乎应用于各种动物的全部饲养过程。饲料添加剂的使用不仅关系到养殖业安全生产，也关系到人类的健康和生存环境。许多历史教训告诫人们，必须对添加剂的生产、销售和使用进行正确的指导和严格的监督管理，才能达到人们所期望的目的。世界各国对饲料添加剂的管理都有专门机构来执行，并且各自都制定了具有法律性的“饲料法规”，对什么是饲料添加剂，饲料添加剂的定义是什么以及饲料添加剂的生产、销售、使用等都有严格而具体的规定和管理条例。我国饲料添加剂最高行政管理机构是国务院农业行政管理机关即农业部。1999年5月29日颁布实施了《饲料和饲料添加剂管理条例》，并相继公布了《允许使用的饲料添加剂品种目录》，1997 年发布了《允许作饲料药物添加的兽药品种及使用规定》。

饲料添加剂用量甚微，直接用于饲料中不仅在技术上是困难的。而且很难保证其使用效果，通常都是将饲料添加剂作为原料，生产出各类预混合饲料，再用于配合饲料中。

第一节 营养性饲料添加剂

营养性饲料添加剂是指用于补充饲料营养成分的少量或微量物质，包括饲料级氨基酸、维生素、微量元素等，维生素与微量元素添加剂将在其他有关章节叙述，在此仅介绍氨基酸添加剂。

天然饲料的氨基酸的含量差异很大，几乎都不平衡。即或是由不同配比的动植物饲料所构成的全价配合料，其氨基酸含量和组成仍然是变化多端，各式各样。因此，需要氨基酸添加剂来平衡或补足某种特定生产目的所要求的需要量。

氨基酸的添加量是以整个日粮内氨基酸平衡为基础的，要按日粮限制性氨基酸的顺序，依次添加，并尽量使各种氨基酸的化学分值(化学分值＝饲料中有效氨基酸含量/猪的相应氨基酸需要量×100)接近或超过100。

目前人工合成并作为添加剂使用的氨基酸，主要有赖氨酸、蛋氨酸、苏氨酸和色氨酸等，前两者最为普及。

一、赖氨酸

饲料中添加的赖氨酸有两种，即*L*-赖氨酸和*DL*-氨酸。因动物只能利用*L*-赖氨酸，故主要为*L*-赖氨酸产品，*DL*-赖氨酸产品应标明*L*-赖氨酸含量保证值。国家标准饲料级*L*-赖氨酸盐酸盐的纯度为98.5%，相当于含赖氨酸(有效成分)78.8%以上，为白色-淡黄色颗粒状粉末，稍有异味，易溶于水。

赖氨酸通常是猪常用饲料的第一限制性氨基酸，故必须添加，仔猪全价配合饲料中添加量为0.10%～0.15%，生长育肥猪添加0.05%～0.02%。肥育猪饲料中添加赖氨酸，还能改善肉的品质，增加瘦肉率。

二、蛋氨酸

目前作为蛋氨酸添加剂的产品主要有*DL*-蛋氨酸和*DL*-蛋氨酸羟基类似物(MHA)及其钙盐(MHACa)。此外还有蛋氨酸金属螯合物。MHA即2-羟基-4-甲硫基丁酸，它是蛋氨酸中的氨基被羟基取代，动物吸收MHA后，可由体内的氨基酸取代羟基，使之又转化为蛋氨酸。MHA的效价相当于纯蛋氨酸的80%。

DL-蛋氨酸为白色-淡黄色结晶或结晶性粉末，易溶于水，有光泽，有特异性臭味。一般饲料级制剂纯品要求含$C_5H_{11}NO_2S$在98.5%以上。

蛋氨酸羟基类似物，又称羟基蛋氨酸，为深褐色黏液，带有硫化物的特殊气味，使用时需用喷雾装置洒入饲料中。

蛋氨酸羟基类似物的钙盐是用液体的MHA与氢氧化钙或氧化钙中和，经干燥、粉碎后制得，呈浅褐色粉末或颗粒，带有硫化物的特殊气味；溶于水；商品羟基蛋氨酸钙的含量>97%，其中无机钙盐的含量≤1.5%。

蛋氨酸在饲料中的添加量，原则上只要补足饲粮中蛋氨酸的不足部分。蛋氨酸和胱氨酸都是含硫氨基酸，在动物体内蛋氨酸可以转化为胱氨酸，故也可用蛋氨酸补足蛋氨酸加胱氨酸的不足部分。一般在仔猪的全价配合料中蛋氨酸的添加量为0.03%～0.05%。

三、色氨酸

色氨酸是近些年才开始在饲料中使用的，作为饲料添加剂的色氨酸有化学合成的*DL*-色氨酸和发酵法生产的*L*-色氨酸。皆为无色至微黄色晶体，有特异性气味。*DL*-色氨酸的生物学有效性对猪相当于*L*-色氨酸的80%～85%。

玉米、肉粉、肉骨粉中色氨酸含量很低，仅能满足猪需要量的60%～70%。在猪的玉米-豆饼型饲料中，色氨酸可能是第二限制氨基酸。从营养角度看是很重要的一种必需氨基酸，在普遍添加了蛋氨酸和赖氨酸的日粮中，色氨酸添加更显重要。另外，色氨酸的代谢产物5-羟色氨在动物体有抗高密度饲养、断奶等应激，促进γ-球蛋白的产生，增强猪体抗病力的作用。由于价格和饲料中色氨酸的分析问题，色氨酸的应用受到限制，目前仍主要应用于仔猪人工乳以增强抗病力，其添加量为0.02%～0.05%，也有的还用于泌乳母猪饲料。

四、苏氨酸

近些年有些国家已在饲料中添加苏氨酸。目前作为饲料添加剂的主要是由发酵生产的*L*-苏氨酸。此外，部分来自由蛋白质水解物分离的*L*-苏氨酸。*L*-苏氨酸为无色至微黄色结晶性粉末，有极弱的特异性气味。

苏氨酸通常是第三、第四限制性氨基酸，在大麦、小麦为主的饲料中，苏氨酸常感缺乏，尤其在低蛋白的大麦（或小麦）-豆饼型日粮中，苏氨酸常是第二限制性氨基酸，故在植物性低蛋白日粮中，添加苏氨酸效果显著，特别是补充了蛋氨酸、赖氨酸的日粮，同时再添加色氨酸、苏氨酸可得到最佳效果。但由于目前没有足够合乎经济的产品供应，尚不能广泛补充于饲料。

以上所有氨基酸添加剂的粒度（液体剂型的蛋氨酸羟基类似物除外），都应小于1.0 mm，并具备容易与配合饲料其他组分混合均匀的性状，使用前，一般不另行加工。由于氨基酸添加剂在饲料中添加量大，一般在日粮中以百分含量计。同时，氨基酸的添加量是以整个日粮内氨基酸平衡为基础的，而饲料原料中的氨基酸含量和利用率相差甚大，所以氨基酸一般不加入添加剂预混料中，而是直接加入配合饲料或浓缩蛋白饲料中。

第二节 非营养性饲料添加剂

非营养性饲料添加剂虽不是饲料中的固有营养成分，本身也没有营养价值，但有着特殊的明显的维护机体健康、促进生长和提高饲料利用率等作用。

目前，属于这类添加剂品种繁多，在实践中应用也不一致。对这种添加剂不应理解为配合饲料所必需的，但为了取得某种特定效果，它却是重要手段。

一、抑菌促生长剂

属于抑菌促生长的添加剂有抗生素类、抑菌药物、砷制剂、高铜制剂等。这类物质的作用主要是抑制猪消化道内的有害微生物的繁殖，促进消化道的吸收能力，提高猪对营养物质的作用，或影响猪体内代谢速度从而促进生长。

（一）抗生素类　凡能抑制微生物生长或杀灭微生物质，包括微生物代谢产物、动植物体内的代谢产物或用化学合成、半合成法制造的相同的或类似的物质以及这些来源的驱虫物都可称为抗生素。

抗生素作为饲料添加剂已有50余年的历史。实践证明，抗生素对保持动物健康、促进生长和提高饲料利用率有一定效果。特别是在养殖环境较差、饲料水平较低时，效果显著。20世纪60年代后，抗生素作为添加剂使用引起了争论。首先是病原菌产生抗药性问题。由于长期使用抗生素会使一些细菌产生抗药性，而这些细菌又可把抗药性传给病原微生物，是否会影响人畜疾病的防治。其次是抗生素在畜产品中的残留问题。残留有抗生素的肉类等畜产品，在食品烹调过程中不能完全使其"钝化"，影响人类健康，第三是有些抗生素有致突变、致畸胎和致癌作用。

因此，在使用抗生素饲料添加剂时，要注意下列事项：

第一，最好选用动物专用的，吸收和残留少的不产生抗药性的品种。

第二，严格控制使用剂量，保证使用效果，防止不良副作用。

第三，抗生素的作用期限要作具体规定。研究证明，抗生素在动物体内蓄积到一定水平后就不再蓄积，此时食入量与排泄量呈平衡状态，如果停药，则体内残留的抗生素可以逐步排出。大多数抗生素消失时间需3～5 d，故一般规定在屠宰前7 d停止添加。

抗生素的种类较多，随着在生产中不安全或效果不好的抗生素品种相继淘汰，各国被批准使用的品种变化较大。我国农业部以农牧发[1997]8号文发布了《允许作饲料药物添加剂的兽药品种及使用规定》，现将其中对抗生素添加剂的品种和使用规定分别叙述如下：

1. 杆菌肽锌　是目前应用于饲料最多的一种多肽类抗生素。为白色或微黄色粉末，特臭、味苦，对热稳定，对碱不稳定，遇氧化剂、铜等易失效。其抗菌谱与青霉素相似，主要对多种革兰氏阳性菌有很强的抗菌作用，对革兰氏阴性球菌、钩端螺旋体和放线菌也有作用。对青霉素等其他抗生素产生耐药性的葡萄球菌有较好的抗菌效果，且与青霉素、链霉素、新霉素、金霉素等有协同作用，多与其合用以治疗或预防细菌性腹泻、慢性呼吸道疾病等，与有机砷制剂并用，以促进生长。提高饲料利用率。

杆菌肽锌毒性极小、无副作用、无药物残留，在"三致"方面安全。几乎不产生耐药性，且与其他抗生素无交叉耐药性。杆菌肽锌在消化道中几乎不被吸收，主要由粪排出，粪中杆菌肽锌在堆肥时迅速降解，对环境无污染。

我国规定杆菌肽锌用量为：4月龄以内猪每吨饲料添加4～40g(折合16万～168万IU)。

2. 硫酸黏杆菌素　为白色粉末，易溶于水，稳定性好，消化道不易吸收、排出快、毒性小，是应用较广泛的抗生素添加剂。其抗菌谱较窄，主要对革兰氏阴性菌有很强的抗菌作用。细菌不易对其产生耐药性，与其他抗生素无交叉耐药性。其缺点是大量使用可导致肾中毒。

硫酸黏杆菌素和抗革兰氏阳性菌的杆菌肽锌有较强的协同作用，以1∶5比例配伍使用，可使抗菌谱加宽，抗菌活性提高，并弥补其缺点。5%杆菌肽锌和1%硫酸黏杆菌素与辅料制成的预混剂商品称为"万能肥素"。

我国规定用量为：2月龄以内猪每吨饲料添加2～40 g，4月龄以内的猪每吨饲料添加2～20 g。

3. 黄霉素　又称默诺霉素A、斑伯霉素、黄磷脂醇，商品名为富乐旺。为无色、无臭粉末，易溶于水，稳定性好，与其他饲料的配伍性好，在饲料中有很高的稳定性。本品口服几乎不被吸收，畜禽组织无残留，毒性低、无副作用，也无致癌等作用，口服畜禽对其耐受性很强，大剂量使用也不会中毒。黄霉素主要对革兰氏阳性菌有很强的抗菌作用，对部分革兰氏阴性菌也有抗菌效果，但对霉菌、病毒、肿瘤等无作用。与目前使用的抗生素不发生交叉耐药性。

我国规定的用量为：2月龄以内猪每吨饲料添加10～25 g；4月龄以内的猪每吨饲料添加5 g。

4. 北里霉素　又名柱晶白霉素。为白色或淡黄色结晶粉末，无臭、味苦，稳定性好。主要对革兰氏阳性菌和某些革兰氏阴性菌及支原体等有强大的抗菌作用，对钩端螺旋体、立克次体等有作用。可治疗猪肺炎、细菌性下痢等。其特点是在肠道内吸收快，并广泛分布于各组织，但在体内分解也快，很快由尿排出，故其在组织中残留量低，经病理和毒理试验证明是安全的。

我国规定的用量为：2 月龄以内猪每吨饲料添加 5～35 g，停药期 3 d。

5. 恩拉霉素　又名持久霉素，为白色或淡黄色结晶粉末，一般使用的是粗制品，为灰色至灰褐色粉末，可溶于水，稳定性好。主要对革兰氏阳性菌有效，对耐药的葡萄球菌和其他菌株也有较强的抗菌作用，对革兰氏阴性菌无效。不易产生耐药性，且与人用抗生素无交叉耐药性。在肠道内几乎不被吸收，主要随粪便排出并能迅速分解，对农作物、鱼类和环境无毒害作用。"三致"试验为阴性，毒性小、无药物残留，因而它是安全、有效的动物专用抗生素。

我国规定的用量为：4 月龄以内猪每吨饲料添加 2.5～20 g，无停药期。

6. 金霉素 又名氯四环素，作为饲料添加剂多为盐酸金霉素。为黄色结晶性粉末，有苦味，稳定性与土霉素相似，但对光、热稳定性稍差于土霉素。对革兰氏阳性菌、阴性菌、螺旋体、立克次体、大型病毒有广范围的抗菌力，对肠道疾病，萎缩性鼻炎和慢性呼吸道病有明显防治作用，并促进生长和提高饲料利用率。由于金霉素的溶解度差，在肠道中吸收率低，且在血液的半衰期短（平均为 5～6 h），残留少。金霉素饲料添加剂有各种浓度的商品制剂如欧罗肥(Aurofac)、喜特肥（15%、10%）等。

我国规定用量为：4 月龄以内的猪每吨饲料添加 25～75 g，停药期 7 d。

7. 土霉素　又名氧四环素，是我国生产及使用最多的抗生素。作为饲料添加剂应用的有其盐酸盐和季铵盐制剂，其钙盐制剂也有应用。土霉素盐酸盐为无臭、黄色结晶或结晶性粉末；季铵盐则为无臭灰白色或黄色结晶性粉末或粉末。干燥状态下皆很稳定，但对光热、金属离子不稳定，易使其失效。一般在低温处可长期保存。土霉素与钙可形成稳定的络合物，从而提高稳定性，减少吸收，构成适宜的饲用形式，为黄褐色粉末，其抗菌谱与金霉素相似，但作用稍强，是鸡、猪及小牛的呼吸道疾病及痢疾的有效药品，并促进生长，提高饲料转化率。常与竹桃霉素、弗氏囊霉素等联合使用。其主要缺点很容易被胃肠道吸收，在畜禽产品中残留较多，并能产生抗药性，对其作为饲料添加剂仍有分歧意见。

我国规定用量为2月龄以内的猪每吨饲料添加15～50 g，4月龄以内猪每吨饲料添加10～20 g。

8. 维吉尼霉素　又名高杆霉素、纯霉素、肥大霉素。其各种浓度的预混剂的商品名为速大肥(Stafac)。本品为淡黄色粉末，有特异臭味，易溶于水。稳定性好、耐热，但在碱性条件下不稳定。维吉尼霉素在消化道难以吸收，体内无残留。主要对革兰氏阳性菌有抗菌作用，细菌对其不易产生耐药性，与其他各种化学治疗剂无交叉耐药性。在粪便中变质快，因此，对环境和植物没有污染的危险，是较理想的动物专用抗生素添加剂。维吉尼霉素的品质稳定，无代谢毒素，抗菌性高且无耐药性。它能影响肠道内菌落，减少有害微生物代谢产物，减缓肠蠕动，延长饲料在消化道内滞留时间，增加养分吸收进而起到促生长作用。饲料加工制粒过程中稳定性好。

我国规定的添加量：猪每吨饲料添加10～20 g，停药期1 d。

(二)抑菌药物　这里所说的抑菌药物是指除述抗生素以外的人工化学合成抑菌制剂。过去各国使用的此类药物较多，有抗菌性的药物都用。例如磺胺类、硝基呋喃类以及咪唑等。但后来发现这些药物的副作用大，近些年来，国内外研制了一些动物专用抗菌药剂，其毒性小，促生长作用效果明显，有些已广泛用于饲料中，如Carbadox(卡巴多)、喹乙醇、硝呋烯腙(Nitrorin)、乃托文等。我国仅批准使用喹乙醇。

喹乙醇(Olaquindox)又名快育灵，是化学合成抑菌促生长药物，对革兰氏阴性细菌及阳性细菌，特别是对革兰氏阴性菌(大肠杆菌、沙氏菌属、志贺氏菌属及变形杆菌属)更敏感。本品为淡黄色结晶，微溶于水。非常稳定，能耐受制粒处理，但纯品若于强光照射时，就会发生分解，并变为棕色和深棕色。喹乙醇有促进机体氮的沉积，促进机细胞形成，增加瘦肉率，加速生长和提高饲料利用率，并有预防和控制腹泻的作用。在饲料中配伍性好。本品口服吸收迅速，并能迅速排出体外，一般停药 24 h 后，体内残留低于 0.1 mg/kg。但对其安全性评价尚需进一步探讨。

建议添加量：在4月龄以内仔猪的每吨饲料中添加15～50 g，2月龄以内猪饲料中每吨可加 50～100 g。停药期 35 d。

(三)砷制剂　砷制剂具有很好的刺激生长、降低料耗的作用。有较广的抗菌活性，对多种肠道疾病致病菌有较强的抑菌或杀菌能力，对肠道寄生虫等也有一定抑制作用。因此，用做饲料添加剂对预防幼龄动物肠道感染引起的下痢效果显著。当仔猪处于应激状态或亚疾病状态时，效果更突出。当环境条件及动物健康状态良好时，添加砷制剂无促生长效应，也不能改善饲料效率。此外，砷制剂还可扩张皮肤毛细血管，使猪毛光皮红，此类添加剂常与青霉素、四环素类抗生素和杆菌肽锌等并用，以提高作用效果。常用做饲料添加剂的主要有对氨基苯胂酸及其钠盐和羟硝苯胂酸，前者又称氨苯亚胂酸或阿散酸，为白色结晶性粉末，每吨猪饲料添加 50～100 g；后者又称洛克沙生，为白色或微黄色粉末，每吨猪饲料中添加 25～75 g。

(四)中草药饲料添加剂　中草药具有消食除积、健脾开胃、益肝养肾、理气活血、安神养心、养血补气、驱虫抗病等保健药理作用。而且中草药本身含有一定量的营养物质，有的还含有动物喜爱的香味，添加于饲料对动物有保健、增进食欲、帮助消化、促进生长、提高生产性能，降低饲料消耗的作用。由于含有某些天然营养物质和未知因子，有的对畜禽产品品质还有一定的改善作用。多数中草药毒性小，副作用小，用做饲料添加剂安全。我国民间早就有将中草药用做畜禽饲料的做法。

由于中草药品种繁多，功能各异，用做饲料添加剂时，应根据各种中草药的作用和特性，结合添加目的和动物体的特点等，合理选择使用才能获得理想的效果。中草药用做饲料添加剂除少数几种如松针粉、某些阔叶粉等用做维生素和色素补充物，大蒜、葱类、桂皮、茴香、姜、辣椒、胡椒等干粉或提取物、油用做调味剂单独使用外，多为选择几种功能相辅或互补的药物配制成不同特性的复合中草药饲料添加剂，如生长促进剂、催肥剂、驱虫保健剂等。有的还与营养性添加剂或药物添加配制成复合添加剂。

二、驱虫保健剂

驱虫保健剂主要用于预防和治疗猪寄生虫病。寄生于猪体的寄生虫，不仅大量消耗营养物质，而且使猪的健康和生产受到严重的危害。驱虫药一般需多次投药。第一次只能杀灭成虫或驱成虫，其后杀灭或驱卵中孵出的幼虫。在驱虫期间，畜舍要勤打扫，以防排出体外的虫与虫卵再次进入猪体内。以饲料添加剂的形式用药为连续用药，有较好的驱虫效果，是在大群体、高密度饲养管理条件下，预防和控制寄生虫方便而有效的方法。

目前我国批准使用的猪用驱虫性抗生素，只有两个品种即越霉素A和潮霉素B。

（一）*越霉素A*　商品名为得利肥素，为白色粉末，易溶于水，具有高度的稳定性，为氨基甙类抗生素。其商品含20%越霉素A，为淡黄色粉末。本品能抑制革兰氏阴性菌和真菌，以10 mg/kg 添于猪日粮中能100%地驱除猪蛔虫，并对猪鞭虫、猪类圆线虫、猪肠结节虫具有良好的驱虫效果。连续使用无抗药性。越霉素A是动物专用抗生素，与人用抗生素不产生交叉抗药性，对动物无副作用，不残留。与其他抗生素同时使用有相互促进作用。

我国规定的用量：4 月龄以内猪每吨饲料添加 5～10 g，停药期 3 d。

（二）潮霉素B　商品名为效高素，为无定形粉末，易溶于水，常混于饲料中喂猪，对猪蛔虫、结节虫、鞭虫有效，也具有抗菌作用，另外，还保护肠壁不受寄生虫的侵害，使之充分吸收养分，提高饲料报酬。也是一种较安全的动物专用抗生素。建议在妊娠母猪产前 6 周开始喂有抗生素添加剂的饲料，哺乳期连续饲喂，对于断奶后小猪仍喂一个时期，使小猪渡过虫体易感期。

我国规定的用量：4 月龄以内猪每吨饲料添加 10～13 g，停药期 15 d。

此外，近年研制开发的阿维菌素、伊维菌素也是一种高效安全的体内外驱虫抗生素，但目前我国尚未批准作为饲料添加剂使用。

三、微生态制剂

微生态制剂，又名活菌制剂、生菌剂、益生素。即动物食入后，能在消化道中生长、发育或繁殖，并起有益作用的活体微生物饲料添加剂。这是自 1970 年以来为替代抗生素饲料添加剂开发的一类具有防治消化道疾病，降低幼畜死亡率，提高饲料效率，促进动物生长等作用，天然无毒，安全无残留，副作用少的饲料添加剂。这类产品在国外已开始应用。可选作活菌制剂的微生物种类很多，主要的菌种有乳酸杆菌属、链球菌属、双歧杆菌属、某些芽孢杆菌、酵母菌、无毒的肠道杆菌和肠球菌等，多来自土壤、腌制品和发酵食品、动物消化道、动物粪便的无毒菌株。在生产和选用这类产品时，绝对不能引入有毒、有害菌株；产品必须稳定、存活且对消化道环境和饲料加工、贮存等因素有较强的抵抗能力。使用活菌剂获得理想效果的关键是猪食入活菌的数量，一般认为每克日粮中活菌（或孢子）数以 $2\times10^5\sim10^6$ 为佳。此外，与活菌制剂的菌种、动物所处的环境条件有关。当动物处于因断奶、饲料改变、运输等引起的应激状态或其消化道中存在着抑制动物生长的菌群时，使用活菌制剂效果才比较明显。

研究证明，在动物的消化道内存在的正常微生物群落对宿主具有营养、免疫、生长刺激和生物拮抗等作用，是维持动物良好健康状况和发挥正常产生性能所必需的条件。近年来，已开始采用寡糖等通过化学益生作用调控动物消化道微生物群落组成。这些寡糖包括果寡糖、甘露寡糖、麦芽寡糖、异麦芽寡糖、半乳糖寡糖等。大量研究表明，在饲料中添加适量寡糖，可提高猪生长速度，改善其健康状况，提高饲料利用率和免疫力，减少粪便及粪便中氨等腐败物质的量。

四、酶制剂

猪对饲料养分的消化能力取决于消化道内消化酶种类和活力。近20～30年的研究和实践证明，适合猪消化道内环境的外源酶能起到内源酶同样的消化作用。饲料中添加外源酶在辅助猪消化，提高猪的消化力，改善饲料利用率，扩大对饲料物质的利用方面，扩大饲料资源，消除饲料抗营养因子和毒素的有害作用，全面促进饲料养分的消化、吸收和利用，提高猪的生产性能和增进健康，减少粪便中的氮和磷等排出量，保护和改善生态环境等方面已显示出其潜力。

作为饲料添加剂的酶制剂多是帮助消化的酶类，主要有蛋白酶类、淀粉酶类、纤维素分解酶类、植酸酶等。目前多从发酵培养物中提取酶，制成饲料添加剂，也有连同培养物直接制成添加剂的。由于酶活性受许多因素的影响，其作用具有高度的特异性，为了适应底物的多样性、复杂性和动物消化道内pH环境的变化，根据使用对象和使用目的的要求，选用不同来源、不同pH适应性的酶配制成的多酶系复合酶制剂，适应范围广，作用能力强，在饲料中的添加效果好，是较理想的酶添加剂产品。

五、酸制剂

酸化剂是近年来研究开发，主要用于幼猪日粮以调整消化道内环境的一类添加剂。即指为补充幼猪胃液分泌不足，降低胃内pH值而添加于饲料中的一类物质。包括无机酸、有机酸及其盐类，添加酸化剂的饲料称为酸化饲料。

酸化剂的研究开发，主要是基于较低的胃内pH值(2左右)不仅是胃蛋白酶的激活剂和保持较高活性的必要条件，并有助于饲料的软化、养分的溶解和水解，而且还起着阻止病原微生物经消化道进入体内的屏障作用。在胃酸分泌很少的幼猪，这一屏障作用较弱，加之免疫机能不完善，是导致腹泻、下痢发病率高的重要因素之一，特别是早期断奶仔猪，不仅饲料养分消化率降低，非奶养消化不完全，还给进入后肠的病原微生物迅速繁殖以充足的基质，导致下痢、生产性能下降、死亡率升高。

在幼猪补充日粮或断奶日粮中添加酸化剂可起到补充胃酸分泌不足，激活酶原，抑制病原增殖，防止仔猪下痢，改进生产性能，降低死亡率。此外，较低的胃内pH值降低胃内容物排空速度，有利于养分的消化吸收。有机酸化剂还可作为动物的能源。有的有机酸以络合剂的形式促进矿物元素的吸收，有的(如柠檬酸等)还可起到调味剂的作用，促进幼猪采食。近年来，酸化饲料的应用更进一步延伸到母猪饲料，因为有迹象表明混合有机酸能阻断大肠杆菌对哺乳仔猪的垂直感染。

酸化剂添加效果的研究显示，不同日粮、不同添加物、不同管理条件等表现出不一致的结果：①以玉米、豆饼以及其他谷物为基础的含酸结合物低的日粮，添加酸化剂有较好的效果，而加有较大比例乳清粉、脱脂奶粉、鱼粉等含有较多酸结合物的日粮，添加酸制剂效应低或无作用；②管理水平低，环境条件差，下痢发病率高的情况下添加酸化剂，减少下痢作用显著，但下痢发病率低于5%～7%时则添加效应小；③在加有抗生素或同时加有高剂量硫酸铜的日粮中，酸化剂仍有添加效应。

大量的研究显示，有机酸的添加效果优于无机酸，表现出添加正效应的主要有柠檬酸、延胡索酸、甲酸、甲酸钙、乙酸、丙酸及丙酸钙和丁酸等。其中以1%～3%的柠檬酸添加效应好，结果一致。其次是延胡索酸和延胡索酸钙，甲酸和丙酸及其钙盐也有较好的添加效果，而且在饲料中有很好的抑制真菌的作用。对盐酸、硫酸和磷酸用做酸化剂的研究中，仅磷酸表现出较小的正效应。而盐酸和硫酸表现出负效应，这可能是由于适口性差导致采食量下降或阴阳离子不平衡所致。在应用酸制剂时必须注意其适口性、腐蚀性及刺激气味的大小，可以单独使用或多种混合搭配使用，选用兼具酸化与抑菌的产品效果会更好。

六、胴体品质改良剂

（一）有机铬　自从发现自然界中存在铬元素以来，铬一直被看作是一种有毒元素。直到Schwartz 和 Mertz（1957）首次从啤酒酵母中分离出葡萄糖耐量因子（GTF），并相继证实GTF 的重要活性组分是三价铬离子，铬才被确认为动物的必需微量元素。GTF 是一种能够维持动物血液中葡萄糖正常的物质，其化学结构可能是以烟酸-三价铬-烟酸为轴连接有谷氨酸、甘氨酸、半胱氨酸配体的配位化合物。研究表明：铬主要通过GTF 协同和增强胰岛素的作用，进而影响糖类、脂类、蛋白质及核酸代谢，并对畜禽的生长、繁殖、胴体品质，应激与免疫等均有不同程度的影响。大量试验表明，猪日粮中添加有机铬可减少背膘厚度，增加眼肌面积，提高瘦肉量和瘦肉率；增加肌肉间脂肪含量；改变胴体脂肪酸组成，降低饱和脂肪酸含量，增加多不饱和脂肪酸含量；增加肌肉中的糖原贮量，从而减少 DFD（色暗、质硬、干燥）和 PSE 肉（苍白、松软、渗水);防止脂质过氧化。甲基吡啶铬是目前为实践所证实的最为有效的铬的形态,其在猪饲养中的有效剂量为200 g/kg。此外,甲基吡啶铬还能使繁殖母猪窝产仔数提高19%,仔猪断奶体重增加7.9%,提高猪生长性能及饲料转化效率。

(二)甜菜碱(Betaine) 甜菜碱也称三甲胺乙内酯,包括天然提纯物质(如芬兰从甜菜糖蜜中提取的天然甜菜碱)和人工合成物(有纯品、盐酸盐和粗品形式)两大类。甜菜碱为白色结晶,无毒、稳定,能耐200℃的高温,近中性。蛋氨酸作为必需氨基酸在动物代谢方面发挥着非常重要的作用。其中主要功能是作为甲基供体。由于蛋氨酸价格昂贵且资源紧缺,生产中逐渐转向添加比较廉价的甲基供体——甜菜碱。如近年来甜菜碱已部分替代饲料中的蛋氨酸和胆碱。甜菜碱是最有效的甲基供体,且在饲料中添加,不会破坏维生素等活性物质。

甜菜碱可参与体内转甲基的生化过程,对脂肪代谢起很重要作用。甜菜碱可动员和刺激肝中脂肪转运,对血中脂肪及蛋白质有很大的影响。此外,甜菜碱可催化肉毒碱且促进在线粒体内脂肪酸的代谢过程,故常用做动物的减肥剂。据报道,添加1～2 kg/t 的甜菜碱能使育肥猪体内脂肪分布均匀,背膘厚度降低约15%,并且提高瘦肉率。这种效果在低温地区表现更为突出。

(三)*L*-肉毒碱(*L*-Carnitine) 哺乳动物肉毒碱的内源性合成始于赖氨酸和蛋氨酸,即由蛋氨酸提供甲基、赖氨酸提供碳链。肉毒碱在机体内的主要作用是参与转运脂肪酸进入线粒体进行氧化过程。日粮中添加100 mg/kg 肉毒碱,可提高早期断奶仔猪的饲料转化效率,减少断奶应激,在生长育肥猪饲粮中添加肉毒碱,可提高增重3%,改善饲料转化效率33%,减少胴体脂肪含量,减少背膘厚度16%,增加眼肌面积12%,且生长性能的提高,可能与赖氨酸摄入量及猪的大小有关。在妊娠母猪日粮中添加50 mg/kg 肉毒碱可提高日增重,背膘厚度,仔猪初生重及断奶体重,并可缩短发情间隔。

（四）综合品质改良剂 日本生产了一种改善肉、蛋品质的饲料添加剂“地养素”，能起到使舍饲畜、禽如同在放牧（即“地养”）条件下可自由获取土地中某些成分一样的作用，使肉、蛋品减少腥味，味道鲜美，色泽加深，耐贮藏，并能减少粪臭，改善环境条件。其主要成分为：抱树或山毛榉等阔叶汁、木醋酸精馏液、纤维素酶、海藻粉、艾蒿粉、沸石。其添加量见表9-1。

表9-1 地养素在饲料中的添加量

畜 别	阶 段	日粮中的添加量（%）
蛋鸡	初生至20周龄	0.6
	成年鸡	0.7～0.8
肉用仔鸡	初生至出售	0.8
种猪		0.8～1
肥育猪	断奶至出售	0.8

（五）除臭剂 膻味是猪肉在烹调过程中产生的一种不良气味，特别是在未阉割的公猪肉中发生率较大，高达10%～75%。膻味主要是由猪肉的脂肪组织中的雄烯酮和粪臭素引起的。引起膻味的阈值：粪臭素0.20～0.25 mg/kg，雄烯酮0.5～1.0 mg/kg。粪臭素（3-甲基吲哚）是大肠中微生物降解色氨酸的产物。为了防止猪粪便的臭味污染环境，提高肉质品质，可通过在饲料中添加除臭剂。目前使用较多的是莫哈夫丝兰提取物（商品名除臭灵），它有两个活性中心，一个与氨基结合，另一个与硫化氢气体及其他有毒有害气体结合，从而有效地减少猪粪便中这些气体向环境中的排出量，并使粪臭素或中间代谢形成的NH基在大肠尚未沉积到肌肉和脂肪之前可被丝兰提取物结合。一般丝兰提取物以120 g/t的比例添加到日粮中。另外可在日粮中添加一些具有吸附性强的物质，主要是一些多孔矿石粉，如细沸石粉、凹凸棒粉、煤灰等。日本的F-Nick除臭剂在猪饲料中添加1%，即可防止恶臭，并对肉质品质有所提高。其典型配方为：$FeSO_4 \cdot 7H_2O$ 7份＋煤灰（或细沸石）3.5份。

在饲粮中添加非淀粉多糖和寡糖，它们能被大肠微生物优先利用，发酵产生的挥发性脂肪酸降低大肠pH，使微生物对蛋白质的发酵作用减弱，从而显著降低猪背膘中粪臭素含量，提高肉的总可接受程度。

碳酸氢钠作为调节血液和肌肉酸碱平衡的电解质，可提高肌肉pH并有缓解应激作用，据报道，猪屠宰前5 d饮水添加一定量的碳酸氢钠(10～15 g/L)，可提高肉的品质。也有报道，在屠宰前给猪饲喂碳酸氢钠与菊粉的混合物，亦能显著降低脂肪中粪臭素水平。

七、调味、增香、诱食剂

这种添加剂笼统称为风味剂，其目的是为了增进动物食欲，或掩盖某些饲料组分的不良气味，或增加动物喜爱的某种气味，改善饲料适口性，增加饲料采食量。作为调味剂的基本要求是：第一，加入饲料后饲料的味道或气味更适合猪的口味，从而刺激猪食欲，提高采食量；第二，调味剂的味道或气味必须具有稳定性，在正常的加工贮存条件下，味道或气味既不被挥发掉，又不致变成另一种不被动物喜爱的味道或气味。

调味剂有天然的和合成的两种，主要活性成分包括：香草醛、肉桂醛、茴香醛、丁香醛 、果酯及其他物质。商品调味剂除含有提供特殊气味和滋味的活性物外，一般还含有如助溶剂、表面活性剂、稳定剂、载体或稀释剂、抗黏结剂等非活性的辅助剂。

饲料调味剂产品有固体和液体两种形式。液体形式的饲料调味剂为多种不同浓度的溶液，其溶剂的种类取决于活性物质的可溶性，一般有油、脂肪酸、水、丙二醇或它们的混合物。其添加方法通常是以喷雾法直接喷附在颗粒饲料表面或其饲料中，但这种添加方法对于饲料中香料的香气不能持久，故多用于浆状或液体饲料中。固体调味剂通常是以稻壳粉、玉米芯粉、麦麸粉以及蛭石等作为载体的粉状混合物。有的香料调味剂制成胶囊,可提高稳定性,延长香气持续时间。干燥固体调味剂较液体调味剂具有稳定性好,使用方便,不需喷雾设备,且易装运、贮存等优点。但液体调味剂一般较便宜、经济,添加于颗粒饲料方便、效果好。实际应用需根据需要选用。

调味剂主要用于人工乳、代乳料、补乳料和仔猪开食饲料,使仔猪不知不觉地脱离母乳,促进采食,防止断奶期间生产性能下降。添加的香料主要为乳香型、水果香型,此外还有草香、谷实香等。常加的除牛人工乳中的香源外,还有柑橘油、香兰素以及类似烧土豆、谷物类的香味都是猪所喜爱的。一般断奶前先在母猪饲料中添加,使仔猪记住香味,再加入人工乳中。开始以乳香型为主,随着日龄的增加,逐渐增加柑橘等果香味香料,后期逐渐转为炒谷物、炒黄豆香等,使其逐渐转为开食料。

八、饲料保存剂

饲料保存剂指抗氧化和防腐剂而言,向饲料添加保存剂,即可防止饲料氧化变质,腐败霉变。饲料的保存是饲料工业中不可缺少的重要环节。

(一)抗氧化剂　猪饲料中的某些成分,特别是油脂和某些维生素,容易受到空气中的O_2、饲料中的过氧化物的作用而氧化变质、失效或酸败。为了防止这种氧化作用,需加入一定量的抗氧化剂。对于仔猪日粮,特别是加入脂肪的日粮和糠麸、花生饼、菜子饼、蚕蛹等用量高的生长肥育猪日粮,一般均需添加抗氧化剂。目前经常使用的抗氧化剂有乙氧基喹啉、二丁基羟基甲苯、丁基羟基茴香醚及没食子酸丙酯等。但这些抗氧化剂不起生物抗氧化作用,它不能防止细胞中的过氧化过程。

1. 乙氧基喹啉　又称乙氧喹,商品名为山道喹,是一种黏滞的黄褐色或褐色,稍有异味的液体。极易溶于丙酮、氯仿等有机溶剂，不溶于水。一旦接触空气或受光线照射便慢慢氧化而着色，是目前饲料中应用最广泛、效果好而又经济的抗氧化剂。其添加量见表9-2。

表9-2　乙氧基喹啉在饲料中建议添加量　g/t

饲料种类	季节	添加量	饲料种类	添加量
饲用油脂	夏	500～750	鱼粉	750～1 000
	冬	250～500	苜蓿及其他青干草	150～200
动物副产品	夏	750	各种动物配合饲料维生素预混料＊	62～125
	冬	500		0.25%～5.5%

＊维生素预混料中添加量需根据其浓度而定，最终配合日粮中不得超过150 g/t。

乙氧基喹啉在最终配合日粮中的总量不得超过150 g/t。由于液体乙氧基喹啉黏滞性高，低浓度添加于粉料中很难混匀，一般将其以蛭石、氢化黑云母粉等作为吸附剂制成含量为10%～70%的乙氧基喹啉干粉剂，可均匀地混入干粉料中，且使用方便。

2. 二丁基羟基甲苯　简称BHT，为白色结晶或结晶性粉末，无味或稍有特殊气味。不溶于水和甘油，易溶于酒精、丙酮和动植物油。对热稳定，与金属离子作用不会着色，是常用的油脂抗氧化剂。可用于长期保存的油脂和含油脂较高的食品及饲料中和维生素添加剂中。用量为油脂的100～200 g/t，不得超过200 g/t，与丁基羟基茴香醚并用有相乘作用，二者总量不超过油脂的200 g/t。

3. 丁基羟基茴香醚　简称BHA，为白色或微黄褐色结晶或结晶性粉末，有特异的酚类刺激性气味。不溶于水，易溶于丙二醇、丙酮、乙醇和猪油、植物油等，对热稳定，是目前广泛使用的油脂抗氧化剂。除抗氧化外，还有较强抗菌力。250 mg/kgBHA 可以完全抑制黄曲霉毒素的产生，200 mg/kg BHA 可完全抑制饲料中青霉、黑曲霉等孢子生长。

BHA 可用做食用油脂、饲用油脂、黄油、人造黄油和维生素等的抗氧化剂。与BHA、柠檬酸、维生素C 等合用有相乘作用。其添加量为油脂的100～200 g/t,不得超过200 g/t。

由于各种抗氧化剂之间存在“增效作用”,当前的趋势是常将多种抗氧化剂混合使用,同时还要辅助地加入一些表面活性物质等,以提高其效果。

(二)防霉剂　饲料作物在其种植、管理、收获、加工、运输、贮藏及饲料加工、贮藏等环节中若处理不当或环境条件不良,很容易感染霉菌。霉菌的生长不但改变饲料的物理特性(如颜色、质地、味道或气味等),降低饲料的饲用价值,同时霉菌要产生霉菌毒素,危害饲料加工人员及动物健康。对付饲料霉变的主要措施是预防,其中包括添加防霉剂。防霉剂的作用主要是抑制霉菌的生长和毒素的产生,从而延长饲料贮藏期,但对已经生长的霉菌及产生的毒素没有抑制或降低作用。因此,对已经严重霉变的饲料添加防霉剂不会提高该饲料的饲用价值。

由于霉菌无处不在,因而所有的有机原料都会受到污染,所以只要环境允许有微生物繁殖,就要对所有饲料使用防霉剂。饲料是否需要使用防霉剂,应按霉菌滋生的可能性大小来考虑,一般在以下情况时,可考虑使用:①饲料含水量超过12%时,②空气相对湿度大于75%时,③饲料贮存期超过20 d,④气温超过22℃时,⑤饲料原料受到污染,⑥饲料用于幼龄动物等。实践中使用的防霉、防腐剂很多,如丙酸、丙酸钙、丙酸钠、山梨酸与山梨酸钾、苯甲酸与苯甲酸钠、甲酸与甲酸钠、对羟基苯甲酯、柠檬酸和柠檬酸钠、乳酸和乳酸钙、富马酸和富马酸二甲酯、脱水醋酸等。其中作为饲料添加剂常用的为丙酸及其盐类。

1. 丙酸及其盐类　主要包括丙酸钠、丙酸钙。丙酸为具有强刺激性气味的无色透明液体,对皮肤有刺激性,对容器加工设备有腐蚀性。丙酸主要作青贮饲料的防腐剂，因其有强烈的臭味，影响饲料的适口性，所以，一般不用做配合饲料的防腐剂。丙酸钙、丙酸钠均为白色结晶或颗粒状或粉末，无臭或稍有特异气味，溶于水，流动性好，使用方便，对普通钢材没有腐蚀作用，对皮肤也无刺激性，因此逐渐代替丙酸而用于饲料。在饲料中的添加量以丙酸计，一般为0.3%左右。实际添加量往往视具体情况而定。

丙酸及其盐类添加到饲料中的方法：①直接喷洒或混入饲料中；②液体的丙酸可以蛭石等为载体制成吸附型粉剂，再混入到饲料中去，这种制剂因丙酸的蒸发作用可由吸附剂缓慢释放，作用时间长，效果较前者好；③与其他防霉剂混合使用可扩大抗菌谱，增强作用效果。

2. 富马酸和富马酸二甲酯　富马酸又称延胡索酸，为无色结晶或粉末，水果酸香味。在饲料工业中，主要用做酸化剂，对仔猪有很好的促生长作用，同时对饲料也有防霉防腐作用。富马酸二甲酯(DMF)白色结晶或粉末，对微生物有广泛、高效的抑菌和杀菌作用，其特点是抗菌作用不受pH值的影响，并兼有杀虫活性。DMF的pH适用范围为3～8。在饲料中的添加量一般为0.025%～0.08%。

富马酸二甲酯的添加方法：可先溶于有机溶剂，如异丙醇、乙醇，再加入少量水及乳化剂达到完全溶解，然后用水稀释，加热除去溶剂，恢复到应稀释的体积，混于饲料中或喷洒于饲料表面。也可用载体制成预混剂。

由于大部分防霉剂的防腐作用受pH值影响，必须在特定的pH值条件下才能发挥好的作用，抗菌谱也各不相同，因此商品防毒剂已逐渐由过去的单一型转为复合型，即将不同的pH适应范围，不同抗菌谱的防霉剂按一定比例配合，以扩大适用范围，增加防霉效力。如Alltech(奥特奇)公司生产的“万保香”(霉敌粉剂)为一种含有天然香味的饲料及谷物防霉剂，主要成分有：丙酸、丙酸铵及其他丙酸盐（丙酸总量不少于25.2%），其他还含有乙酸、苯甲酸、山梨酸、富马酸。因有香味，除防霉外，还可增加饲料香味，增进食欲。其添加量为100～500 g/t，特殊情况下可添加1 000～2 000 g/t。

第十章 猪的饲养标准

第一节 猪饲养标准的概念和作用

一、饲养标准的概念

是指猪在一定生理生产阶段，为达到某一生产水平和效率，每头每日供给的各种营养物质的种类和数量或每千克饲粮各种营养物质含量或百分比。它加有安全系数(高于最低营养需要)，并附有相应饲料成分及营养价值表。

二、营养需要的概念

(一)营养需要　指猪对各种营养物质的最低需要量，它反映的是群体平均需要量，未加安全系数。生产实际中应根据具体情况适当上调，满足猪对各种营养物质的实际需要量。

(二)营养供给量　是根据猪的最低营养需要量、结合生产实际、加上保险系数后的人为供应量。它能保证群体大多数猪只的营养需要得到满足，安全系数过高也容易造成浪费。

三、饲养标准的作用

饲养标准的用途主要是作为配合日粮、检查日粮以及对饲料厂产品检验的依据。它对于合理有效利用各种饲料资源、提高配合饲料质量、提高养猪生产水平和饲料效率、促进整个饲料行业和养殖业的快速发展具有重要作用。

第二节　饲养标准的来历

猪的饲养标准是以营养科学的理论为基础,以科学试验和生产实践的结果为依据制定的,而且经过广泛的中间试验和生产实践的验证和进一步的修改。所以,猪的饲养标准是近代营养、饲养科学技术发展总结和生产实践经验总结的总结。它既有营养需要科学性的一面,又有切合实际的一面,它是理论与实际结合的产物,具有很高的科学性和实用性。

世界上许多国家都制定有本国猪的饲养标准,例如我国1983年制定的中国《肉脂型猪的饲养标准》,1984年制定的中国《瘦肉型生长肥育猪的饲养标准》;美国国家研究委员会(NRC)1944年发表的第一版《猪的营养需要》,美国国家研究委员会(NRC)1998年发表的第十版《猪的营养需要》;英国农业科委(ARC)1981年发表的第二版《猪的营养需要》。

第三节　饲养标准的形式和内容

在形式上,具有代表性的饲养标准有美国NRC《猪的营养需要》,英国ARC《猪的营养需要》,中国《肉脂型猪的饲养标准》等,营养需要和饲养标准的区别是前者是最低需要量,未加保险系数,后者是实际生产条件下的营养需要,加有保险系数。

在内容上,实际上是指指标多少和水平高低的问题。所谓指标是指饲养标准中所规定营养需要的项目多少,而水平是指各指标量的高低。

饲养标准的内容和形式,在一定的时间内的变化基本是大同小异,但随着科学技术的发展和生产的要求,形式是从简单到复杂，指标是由少到多。

第四节　正确认识和应用饲养标准

一、饲养标准的普遍性和特殊性

世界各国制定饲养标准都依据共同的营养、饲养科学的理论基础和试验手段，所以饲养标准的基本原理和基本内容有许多共同之点，一个国家的饲养标准往往被另一些国家所采用，或作为借鉴用以制定自己国家的饲养标准，所以饲养标准具有普遍性，能够适用于较广泛的地区。

但是，由于各国的社会制度、生产体系、管理条件、生产目标、饲养资源、动物种质、环境条件等方面存在差异，各国的饲养标准就不同程度地反映本国的特点，适应本国的情况，所以，饲养标准又具有明显的地域性和特殊性。而且饲养标准是在一定的科学发展水平的历史背景下产生的，它的制定受营养、饲养科学发展水平的约束，随着科学技术的发展，饲养标准的科学合理性也将不断提高。所以，在应用饲养标准时应给予适当考虑。

二、饲养标准的原则性与灵活性

猪的饲养标准是以营养科学的理论为基础，以科学试验和生产实践的结果为依据制定的。饲养标准的制定经历了一个由个别到一般的过程，舍弃了各种具体的、复杂多样的偶然因素，反映的是一种一般的、群体的平均数，具有高度的概括性和原则性。饲养标准的制定，一方面使饲料工业生产配合饲料有章可循，另一方面使畜牧工作者饲养猪种有据可依，因此，在饲养实践中应力求按照饲养标准配制日粮，检测日粮，提高配合饲料质量，坚持饲养标准的原则性。然而，在具体应用饲养标准时，则应尽可能考虑所饲养的品种、所处的环境条件、所能达到的饲养管理水平等具体情况，经历一个由一般到个别的过程，根据生产条件的具体情况和实际应用后的效果对饲养标准加以适当调整，灵活应用，不可生搬硬套，从而使饲养标准更加切合当时、当地以及某一猪种的具体生产实际。

第五节　猪的饲养标准

一、中国猪的饲养标准

（1）瘦肉型生长肥育猪每千克饲粮养分含量（中国）（表10-1）。

（2）瘦肉型生长肥育猪每日每头营养需要量（中国）（表10-2）。

（3）肉脂型后备猪每千克饲粮养分含量（表10-3）。

（4）肉脂型种母猪与种公猪每千克饲粮养分含量（表10-4）。

（5）肉脂型妊娠母猪每日每头营养需要量（表10-5）。

（6）肉脂型哺乳母猪与种公猪每日每头营养需要量（表10-6）。

二、美国NRC猪的营养需要和饲养标准

（1）瘦肉型生长肥育猪每千克饲粮养分含量（表10-7）。

（2）瘦肉型生长肥育猪每日每头营养需要量（表10-8）。

（3）种母猪与种公猪饲养标准（表10-9）。

（4）妊娠母猪每千克饲粮总氨基酸与可消化氨基酸含量（表10-10）。

（5）哺乳母猪每千克饲粮总氨基酸与可消化氨基酸含量（10-11）。

第六节　中国猪常用饲料成分及营养价值表

一、饲料描述及常规成分（附表1）

二、有效能及矿物质（附表2）

三、氨基酸（附表3）

四、猪饲料真和/或表观氨基酸利用率参考值（附表4）

五、常用矿物质饲料添加剂中的元素含量（附表5）

表10-1 瘦肉型生长肥育猪每千克饲粮养分含量(中国)

项 目	体 重(kg)				
	1～5	5～10	10～20	20～60	60～90
预期日增重(g)	160	280	420	550	700
日采食风干料量(kg)	0.20	0.40	0.91	1.69	2.71
消化能(MJ)	16.74	15.15	13.85	12.97	12.97
(Mcal)	4.00	3.62	3.31	3.10	3.10
代谢能(MJ)	15.15	13.85	12.76	12.47	12.47
(Mcal)	3.62	3.31	3.05	2.98	2.98
粗蛋白质(%)	27	22	19	16	14
赖氨酸(%)	1.40	1.00	0.78	0.75	0.63
蛋氨酸+胱氨酸(%)	0.80	0.59	0.51	0.38	0.32
苏氨酸(%)	0.80	0.59	0.51	0.45	0.38
异亮氨酸(%)	0.90	0.67	0.55	0.41	0.34
精氨酸(%)	0.36	0.26	0.23	0.23	0.18
钙(%)	1.00	0.83	0.64	0.60	0.50
磷(%)	0.80	0.63	0.54	0.50	0.40
食盐(%)	0.25	0.26	0.23	0.23	0.25
铁(mg)	165	146	78	110	90
锌(mg)	110	104	78	110	90
铜(mg)	6.50	6.30	4.90	4.36	3.75
锰(mg)	4.50	4.10	3.00	2.18	2.50
碘(mg)	0.15	0.15	0.14	0.14	0.14
硒(mg)	0.15	0.17	0.25	0.30	0.28
维生素A(IU)	2 380	2 276	1 718	1 230	1 225
维生素D(IU)	240	228	197	189	118
维生素E(IU)	12	11	11	10	10
维生素K(mg)	2.20	2.20	2.90	2.50	2.10
维生素 B_1(mg)	1.50	1.30	1.10	1.00	1.00
维生素 B_2(mg)	3.30	3.10	2.90	2.50	2.10
烟酸(mg)	24	23	18	13	9
泛酸(mg)	15.00	13.40	10.80	10.00	10.00
生物素(mg)	0.15	0.11	0.10	0.09	0.09
叶酸(mg)	0.65	0.68	0.59	0.57	0.57
维生素 B_{12}(μg)	24	23	15	10	10

表 10-2　瘦肉型生长肥育猪每日每头营养需要量(中国)

项　目	体　重(kg)				
	1～5	5～10	10～20	20～60	60～90
预期日增重(g)	160	280	420	550	700
日采食风干料量(kg)	0.20	0.40	0.91	1.69	2.71
消化能(MJ)	3.35	7.00	12.59	21.92	35.15
(Mcal)	0.80	1.67	3.00	5.23	8.40
代谢能(MJ)	3.00	6.70	11.62	21.07	33.80
(Mcal)	0.72	1.60	2.78	5.04	8.08
粗蛋白质(g)	54	101	173	270	379
赖氨酸(g)	2.80	4.60	7.10	12.70	17.10
蛋氨酸+胱氨酸(g)	1.60	2.70	4.60	6.40	8.70
苏氨酸(g)	1.60	2.70	4.60	7.60	10.30
异亮氨酸(g)	1.80	3.10	5.00	6.90	9.20
精氨酸(g)	0.70	1.20	2.09	3.90	4.90
钙(g)	2.00	3.80	5.80	10.10	13.60
磷(g)	1.60	2.90	4.90	8.50	10.80
食盐(g)	0.50	1.20	2.10	3.90	6.80
铁(mg)	33	67	71	101	136
锌(mg)	22	48	71	186	244
铜(mg)	1.30	2.90	4.50	7.90	10.20
锰(mg)	0.90	1.90	2.70	3.70	6.80
碘(mg)	0.03	0.07	0.13	0.24	0.38
硒(mg)	0.03	0.08	0.23	0.51	0.33
维生素A(IU)	480	1 050	1 560	2 800	3 320
维生素D(IU)	50	105	179	319	320
维生素E(IU)	2.40	5.10	10.00	16.90	27.10
维生素K(mg)	0.44	1.0	2.00	3.40	5.40
维生素B_1(mg)	0.30	0.60	1.00	1.69	2.70
维生素B_2(mg)	0.66	1.40	2.60	4.20	5.70
烟酸(mg)	4.80	10.60	16.40	22.00	24.90
泛酸(mg)	3.00	6.20	9.80	16.90	27.10
生物素(mg)	0.03	0.05	0.09	0.15	0.24
叶酸(mg)	0.13	0.30	0.54	0.96	1.54
维生素B_{12}(μg)	4.80	10.60	13.70	16.90	27.10

表10-3　肉脂型后备猪每千克饲粮养分含量(中国)

项　目	小　型			大　型		
体重(kg)	1～20	20～35	35～60	20～35	35～60	60～90
预期日增重(g)	320	380	360	400	480	440
日采食风干料量(kg)	0.90	1.20	1.70	1.26	1.80	2.10
消化能(MJ)	12.55	12.55	12.13	12.55	12.34	12.13
(Mcal)	3.00	3.00	2.90	3.00	2.95	2.90
代谢能(MJ)	11.63	11.72	11.34	11.63	11.51	11.34
(Mcal)	2.77	2.80	2.71	2.77	2.75	2.71
粗蛋白质(%)	13	14	13	16	14	13
赖氨酸(%)	0.70	0.62	0.52	0.62	0.53	0.48
蛋氨酸+胱氨酸(%)	0.45	0.40	0.34	0.40	0.35	0.34
苏氨酸(%)	0.45	0.40	0.34	0.40	0.34	0.31
异亮氨酸(%)	0.50	0.45	0.38	0.45	0.38	0.34
钙(%)	0.6	0.6	0.6	0.6	0.6	0.6
磷(%)	0.5	0.5	0.5	0.5	0.5	0.5
食盐(%)	0.4	0.4	0.4	0.4	0.4	0.4
铁(mg)	71	53	43	53	44	38
锌(mg)	71	53	43	53	44	38
铜(mg)	5	4	3	4	3	3
锰(mg)	2	2	2	2	2	2
碘(mg)	0.14	0.14	0.14	0.14	0.14	0.14
硒(mg)	0.15	0.15	0.15	0.15	0.15	0.15
维生素A(IU)	1 560	1 250	1 120	1 160	1 120	1110
维生素D(IU)	178	178	130	178	130	115
维生素E(IU)	10	10	10	10	10	10
维生素K(mg)	2	2	2	2	2	2
维生素B_1(mg)	1	1	1	1	1	1
维生素B_2(mg)	2.7	2.3	2.0	2.3	2.0	1.9
烟酸(mg)	16	12	10	12	10	9
泛酸(mg)	10	10	10	10	10	10
生物素(mg)	0.09	0.09	0.09	0.09	0.09	0.09
叶酸(mg)	0.5	0.5	0.5	0.5	0.5	0.5
维生素B_{12}(μg)	13.0	10.0	10.0	10.0	10.0	10.0

表 10-4 肉脂型种母猪与种公猪每千克饲粮养分含量(中国)

项　目	妊娠前期	妊娠后期	哺乳期	种公猪
消化能(MJ)	11.72	11.72	12.13	12.55
(Mcal)	2.80	2.80	2.90	3.00
代谢能(MJ)	11.09	11.09	11.72	12.05
(Mcal)	2.65	2.65	2.80	2.88
粗蛋白质(%)	11.0	12.0	14	14.0
赖氨酸(%)	0.35	0.36	0.50	0.38
蛋氨酸+胱氨酸(%)	0.19	0.19	0.31	0.20
苏氨酸(%)	0.28	0.28	0.37	0.30
异亮氨酸(%)	0.31	0.31	0.33	0.33
钙(%)	0.61	0.61	0.64	0.66
磷(%)	0.49	0.49	0.46	0.53
食盐(%)	0.32	0.32	0.44	0.35
铁(mg)	65	65	70	71
锌(mg)	42	42	44	44
铜(mg)	4.0	4.0	4.4	5.0
锰(mg)	8	8	8	9
碘(mg)	0.11	0.11	0.12	0.12
硒(mg)	0.13	0.13	0.09	0.13
维生素A(IU)	3 200	3 300	1 700	3 531
维生素D(IU)	160	160	172	177
维生素E(IU)	8	8	9	8.9
维生素K(mg)	1.7	1.7	1.7	1.8
维生素B_1(mg)	0.8	0.8	0.9	0.9
维生素B_2(mg)	2.5	2.5	2.6	2.6
烟酸(mg)	8.0	8.0	9	8.9
泛酸(mg)	9.7	9.8	10	10.6
生物素(mg)	0.08	0.08	0.09	0.09
叶酸(mg)	0.5	0.5	0.5	0.52
维生素B_{12}(μg)	12.0	13.0	13.0	13.3

表 10-5 肉脂型妊娠母猪每日每头营养需要量(中国)

项 目	妊娠前期				妊娠后期			
体重(kg)	<90	90～120	120～150	>150	<90	90～120	120～150	>150
日采食风干料量(kg)	1.50	1.70	1.90	2.00	2.00	2.20	2.40	2.50
消化能(MJ)	17.57	19.92	22.26	23.43	23.43	25.77	28.12	29.29
(Mcal)	4.20	4.76	5.32	5.60	5.60	6.16	6.72	7.00
代谢能(MJ)	10.65	18.87	21.09	22.18	22.18	24.39	26.61	27.81
(Mcal)	2.55	4.51	5.04	5.30	5.30	5.83	6.36	6.65
粗蛋白质(g)	165	187	209	220	240	264	288	300
赖氨酸(g)	5.3	6.00	6.70	7.00	7.20	7.90	8.60	9.00
蛋氨酸+胱氨酸(g)	2.90	3.20	3.60	3.80	3.80	4.20	4.50	4.70
苏氨酸(g)	4.20	4.80	5.30	5.60	5.60	6.20	6.70	7.00
异亮氨酸(g)	4.70	5.30	5.90	6.20	6.20	6.80	7.40	7.80
钙(g)	9.2	10.4	11.6	12.2	12.2	13.4	14.6	15.3
磷(g)	7.4	8.3	9.3	9.8	9.8	10.8	11.8	12.3
食盐(g)	4.8	5.4	6.1	6.4	6.4	7.0	8.0	8.0
铁(mg)	98	111	124	130	130	143	156	163
锌(mg)	63	71	80	84	84	92	101	105
铜(mg)	6	7	8	8	8	9	10	10
锰(mg)	12	14	15	16	16	18	19	20
碘(mg)	0.16	0.18	0.12	0.22	0.22	0.24	0.27	0.28
硒(mg)	0.20	0.22	0.25	0.26	0.26	0.29	0.31	0.33
维生素A(IU)	4 800	5 440	6 100	6 400	6 600	7 260	7 920	8 250
维生素D(IU)	240	272	304	320	320	352	384	400
维生素E(IU)	12	14	15	16	16	18	19	20
维生素K(mg)	2.6	2.9	3.2	3.4	3.4	3.7	4.1	4.3
维生素B_1(mg)	1.2	1.4	1.5	1.6	1.6	1.8	1.9	2.0
维生素B_2(mg)	3.8	4.3	4.8	5.0	5.0	5.5	6.0	6.3
烟酸(mg)	12.0	14.0	15.0	16.0	16.0	18.0	19.0	20.0
泛酸(mg)	14.6	16.5	18.4	19.4	19.6	21.6	23.5	24.5
生物素(mg)	0.12	0.14	0.15	0.16	0.16	0.18	0.20	0.20
叶酸(mg)	0.75	0.85	0.95	1.04	1.01	1.01	1.20	1.30
维生素B_{12}(μg)	12	20	23	24	24	29	31	33

表10-6 肉脂型哺乳母猪与种公猪每日每头营养需要量(中国)

项 目	哺乳母猪				种公猪		
体重(kg)	<90	90～120	120～150	>150	<90	90～120	120～150
日采食风干料量(kg)	4.80	5.00	5.20	5.30	1.40	1.90	2.30
消化能(MJ)	58.24	60.67	63.10	64.31	17.57	23.85	28.87
(Mcal)	13.92	14.50	15.08	15.37	4.20	5.70	6.90
代谢能(MJ)	56.23	58.58	60.92	62.09	16.86	22.89	27.70
(Mcal)	13.44	14.00	14.56	14.84	4.03	5.47	6.62
粗蛋白质(g)	672	700	728	742	196	228	276
赖氨酸(g)	24	25	26	27	5.3	7.2	8.7
蛋氨酸+胱氨酸(g)	14.9	15.5	16.1	16.4	3.1	3.8	4.6
苏氨酸(g)	17.8	18.5	19.2	19.6	4.2	5.7	6.9
异亮氨酸(g)	15.8	16.5	17.2	17.5	4.6	6.3	7.6
钙(g)	30.7	32.0	33.3	33.9	9.2	12.5	15.2
磷(g)	21.6	22.5	23.4	23.9	7.4	10.1	12.2
食盐(g)	21.1	22.0	22.9	23.3	5.0	6.7	8.1
铁(mg)	336	350	364	371	99	135	163
锌(mg)	211	220	229	233	62	84	101
铜(mg)	21	22	23	23	7	10	12
锰(mg)	38	40	42	42	13	17	21
碘(mg)	0.58	0.60	0.62	0.46	0.17	0.23	0.28
硒(mg)	0.43	0.45	0.47	0.48	0.18	0.25	0.30
维生素A(IU)	8 160	8 500	8 840	9 010	4 943	6 709	8 121
维生素D(IU)	826	860	894	912	248	336	407
维生素E(IU)	38	40	42	42	12.5	16.9	20.5
维生素K(mg)	8.0	8.5	8.8	9.0	2.5	3.4	4.1
维生素B_1(mg)	4.3	4.5	4.7	4.8	1.3	1.7	2.1
维生素B_2(mg)	12.5	13.0	13.5	13.8	3.6	4.9	6.0
烟酸(mg)	43.0	15.0	47.0	48.0	12.5	16.9	20.5
泛酸(mg)	48.0	50.0	52.0	53.0	14.8	20.1	24.4
生物素(mg)	0.43	0.45	0.47	0.48	0.13	0.17	0.21
叶酸(mg)	2.4	2.5	2.6	2.7	0.73	1.00	1.20
维生素B_{12}(μg)	62	65	68	69	18.6	25.4	30.6

二、美国NRC猪的营养需要和饲养标准(90%干物质)(第十版)

表10-7 瘦肉型生长肥育猪每千克饲粮养分含量(NRC)

项 目	体 重(kg)					
	3~5	5~10	10~20	20~50	50~80	80~120
消化能(kJ/kg)	14 212	14 212	14 212	14 212	14 212	14 212
代谢能(kJ/kg)	13 647.7	13 647.7	13 647.7	13 647.7	13 647.7	13 647.7
粗蛋白质(%)	26.0	23.7	20.9	18.0	15.5	13.2
消化能摄入量(kJ/d)	3 573.9	8 192.8	14 212	26 354.9	36 616.8	43 681
日采食风干料量(g/d)	250	500	1 000	1 855	2 575	3 075
钙(%)	0.90	0.80	0.70	0.60	0.50	0.45
总磷(%)	0.70	0.65	0.60	0.50	0.45	0.40
有效磷(%)	0.55	0.40	0.32	0.23	0.19	0.15
钠(%)	0.25	0.20	0.15	0.10	0.10	0.10
氯(%)	0.25	0.20	0.15	0.08	0.08	0.08
镁(%)	0.04	0.04	0.04	0.04	0.04	0.04
钾(%)	0.30	0.28	0.26	0.23	0.19	0.17
铜(mg)	6.00	6.00	5.00	4.00	3.50	3.00
碘(mg)	0.14	0.14	0.14	0.14	0.14	0.14
铁(mg)	100	100	80	60	50	40
锰(mg)	4.00	4.00	3.00	2.00	2.00	2.00
硒(mg)	0.30	0.30	0.25	0.15	0.15	0.15
锌(mg)	100	100	80	60	50	50
维生素A(IU)	2 200	2 200	1 750	1 300	1 300	1 300
维生素D(IU)	220	220	200	150	150	150
维生素E(IU)	16	16	11	11	11	11
维生素K(mg)	0.50	0.50	0.50	0.50	0.50	0.50
生物素(mg)	0.08	0.05	0.05	0.05	0.05	0.05
胆碱(g)	0.60	0.50	0.40	0.30	0.30	0.30
叶酸(mg)	0.30	0.30	0.30	0.30	0.30	0.30
可利用尼克酸(mg)	20.00	15.00	12.50	10.00	7.00	7.00
泛酸(mg)	12.00	10.00	9.00	8.00	7.00	7.00
核黄素(mg)	4.00	3.50	3.00	2.50	2.00	2.00
维生素B_1(mg)	1.50	1.00	1.00	1.00	1.00	1.00
维生素B_6(mg)	2.00	1.50	1.50	1.00	1.00	1.00
维生素B_{12}(μg)	20.00	17.50	15.00	10.00	5.00	5.00

续表 10-7

项　目	体　重(kg)					
	3～5	5～10	10～20	20～50	50～80	80～120
	以总氨基酸为基础(%)					
精氨酸	0.59	0.54	0.46	0.37	0.27	0.19
组氨酸	0.48	0.43	0.36	0.30	0.24	0.19
异亮氨酸	0.83	0.73	0.63	0.51	0.42	0.33
亮氨酸	1.50	1.32	1.12	0.90	0.71	0.54
赖氨酸	1.50	1.35	1.15	0.95	0.75	0.60
蛋氨酸＋胱氨酸	0.86	0.76	0.65	0.54	0.44	0.35
苯丙氨酸＋酪氨酸	1.41	1.25	1.06	0.87	0.70	0.55
苏氨酸	0.98	0.86	0.74	0.61	0.51	0.41
色氨酸	0.27	0.24	0.21	0.17	0.14	0.11
缬氨酸	1.04	0.92	0.79	0.64	0.52	0.40
	以真回肠可消化氨基酸为基础(%)					
精氨酸	0.54	0.49	0.42	0.33	0.24	0.16
组氨酸	0.43	0.38	0.32	0.26	0.21	0.16
异亮氨酸	0.73	0.65	0.55	0.45	0.37	0.29
亮氨酸	1.35	1.20	1.02	0.83	0.67	0.51
赖氨酸	1.34	1.19	1.01	0.83	0.66	0.52
蛋氨酸＋胱氨酸	0.76	0.68	0.58	0.47	0.39	0.31
苯丙氨酸＋酪氨酸	1.26	1.12	0.95	0.78	0.63	0.49
苏氨酸	0.84	0.74	0.63	0.52	0.43	0.34
色氨酸	0.24	0.22	0.18	0.15	0.12	0.10
缬氨酸	0.91	0.81	0.69	0.56	0.45	0.35
	以表观回肠可消化氨基酸为基础(%)					
精氨酸	0.51	0.46	0.39	0.31	0.22	0.14
组氨酸	0.40	0.36	0.31	0.25	0.20	0.16
异亮氨酸	0.69	0.61	0.52	0.42	0.34	0.26
亮氨酸	1.29	1.15	0.98	0.80	0.64	0.50
赖氨酸	1.26	1.11	0.94	0.77	0.61	0.47
蛋氨酸＋胱氨酸	0.71	0.63	0.53	0.44	0.36	0.29
苯丙氨酸＋酪氨酸	1.18	1.05	0.89	0.72	0.58	0.45
苏氨酸	0.75	0.66	0.56	0.46	0.37	0.30
色氨酸	0.22	0.19	0.16	0.13	0.10	0.08
缬氨酸	0.84	0.74	0.63	0.51	0.41	0.32

表 10-8 瘦肉型生长肥育猪每日每头营养需要量(NRC)

项 目	体 重(kg)					
	3～5	5～10	10～20	20～50	50～80	80～120
消化能(kJ/kg)	14 212	14 212	14 212	14 212	14 212	14 212
代谢能(kJ/kg)	13 647.7	13 647.7	13 647.7	13 647.7	13 647.7	13 647.7
粗蛋白质(%)	26.0	23.7	20.9	18.0	15.5	13.2
消化能摄入量(kJ/d)	3 573.9	8 192.8	14 212	26 354.9	36 616.8	43 681
代谢能摄入量(kJ/d)	3 427.6	6 771.6	7 364.77	25 289	35 153.8	41 925.4
采食风干料量(g/d)	250	500	1 000	1 855	2 575	3 075
钙(g)	2.25	4.00	7.00	11.13	12.88	13.84
总磷(g)	1.75	3.25	6.00	9.28	11.59	12.30
有效磷(g)	1.38	2.00	3.20	4.27	4.89	4.61
钠(g)	0.63	1.00	1.50	1.86	2.58	3.08
氯(g)	0.63	1.00	1.50	1.48	2.06	2.46
镁(g)	0.10	0.20	0.40	0.74	1.03	1.23
钾(g)	0.75	1.40	2.60	4.27	4.89	5.23
铜(mg)	1.50	3.00	5.00	7.42	9.01	9.23
碘(mg)	0.04	0.07	0.14	0.26	0.36	0.43
铁(mg)	25.00	50.00	80.00	111.3	129.8	123.0
锰(mg)	1.00	2.00	3.00	3.71	5.15	6.15
硒(mg)	0.08	0.15	0.25	0.28	0.39	0.46
锌(mg)	25.00	50.00	80.00	111.3	129.8	153.8
维生素A(IU)	550	1 100	1 750	2 412	3 348	3 998
维生素D(IU)	55	110	200	278	386	461
维生素E(IU)	4	8	11	20	28	34
维生素K(mg)	0.13	0.25	0.50	0.93	1.29	1.54
生物素(mg)	0.02	0.03	0.05	0.09	0.13	0.15
胆碱(g)	0.15	0.25	0.40	0.56	0.77	0.92
叶酸(mg)	0.08	0.15	0.30	0.56	0.77	0.92
可利用尼克酸(mg)	5.00	7.50	12.50	18.55	18.03	21.53
泛酸(mg)	3.00	5.00	9.00	14.84	18.03	21.53
核黄素(mg)	1.00	1.75	3.00	4.64	5.15	6.15
维生素B_1(mg)	0.38	0.50	1.00	1.86	2.58	3.08
维生素B_6(mg)	0.50	0.75	1.50	1.86	2.58	3.08
维生素B_{12}(μg)	5.00	8.75	15.00	18.55	12.88	15.38

续表10-8

项 目	体 重(kg)					
	3～5	5～10	10～20	20～50	50～80	80～120
			以总氨基酸为基础(g/d)			
精氨酸	1.5	2.7	4.6	6.8	7.1	5.7
组氨酸	1.2	2.1	3.7	5.6	6.3	5.9
异亮氨酸	2.1	3.7	6.3	9.5	10.7	10.1
亮氨酸	3.8	6.6	11.2	16.8	18.4	16.6
赖氨酸	3.8	6.7	11.5	17.5	19.7	18.5
蛋氨酸+胱氨酸	2.2	3.8	6.5	9.9	11.3	10.8
苯丙氨酸+酪氨酸	3.5	6.2	10.6	16.1	18.0	16.8
苏氨酸	2.5	4.3	7.4	11.3	13.0	12.6
色氨酸	0.7	1.2	2.1	3.2	3.6	3.4
缬氨酸	2.6	4.6	7.9	11.9	13.3	12.4
			以真回肠可消化氨基酸为基础(g/d)			
精氨酸	1.4	2.4	4.2	6.1	6.2	4.8
组氨酸	1.1	1.9	3.2	4.9	5.5	5.1
异亮氨酸	1.8	3.2	5.5	8.4	9.4	8.8
亮氨酸	3.4	5.9	10.3	15.5	17.2	15.8
赖氨酸	3.4	5.9	10.1	15.3	17.1	15.8
蛋氨酸+胱氨酸	1.9	3.4	5.8	8.8	10.0	10.8
苯丙氨酸+酪氨酸	3.2	5.5	9.5	14.4	16.1	15.1
苏氨酸	2.1	3.7	6.3	9.7	11.01	10.5
色氨酸	0.6	1.1	1.9	2.8	3.1	2.9
缬氨酸	2.3	4.0	6.9	10.4	11.6	10.8
			以表观回肠可消化氨基酸为基础(g/d)			
精氨酸	1.3	2.3	3.9	5.7	5.7	4.3
组氨酸	1.0	1.8	3.1	4.6	5.2	4.8
异亮氨酸	1.7	3.0	5.2	7.8	8.7	8.0
亮氨酸	3.2	5.7	9.8	14.8	16.5	15.3
赖氨酸	3.2	5.5	9.4	14.2	15.8	14.4
蛋氨酸+胱氨酸	1.8	3.1	5.3	8.2	9.3	8.8
苯丙氨酸+酪氨酸	3.0	5.2	8.9	13.4	15.0	13.9
苏氨酸	1.9	3.3	5.6	8.5	9.6	9.1
色氨酸	0.5	1.0	1.6	2.4	2.7	2.5
缬氨酸	2.1	3.7	6.3	9.5	10.6	9.8

表 10-9　种母猪与种公猪饲养标准(NRC)

项　目	每千克饲粮养分含量			每日每头营养需要量		
	妊娠	泌乳	公猪	妊娠	泌乳	公猪
消化能(kJ/kg)	14 212	14 212	14 212	14 212	14 212	14 212
代谢能(kJ/kg)	13 647.7	13 647.7	13 647.7	13 647.7	13 647.7	13 647.7
粗蛋白质(%)	12.80	17.50	13.0	12.80	17.50	13.0
消化能摄入量(kJ/d)	26 292.2	74 613	28 424	26 292.2	74 613	28 424
代谢能摄入量(kJ/d)	25 247.2	71 624.3	27 295.4	25 247.2	71 624.3	27 295.4
采食风干料量(kg/d)	1.85	5.25	2.00	1.85	5.25	2.00
钙(%)	0.75	0.75	0.75	13.9 g	39.4 g	15.0 g
总磷(%)	0.60	0.60	0.60	11.1 g	31.5 g	12.0 g
有效磷(%)	0.35	0.35	0.35	6.5 g	18.4 g	7.0 g
钠(%)	0.15	0.20	0.15	2.8 g	10.5 g	3.0 g
氯(%)	0.12	0.16	0.12	2.2 g	8.4 g	2.4 g
镁(%)	0.04	0.04	0.04	0.7 g	2.1 g	0.8 g
钾(%)	0.20	0.20	0.20	3.7 g	10.5 g	4.0 g
铜(mg)	5.00	5.00	5	9.3	26.3	10
碘(mg)	0.14	0.14	0.14	0.3	0.7	0.28
铁(mg)	80	80	80	148	420	160
锰(mg)	20	20	20	37	105	40
硒(mg)	0.15	0.15	0.15	0.3	0.8	0.3
锌(mg)	50	50	50	93	263	100
维生素 A(IU)	4 000	2 000	4 000	7 400	10 500	8 000
维生素 D(IU)	200	200	200	370	1 050	400
维生素 E(IU)	44	44	44	81	231	88
维生素 K(mg)	0.5	0.5	0.50	0.9	2.6	1.0
生物素(mg)	0.20	0.20	0.20	0.4	1.1	0.4
胆碱(g)	1.25	1.00	1.25	2.3	5.3	2.5
叶酸(mg)	1.30	1.30	1.30	2.4	6.8	2.6
可利用尼克酸(mg)	10	10	10	19	53	20
泛酸(mg)	12	12	12	22	63	24
核黄素(mg)	3.75	3.75	3.75	6.9	19.7	7.5
维生素 B_1(mg)	1.00	1.00	1.0	1.9	5.3	2.0
维生素 B_6(mg)	1.00	1.00	1.0	1.9	5.3	2.0
维生素 B_{12}(μg)	15	15	15	2.8	79	30

表 10-10 妊娠母猪每千克饲粮总氨基酸与可消化氨基酸含量(NRC)

配种体重(kg)	125	150	175	200	200	200
妊娠期体增重(kg)	55	45	40	35	30	35
预期窝产仔数(头)	11	12	12	12	12	14
消化能(kJ/kg)	14 212	14 212	14 212	14 212	14 212	14 212
代谢能(kJ/kg)	13 647.7	13 647.7	13 647.7	13 647.7	13 647.7	13 647.7
粗蛋白质(%)	12.9	12.8	12.4	12.0	12.1	12.4
消化能摄入量(kJ/d)	27 838.8	26 187.7	26 772.9	27 316.3	25 560.7	26 229.5
代谢能摄入量(kJ/d)	26 731.1	25 142.7	25 707	26 229.5	24 536.6	25 184.5
采食风干料量(kg/d)	1.96	1.84	1.88	1.92	1.80	1.85
			以总氨基酸为基础(%)			
精氨酸	1.3	0.5	0.0	0.0	0.0	0.0
组氨酸	3.6	3.4	3.3	3.2	3.0	3.2
异亮氨酸	6.4	6.0	5.9	5.7	5.4	5.8
亮氨酸	9.9	9.0	8.6	8.2	7.7	8.3
赖氨酸	11.4	10.6	10.3	9.9	9.4	10.0
蛋氨酸+胱氨酸	7.3	7.0	6.9	6.8	6.5	6.9
苯丙氨酸+酪氨酸	10.6	9.9	9.6	9.4	8.9	9.5
苏氨酸	8.6	8.3	8.3	8.2	7.8	8.3
色氨酸	2.2	2.0	2.0	1.9	1.8	2.0
缬氨酸	7.6	7.0	6.8	6.6	6.2	6.7
			以真回肠可消化氨基酸为基础(%)			
精氨酸	0.8	0.1	0.0	0.0	0.0	0.0
组氨酸	3.1	2.9	2.8	2.7	2.5	2.7
异亮氨酸	5.6	5.2	5.1	5.0	4.7	8.1
亮氨酸	9.4	8.7	8.3	7.9	7.4	8.1
赖氨酸	9.7	9.0	8.7	8.4	7.9	8.5
蛋氨酸+胱氨酸	6.4	6.1	6.1	6.0	5.7	6.1
苯丙氨酸+酪氨酸	9.5	8.9	8.6	8.4	7.9	8.5
苏氨酸	7.3	7.0	6.9	6.9	6.6	7.0
色氨酸	1.9	1.8	1.7	1.7	1.6	1.7
缬氨酸	6.6	6.1	5.9	5.7	5.4	5.8

续表10-10

配种体重	125	150	175	200	200	200
妊娠期体增重(kg)	55	45	40	35	30	35
预期窝产仔数(头)	11	12	12	12	12	14
			以表观回肠可消化氨基酸为基础(%)			
精氨酸	0.6	0.0	0.0	0.0	0.0	0.0
组氨酸	2.9	2.7	2.6	2.5	2.4	2.6
异亮氨酸	5.1	4.8	4.7	4.5	4.3	4.6
亮氨酸	9.2	8.4	8.1	7.7	7.3	7.9
赖氨酸	8.9	8.2	7.9	7.6	7.2	7.7
蛋氨酸+胱氨酸	6.0	5.7	5.7	5.6	5.3	5.7
苯丙氨酸+酪氨酸	8.8	8.2	8.0	7.7	7.3	7.9
苏氨酸	6.3	6.0	6.0	6.0	5.7	6.1
色氨酸	1.6	1.5	1.4	1.4	1.3	1.4
缬氨酸	6.0	5.6	5.4	5.2	4.9	5.3

表10-11 哺乳母猪每千克饲粮总氨基酸与可消化氨基酸含量(NRC)

母猪产后体重(kg)	175	175	175	175	175	175
泌乳期体重变化(kg)	0	0	0	−10	−10	−10
仔猪日增重(g)	150	200	250	150	200	250
消化能(kJ/kg)	1 4212	1 4212	1 4212	1 4212	1 4212	1 4212
代谢能(kJ/kg)	13 647.7	13 647.7	13 647.7	13 647.7	13 647.7	13 647.7
粗蛋白质(%)	16.3	17.5	18.4	17.2	18.5	19.2
消化能摄入量(kJ/d)	14 645	18 205	21 765	12 120	15 680	19 240
代谢能摄入量(kJ/d)	14 060	17 475	20 895	11 635	15 055	18 470
采食风干料量(kg/d)	4.31	5.35	6.40	3.56	4.61	5.66
			以总氨基酸为基础(%)			
精氨酸	0.40	0.48	0.54	0.39	0.49	0.55
组氨酸	0.32	0.36	0.38	0.34	0.38	0.40
异亮氨酸	0.45	0.50	0.53	0.50	0.54	0.57
亮氨酸	0.86	0.97	1.05	0.95	1.05	1.12
赖氨酸	0.82	0.91	0.97	0.89	0.97	1.03

续表 10-11

母猪产后体重(kg)	175	175	175	175	175	175
泌乳期体重变化(kg)	0	0	0	−10	−10	−10
仔猪日增重(g)	150	200	250	150	200	250
蛋氨酸＋胱氨酸	0.40	0.44	0.46	0.44	0.47	0.49
苯丙氨酸＋酪氨酸	0.90	1.00	1.07	0.98	1.08	1.14
苏氨酸	0.54	0.58	0.61	0.58	0.63	0.65
色氨酸	0.15	0.16	0.17	0.17	0.18	0.19
缬氨酸	0.68	0.76	0.82	0.76	0.83	0.88
			以真回肠可消化氨基酸为基础(%)			
精氨酸	0.36	0.44	0.49	0.35	0.44	0.50
组氨酸	0.28	0.32	0.34	0.30	0.34	0.36
异亮氨酸	0.40	0.44	0.47	0.44	0.48	0.50
亮氨酸	0.80	0.90	0.96	0.87	0.97	1.03
赖氨酸	0.71	0.79	0.85	0.77	0.85	0.90
蛋氨酸＋胱氨酸	0.35	0.39	0.41	0.39	0.42	0.43
苯丙氨酸＋酪氨酸	0.80	0.89	0.95	0.88	0.97	1.02
苏氨酸	0.45	0.49	0.52	0.50	0.53	0.56
色氨酸	0.13	0.14	0.15	0.15	0.16	0.17
缬氨酸	0.60	0.67	0.72	0.66	0.73	0.77
			以表观回肠可消化氨基酸为基础(%)			
精氨酸	0.34	0.41	0.46	0.33	0.41	0.47
组氨酸	0.27	0.30	0.32	0.29	0.32	0.34
异亮氨酸	0.37	0.41	0.44	0.41	0.44	0.47
亮氨酸	0.77	0.86	0.92	0.83	0.92	0.98
赖氨酸	0.66	0.73	0.79	0.72	0.79	0.84
蛋氨酸＋胱氨酸	0.33	0.36	0.38	0.36	0.39	0.40
苯丙氨酸＋酪氨酸	0.36	0.80	0.89	0.82	0.90	0.96
苏氨酸	0.40	0.43	0.46	0.44	0.47	0.49
色氨酸	0.11	0.12	0.13	0.13	0.14	0.14
缬氨酸	0.55	0.61	0.66	0.61	0.67	0.71

NRC 饲养标准说明：

(1)标准以玉米-豆粕型日粮为基础(3～10 kg 猪除外)。

(2)3～20 kg 的赖氨基酸需要量是根据经验数据估测的，其他氨基酸是根据其与赖氨酸的比例估测的；20～120 kg 猪的氨基酸需要量是根据生长模型估测的。

(3)妊娠母猪消化能及饲料摄入量、氨基酸需要量根据妊娠模型估计。

(4)泌乳母猪消化能及饲料摄入量、氨基酸需要量根据泌乳模型估计，假定每窝 10 头仔猪，哺乳期为 21 d。

(5)假定代谢能为消化能的 94%～96%。

(6)换算关系 1 kcal＝4.184 kJ；1 IU 维生素 A＝0.344 μg 维生素 A 醋酸酯；1 IU 维生素 D_3＝0.025 μg 胆钙化醇；1 IU 维生素 E＝0.67 mg*D*-*α*-生育酚或 1 mg *DL*-*α*-生育酚醋酸酯。

第十一章　饲料添加剂预混料配制技术

第一节　饲料添加剂预混料概述

配合饲料质量的好坏与饲料原料、饲料配方的优劣以及加工工艺的好坏有直接关系，其中饲料配方至关重要。配合饲料的核心是饲料添加剂预混料，它对配合饲料的饲养效果和经济效益起重要作用。

选择优质的原料，采用科学的饲料添加剂配方，通过合适的生产设备和合理的生产工艺以及完善的质量管理措施，才能生产出优质合格的添加剂预混料，任何一个环节出现错误，都不能获得理想产品。

一、饲料添加剂预混料的概念与分类

（一）概念　添加剂预混合饲料(Premix)，简称预混料，是指由一种或几种饲料添加剂纯品在掺入基本饲料原料之前，与适当比例的载体或稀释剂混合制成的均匀混合物，它是配合饲料的一种中间产品。我国兽药第五十二条规定，药物(含饲料药物添加剂)不得直接加入饲料中使用，必须将其制成预混剂。从加工角度讲，添加剂纯品制成预混料主要有以下意义：

1. 可使添加剂微量成分在配合饲料中均匀分布。

2. 通过预混合处理，补偿和改进微量成分的不理想特性(不稳定性、吸水性和静电性)。

3. 使添加剂的添加水平标准化。

4. 简化一般饲料厂和养殖场的生产工序与投资。

（二）分类　添加剂预混料的种类很多，主要依据其用途、组成等进行分类，现在市场上的添加剂预混料主要是按照组成进行分类：

1. 单项性预混料

（1）由一类添加剂原料与适当的载体或稀释剂配合而成的添加剂预混料。主要包括微量元素添加剂预混料和维生素添加剂预混料两大类。

（2）由一种添加剂原料与适当的载体或稀释剂配合而成的添加剂预混料。如药物预混料、硒预混料、维生素 B_{12} 预混料等。

2. 复合预混料　复合预混料是指由多种饲料添加剂原料按一定比例与载体或稀释剂混合制成的均匀预混合饲料。复合预混料中的活性成分包括维生素、微量元素、抗生素类药物、酶制剂、调味剂等。

二、饲料添加剂预混料在饲料中的作用

饲料添加剂预混料在饲料中的使用量虽然较小，但它却是饲料的核心成分，作用非常大。添加剂预混料的作用主要表现在以下几个方面：

（一）补充饲料营养不足，提高饲料全价性　常规饲料原料中所含微量元素和维生素不能完全满足各种不同动物、不同生长阶段的营养需要，通过外加饲料添加剂预混料，可以补充饲料中维生素和微量元素的不足，使配合饲料的营养更加完全。

（二）消除抗营养因子，改善饲料消化利用率　常规饲料中经常含有各种影响动物消化的成分，如粗纤维、非淀粉多糖等，为提高饲料消化率，常常在添加剂中加入消化酶、益生素等成分，通过辅助消化作用来提高饲料的消化利用程度。

（三）改善饲料风味，提高饲料适口性　在经常使用的饲料原料中，有些营养价值较高，但饲料具有特殊味道，从而影响饲料适

口性，为掩盖异味，提高动物采食量，常常向饲料中加入调味剂类添加剂，掩盖异味，提高动物采食量。

(四)加入特定饲料成分，改善饲料加工特性 饲料的种类不同，加工特性也有一定差异，有些饲料，比如棉粕、菜粕的制粒性能较差，而次粉、玉米的制粒性能则较好，所以在需要制粒时要对原料进行一定选择，加入少量黏合剂，提高饲料制粒性能，常用的有羟甲基纤维素等。

第二节 饲料添加剂预混料非活性原料

一、载体

(一)载体的概念 载体是指能够承载微量活性成分，改善其分散性，并具有良好的化学稳定性和吸附性的可饲物质。

(二)载体的作用 载体使用的目的主要是为了解决微量添加物质的粒度和容量与原料或饲料之间的差距而导致混合不匀。其次，对不同活性成分间因相互接触而引起化学反应也能起到一定减轻及稀释作用。

(三)载体应具备的条件

(1)载体本身为非活性成分，对所承载的微量成分应有良好的吸附能力，且不损害其活性；

(2)化学稳定性好，不具有药理作用；

(3)对全价饲料中的主要原料有良好的混合性；

(4)价格低廉。

(四)常用的载体 常用的载体有两类，即有机载体和无机载体，有机载体又分为两种，一种是粗纤维含量较高的载体：如次粉、小麦粉、脱脂米糠、稻壳粉、玉米穗轴粉、大豆壳粉、豆粕粉等；另一类是粗纤维含量较少的物料：如淀粉、乳糖等；这类载体主要用于维生素添加剂和药物添加剂。无机载体则主要是指碳酸钙、磷酸钙、硅酸盐、二氧化硅、食盐、陶土、滑石、沸石、蛭石、海泡石等，这类载体主要用于微量元素添加剂预混料制作。添加剂预混料载体可使用一种，也可以两种兼用。

二、稀释剂

(一)稀释剂的概念　稀释剂是指能够混合于一种或多种微量成分之间，降低活性成分浓度的物料。

(二)稀释剂的作用　稀释剂不具备承载能力，它的主要作用是把活性成分浓度降低，并把他们的颗粒彼此隔开，减少活性成分之间的反应，有利于活性成分的稳定性。

(三)稀释剂应具备的条件

(1)稀释剂本身为非活性物质，不改变添加剂的性质；

(2)稀释剂的有关物理特性，如粒度、密度尽可能与相应的微量成分相近；粒度大小均匀；

(3)稀释剂本身不能被活性微量成分所吸收、固定；

(4)水分含量低，不吸潮、不结块、流动性好；

(5)化学性质稳定，不发生化学变化，pH值为中性(5.5～7.5)；

(6)不带静电荷。

(四)常用的稀释剂　常用的稀释剂也分成有机物和无机物两类：有机物主要有去胚的玉米粉、葡萄糖、蔗糖、豆粕粉、粗小麦粉等。无机的稀释剂有：石粉、磷酸氢钙、碳酸钙、贝壳粉、高岭土、硫酸钠等。

三、载体与稀释剂的选择

载体与稀释剂的选择是生产预混料的重要环节之一，为了获得良好的预混料，必须按照一定的规格和条件来选择正确的载体

和稀释剂。选择载体和稀释剂时,主要应从以下几个方面考虑:

(一)含水量 由于添加剂预混料中的活性成分有多种易溶于水,且溶于水后发生化学反应而失活。同时,水分还会影响预混料的加工工艺和混合均匀度及产品的贮存时间,所以要求载体和稀释剂的水分含量越低越好。一般为8%~10%,最高不能超过12%。对含水量较高的载体或稀释剂要进行预先的烘干处理。

(二)粒度 载体主要用来承载活性成分,稀释剂主要用来稀释活性成分,承载量和稀释量的大小主要取决于载体和稀释剂的粒度大小。一般要求载体与活性成分的粒比为1∶1.2~1∶1.5,粒度比为1∶4~1∶8;载体与主体饲料的粒度比为1∶3~1∶6;同时要求载体承载的活性成分的质量不能超过载体本身;载体的粒度一般为0.2~1.0 mm,而稀释剂的粒度一般比载体要小 ,通常为0.05~0.6 mm。

(三)容重 载体的容重也是影响活性成分混合均匀度的重要因素之一,只有载体和稀释剂的容重与活性成分的容重相近时,才能保证活性成分混合均匀。所以要依据被混合活性成分的容重来选择合适的载体和稀释剂,预混料载体的容重是依据各种活性成分的平均容重来确定的,同时要求载体的容重尽量与主料的容重相近。一般载体的容重在0.5~0.8 kg/L 范围内比较合适。

(四)表面特性 载体是用来承载和吸附活性成分的,所以为了提高载体的承载能力,一般要求采用的载体表面粗糙、或表面有小孔或皱嵴,一般有机载体多选用高纤维的植物性物料,如:粗面粉、豆皮、玉米面筋粉、玉米芯粉。微量元素载体一般选用沸石粉、二氧化硅等;而稀释剂不要求具备承载能力,只是用于稀释,所以要求表面光滑、具有良好的流动性,所以多选用无机物料。

(五)亲水性、吸湿性、结块性 载体或稀释剂的亲水性影响载体或稀释剂的使用价值,一般亲水性强的载体或稀释剂,吸湿性也强,易溶于水,并能自行从空气中吸收水分,变得潮湿,从而影响微量成分的活性,使其发霉变质而失效,所以应避免使用这一类物料,如乳清粉、酒糟等,如必须使用,应适当加入二氧化硅、碳酸钙等。载体的结块现象一般与吸湿性有关,易吸湿的物料一般也易结块,所以对易结块的物料应加入抗结块乳剂如二氧化硅、疏水淀粉、三价磷酸钙、硅酸镁、硅铝酸钠等。

(六)流动性　流动性又叫流散性,其好坏直接关系载体和稀释剂与活性成分的混合均匀度,流动性过强,在运输储存过程中容易发生分级,流动性过差,又会造成活性成分混合困难,所以要选择流动性适当的载体。

(七)化学稳定性　载体或稀释剂必须化学性质稳定,不易氧化,不与活性成分发生任何化学反应。

(八)酸碱性　载体或稀释剂的酸碱度直接影响添加剂活性成分的稳定性,过酸或过碱都会造成活性成分失活,所以一般要求载体和稀释剂为中性物料,如果其酸碱度不合适,可通过添加磷酸钙或延胡索酸来中和或使用两种以上的载体相互调整,以达到合适的pH值。

(九)静电荷　颗粒过小的活性成分容易带有静电荷,而且颗粒越小、物料越干燥,所带静电荷越高,带静电的小颗粒会吸附在设备的金属表面,使得混合均匀度下降,残留量增多,污染下一次混合物;同时由于颗粒所带的电荷相同,而产生相互排斥,使得尘土飞扬,对工作人员的眼睛、皮肤及呼吸道造成伤害。减少损失的方法是通过选择合适的载体使之与活性成分结合更加紧密,减小体积,同时加入适量植物油(1%～3%),设备进行接地处理。

(十)载体粘着性　载体的黏着性越好,对活性成分的结合越紧密,但要防止用量过多造成黏结成团,一般有机物料的黏着性要好于无机物料。

(十一)安全性　载体,特别是有机载体,一定要保证干净卫生,防止发霉变质,以保证预混料的安全。

第三节　微量元素添加剂配制技术

一、微量元素添加剂的概念和作用

（一）概念　微量元素添加剂是指按动物的营养需要，结合常规原料中微量元素的含量，选择多种微量元素原料，按一定比例与适当比例的载体或稀释剂混合配制而成的均匀混合物。微量元素添加剂可以作为一种原料直接在配合饲料中使用。

（二）作用　动物常用的各种饲料原料中都含有各种动物所需的微量元素，但含量差异较大，这主要受饲料原料的种类、产地、土壤、气候等多种因素的影响，所以单纯靠常规饲料原料不能完全平衡满足动物对各种微量元素的需要，微量元素添加剂主要是用来补充饲料中各种含量不足的必需微量元素，但由于饲料组成不同，所以差异较大，因此微量元素应在了解植物原料组成的基础上，进行合理添加，保证各种元素都能满足动物需要，发挥各自的生理作用。此外，随着认识的深入，人们发现某些微量元素除了具有一般生理功能外，如果使用得当，还能起到其他营养作用，比如，高铜具有促进仔猪生长的作用，高锌具有防治仔猪腹泻的功效，所以在微量元素配合时应予适当考虑，以达到事半功倍的效果。

二、微量元素添加剂原料的选择

微量元素矿物质原料直接影响微量元素添加剂的质量，因此在确定了需要添加的微量元素种类后，必须做好原料的选择，只有选择适当的原料，才能为做出合格的产品打下基础。

微量元素的原料种类很多，但按照其使用的先后顺序及效价的高低可分为无机盐微量元素、有机酸微量元素和氨基酸或蛋白质螯合态微量元素三类。

(一)无机盐微量元素　这一类微量元素原料是指含有动物所需微量元素的矿物质无机盐,是第一代微量元素添加剂原料,主要包括硫酸盐、盐酸盐、碳酸盐和氧化物。这类原料价格便宜、来源广泛,而且效价较高,所以应用最为广泛,现在市场上占有率仍然最高,存在的主要问题是:首先,这些原料常常含有一定的结晶水,使其粉碎性能下降,自然条件下保存容易结块,影响混合均匀度;其次,由于是无机盐类,有些具有一定毒性,所以如果添加比例不适或混合不匀,容易造成动物食入后中毒;第三,由于随粪便排出量较大,长期积累,会造成环境污染。所以,随着有机态矿物质的出现,它的用量将会逐步减少。

1. 铜源饲料添加剂　作为铜源饲料添加剂的物质包括:硫酸铜、氧化铜、碳酸铜、氨基酸铜。

(1)硫酸铜。分子式为$CuSO_4 \cdot xH_2O$,本品可分五水盐及一水盐两种。后者由前者脱水干燥制得。本品为蓝色结晶,几乎无味,比重1.24～1.42 kg/L,100%可通过30目标准筛,易潮解,99.6%溶于水,110℃去4个结晶水。

硫酸铜与氧化铜、氯化铜、碳酸铜等中的铜均能为动物所利用,其中以硫酸铜略好,且一水硫酸铜优于五水硫酸铜。长期贮存会有结块现象。铜会促进饲料中不稳定脂肪的氧化,同时可破坏维生素,配料时应予注意。操作时应避免眼及皮肤接触本品,切勿吸入体内。

(2)氧化铜。本品为铜的氧化物,分子式为CuO或Cu_2O,纯度应在95%以上,含铜应在75%以上。为黑色至褐色粉末,无臭,不具吸水性,99.8%可通过325号标准筛。

本品不易结块,可长期贮存,生物利用率好,除液体饲料外各种畜禽饲料均可用它作铜源使用,较硫酸铜稳定。操作时避免皮肤、眼睛接触,切勿吸入。

(3)碳酸铜。本品为碳酸的铜盐,分子式为$CuCO_3$。一般含铜量55%，含铁1 000～2 500 mg/kg，含锌100～400 mg/kg，外观为淡绿色至深绿色的细末，不具吸水性，90%可以通325号标准筛。本品利用率好，具有扬尘性，避免与皮肤、眼睛接触，不可吸入。

2. 铁源饲料添加剂　作为饲料添加剂的铁的来源包括：硫酸亚铁、碳酸亚铁、氯化铁、富马酸铁、*DL*-苏氨酸铁等，其利用率有所不同。

(1)硫酸亚铁。有七水硫酸亚铁($FeSO_4 \cdot 7H_2O$)、一水硫酸亚铁($FeSO_4 \cdot H_2O$)和无水硫酸亚铁($FeSO_4$)。

七水硫酸亚铁($FeSO_4 \cdot 7H_2O$)为绿色至黄色结晶性粉末，含铁20%以上，具微酸味；一水硫酸亚铁($FeSO_4 \cdot H_2O$)为淡灰色至淡褐色粉末，含铁30%以上，略具酸味或无味；无水硫酸亚铁($FeSO_4$)为灰白色粉末，无臭，易溶于水而不溶于乙醇，有吸湿性。若暴露于空气中，有些亚铁会变成三价铁(Fe_2O_3)而降低其利用率。硫酸亚铁的生物利用率高，是配合饲料中铁的主要来源之一。

(2)碳酸亚铁。分子式为$FeCO_3$，一般含铁在40%以上，纯度为81%～87%，外观呈黄色至褐色，无臭，不具吸水性，90%可通过100号标准筛。其特点是稳定，可长期贮存。生物学利用率中等，不如硫酸亚铁。

(3)氧化铁。分子式为Fe_2O_3，含铁应在57%以上，纯度(含Fe_2O_3)80%，本品为红色、褐色或黄色的细粉末，无臭，不具潮解性。其特点是生物学利用率低，一般不用它补充饲料铁。

3. 锰源饲料添加剂　常用的作为饲料添加剂的锰的来源包括硫酸锰、碳酸锰、氯化锰等。

(1)硫酸锰。分子式为$MnSO_4 \cdot H_2O$。本品应保证最低锰含量在27%以上，硫一般在17%～18%。外观为白色或带淡红色粉末，无臭，可溶于水(99.8%)，具有中等潮解性，稳定性高，95%可通过100号标准筛。在高温、高湿环境下贮存太长会有结块的倾向。本品为良好的锰源，生物利用率较佳。

(2)碳酸锰。分子式为$MnCO_3 \cdot xH_2O$。一般产品应含$MnCO_3$ 93%,含锰(Mn)44.5%。外观为淡褐色至粉红色的细粉末,无臭无味,难溶于水。是畜、禽饲料的优良锰源。

(3)氧化锰。分子式为MnO,一般锰含量在60%以上,纯度为77.7%,外观为褐色,无臭,稳定性好,不具有潮解性,90%可通过100号标准筛。本品生物利用率较佳,是畜、禽饲料的良好锰源。

4. 锌源饲料添加剂　不同的锌源的生物利用率也有所差异,此外,锌与钙代谢关系密切,饲料中钙、铜含量高,锌的需要量也随之提高,硫酸锌、氧化锌、碳酸锌是常用的锌源。

(1)硫酸锌。分子式为$ZnSO_4 \cdot xH_2O$,本品以一水盐居多,也有部分七水盐。通常七水盐含锌22%以上,一水盐含锌36%以上;七水盐为无色结晶或白色结晶粉末,而一水盐为乳黄至白色粉末;七水盐99%无法通过16号标准筛,而一水盐99%可通过100号标准筛;七水盐具有潮解性,一水盐稍有潮解性。本品生物学利用率高,是猪饲料中最常用的锌源饲料添加剂。

(2)氧化锌。分子式为ZnO,含锌72%以上,纯度为89%~91%。外观为白色粉末,恶臭,不具潮解性,稳定性差,95%可通过100号标准筛。本品生物利用率佳,且较硫酸锌稳定。此外,氧化锌有弱的抗菌作用与收敛作用,常与其他药配合,用于皮肤湿疹、溃疡等。

(3)碳酸锌。分子式为$ZnCO_3 \cdot xH_2O$,一般产品含锌量55%~60%。本品为白色粉末,无臭、无味,不溶于水,是畜、禽饲料优良的锌源,利用率佳。

此外,氨基酸锌生物利用率优良,惟价格较高。

5. 碘源饲料添加剂　碘化钾、碘酸钙或加碘食盐是常见的碘源。

(1)碘化钾。分子式为KI,一般饲料级产品含碘约68.5%,纯度高者可达76.45%。本品为白色结晶性粉末,无臭,具有苦味及碱性，易潮解，易溶于水，水溶液pH值为7～9。

与其他饲用碘化合物比较，本品稳定性最差，所释放出之游离碘对维生素、抗生素及其他药物添加剂多具有拮抗作用，故尽可能少用。贮存太久会有结块现象，高温、高湿条件易潮解。生物利用率优良。

(2)碘酸钙 分子式为$Ca(IO_3)_2 \cdot H_2O$，本品含碘62%。外观为白色至乳黄色、粉状或超细结晶，略具碘味，水溶性低。本品稳定性好，生物利用率优良，为使用最广泛的碘源。碘酸钾稳定性及生物利用率均佳，也是良好的碘源。

6. 硒源饲料添加剂 硒酸钠及亚硒酸钠均可作为硒源添加，但以后者利用率较好。

(1)亚硒酸钠。分子式为Na_2SeO_3，为白色-粉红色的细粉，有亲水性，易溶于水。亚硒酸钠剧毒，不准直接添加于饲料中，必须先行预混，并在添加剂预混料包装上标有详细使用说明及注意事项。注意用量及其在饲料中均匀度。

(2)硒酸钠。本品为硒酸之钠盐，分子式为$Na_2SeO_4 \cdot xH_2O$，为白色结晶粉末，极易溶于水，本品含硒(Se)≥40%，含硒酸钠(Na_2SeO_4)≥98%。饲料特性与亚硒酸钠相同。

7. 钴源饲料添加剂 钴虽不像硒超过用量即有中毒之可能，但为了保证其在饲料中分布均匀，仍需逐级预混后添加。

(1)硫酸钴。分子式为$CoSO_4 \cdot xH_2O$，氯化钴溶于硫酸中，水溶液蒸发后，浓缩冷却取出结晶物即为七水盐，加热脱水即得无水硫酸钴。前者为橘红色透明结晶或砂状结晶，无味，含钴21%～21.3%，含硫酸钴($CoSO_4$)55.2%～56%，95%可通过20号标准筛，5%可通过100号标准筛，易潮解，易溶于水；后者为粉红色至紫色结晶性粉末，无味，98%可通过200号标准筛，吸水性低，最多可吸收3%的水分，可缓慢溶于水。

本品生物学利用率高，是畜、禽饲料的良好钴源，久存会有结块现象。

(2)碳酸钴。分子式为$CoCO_3$。一般产品含钴46%～46.4%，纯度为92.7%～93.5%。本品为粉红色或紫色的细粉，无臭，室温下稳定，不溶于水，98%可通过200号标准筛。吸水性低，最多可吸收3%的水分，本品生物利用率良好，可长期贮存，供作畜、禽饲料的钴源。

(3)氯化钴。本品为以含钴原料(金属钴、钴废料)与盐酸反应生成的氯化钴，分子式为$CoCl_2 \cdot 6H_2O$，外观为红色或紫红色结晶。

此外，氨基酸钴生物利用率优良，但价格较高。

常用矿物质原料及有效成分含量见表11-1。

表11-1 常用矿物质原料及有效成分含量

元素	化合物	化学式	微量元素含量(%)
铁	七水硫酸亚铁	$FeSO_4 \cdot 7H_2O$	20.1
	一水硫酸亚铁	$FeSO_4 \cdot H_2O$	32.9
	碳酸亚铁	$FeCO_3 \cdot H_2O$	41.7
铜	五水硫酸铜	$GuSO_4 \cdot 5H_2O$	25.5
	一水硫酸铜	$GuSO_4 \cdot H_2O$	35.8
	碳酸铜	GuCO3	51.4
锰	五水硫酸锰	$MnSO_4 \cdot 5H_2O$	22.8
	一水硫酸锰	$MnSO_4 \cdot H_2O$	32.5
	氧化锰	MnO	77.4
	碳酸锰	$MnCO_3$	47.8
锌	七水硫酸锌	$ZnSO_4 \cdot 7H_2O$	22.75
	一水硫酸锌	$ZnSO_4 \cdot H_2O$	36.45
	氧化锌	ZnO	80.3
	碳酸锌	$ZnCO_3$	52.15
硒	亚硒酸钠	Na_2SeO_3	45.6
	硒酸钠	$NaSe_2O_4$	41.77
碘	碘化钾	KI	76.45
	碘酸钙	$Ca(IO_3)_2$	65.1

（二）有机酸微量元素 随着饲料科学的迅速发展，人们逐渐认识到了无机盐的缺陷，而且由于有机态矿物盐的饲喂效果优于无机盐类，所以被生产实践所接受，成为第二代微量元素添加剂。这类微量元素添加剂的主要形式是乳酸盐类、富马酸盐类、葡萄糖酸盐类以及吡啶酸盐类，这类微量元素原料的吸收率与无机盐相似，但适口性好，毒性小，所以在一定范围内有所应用，但由于生产成本较无机盐明显偏高，而饲养效果不明显，所以应用范围有限。

（三）氨基酸或蛋白质螯合态微量元素 微量元素氨基酸螯合物是指以微量元素为中心原子，通过配位键、共价键、离子键同配位体氨基酸或低分子肽结合而成的一种具有环状特殊结构的复杂络合物，这是第三代微量元素添加剂。微量元素螯合物添加剂具有良好的化学稳定性，在动物体内环境中溶解性好，易透过肠壁被动物吸收，无毒副作用，而且生物学价值明显高于无机态矿物质盐。作为添加剂，它可以起到补充微量元素和氨基酸的双重作用，同时可以节省矿物质元素用量，减少微量元素排泄对环境造成的污染。氨基酸螯合物还有提高机体内某些酶活性，代谢调控和增强机体免疫力的作用，因此被认为是一种理想的饲料添加剂，在畜牧业发达的国家，在动物生产中已经得到推广应用。

微量元素氨基酸螯合物所用原料，金属元素大多为硫酸盐类，氨基酸有结晶单体氨基酸，如蛋氨酸、甘氨酸、苏氨酸、赖氨酸；也有动植物蛋白水解生成的复合氨基酸，所用动植物蛋白有酪蛋白、明胶、酵母、畜血、蚕蛹蛋白及大豆蛋白等；由单体氨基酸与微量元素形成的是单一氨基酸螯合物，由复合氨基酸与微量元素形成的是复合氨基酸螯合物。二者比较，单一氨基酸螯合物作用单一，使用范围较窄；目前市场上主要是复合氨基酸螯合物，如酪蛋白铜、硒酵母等。动物所需要的微量元素并非完全由微量元素来提供，螯合物在动物处于不利条件下更为有效，如营养不平衡、发生疾病等应激状态。

氨基酸螯合物由于自身的优点，在生产实践中应用前景十分广阔，今后应主要研究其代谢机制、最佳添加时间和剂量、经济效益等。

（四）微量元素原料的利用率　作为饲料微量元素原料必须是动物可吸收利用的，但不同种类的原料吸收利用率差别很大，一般来说，氨基酸螯合物的效价最高，其次是有机酸类微量元素，吸收利用率最差的是矿物质微量元素原料。但即使是同一类型的原料，微量元素的存在形式不同，利用率也有不同。具体数据见表11-2。

表11-2　不同微量元素存在形式的利用率　%

元素	存在形式		相对利用率
铁	无机矿物质	硫酸亚铁	100
		一氧化铁	4
	有机酸类	柠檬酸铁铵	104
	螯合物	氨基酸螯合铁	125～185
铜	无机矿物质	硫酸铜	100
	有机酸类	乙酸铜	142
		丙酸铜	150
	螯合物	酪蛋白铜	170
锌	无机矿物质	硫酸锌	100
		氧化锌	92
	有机酸类	—	—
	螯合物	蛋氨酸锌	107
锰	无机矿物质	硫酸锰	100
		氧化锰	90
	有机酸类	—	—
	螯合物	—	—
碘	无机矿物质	碘化钾	100
		碘酸钙	100
硒	无机矿物质	亚硒酸钠	100
		硒酸钠	89
	螯合物	硒基-*DL*-蛋氨酸	38

(五)微量元素原料的规格　饲料级微量元素原料首先要有一定的纯度,只有含量准确,才能保证添加准确。此外,还要保证使用安全,不能使动物食入后造成毒副作用,所以对其中杂质,特别是某些重金属离子的含量也有一定的要求,一般要求纯度在98%以上;对重金属离子含量要求见表11-3。

表11-3　欧洲微量元素化合物原料标准

有害元素	单位	含量最高界限
砷	mg/kg	10
铅	mg/kg	30
氟	mg/kg	2 000
汞	mg/kg	0.1
镉	mg/kg	10

三、微量元素添加剂配方设计

(一)微量元素预混料配方设计基本原则

1. 配方先进、面向实际、经济合理　在进行各种微量元素添加量的确定时,一般采用按饲养标准的规定量作为添加量,而把基础料的含量作为保证量或保险量,忽略不计,这主要是因为,一般认为基础饲料中微量元素含量较少且变化较大,所以很难确定,当然这样考虑在很大程度上简化了配方步骤,但也容易造成微量元素不平衡,所以随着测试手段的先进与快速,在可能情况下应尽量考虑基础料中各种微量元素含量,从而使配方更加先进合理,同时也降低了配方成本。

2. 注意考虑各种元素间的平衡　猪对各种微量元素不仅有各自的需要量,而且要求各种微量元素之间保持平衡,因为各种元素不仅具有独立的生理功能,而且不同微量元素之间还存在相互的协同或拮抗作用,例如:硫、钼、锌与铜相互干扰,铜可以促进铁的吸收,钙、铜、镉又会抑制锌的吸收,所以在配方设计时必须考虑各元素间的互作,只有这样才能保证各种微量元素充分发挥自己的作用。

3. 特别注意某些微量元素的特殊作用　近年来，发现高铜(100～250 mg/kg)对猪生长有促进作用，所以常常在饲料配方设计时加入高量的铜，但铜增加供应的同时，必须同时注意铁、锌的供应量，才能保证不会出现铁、锌不足症。硒是一种动物必需微量元素，又是一种剧毒物质，应严格进行预混合，混合均匀后再添加到饲料中。

(二)微量元素预混料设计的方法和步骤

1. 根据饲养标准和各种实际需要，确定微量元素用量　饲养标准是确定动物营养需要的基本依据，为计算方便，通常是将饲养标准中的微量元素需要量作为添加量，还可参考可靠的研究和使用成果以及当时、当地的实际情况进行权衡，修订微量元素的具体添加种类和数量。

2. 微量元素原料的选择　综合原料的生物效价、价格和加工工艺的要求，选择微量元素原料，同时要查明微量元素的含量、杂质及其他元素的含量，以备应用。

3. 根据原料中微量元素含量和预混料的需要量，计算在预混料中各种微量元素所需的商品原料量，其计算方法是：

纯原料量＝某微量元素需要量/纯品中元素含量

商品原料量＝纯原料量/商品原料纯度

4. 确定载体用量　根据预混料在配合饲料中的比例，计算载体用量。一般预混料占全价配合饲料的0.1%～0.5%为宜。

载体用量＝预混料量－商品原料量

5. 列出微量元素预混料配方

(三)配方设计举例　为20～50 kg生长育肥猪设计0.2%微量元素预混料配方。

1. 查饲养标准，获得20～50 kg生长育肥猪微量元素需要量

（表11-4）。

表11-4　20～50 kg 生长育肥猪微量元素需要量

微量元素	铜	铁	锰	锌	碘	硒
需要量(mg/kg)	4	100	2	60	0.14	0.15

2. 微量元素原料选择(表11-5)

表11-5　商品微量元素盐的规格

原　料	分子式	元素含量(%)	商品纯度(%)
硫酸铜	$CuSO_4 \cdot 5H_2O$	Cu:25.5	96
硫酸亚铁	$FeSO_4 \cdot 7H_2O$	Fe:20.1	98.5
硫酸锰	$MnSO_4 \cdot H_2O$	Mn:32.5	98
硫酸锌	$ZnSO_4 \cdot 7H_2O$	Zn:22.7	99
碘化钾	KI	I:76.4	98
亚硒酸钠	$NaSeO_3$	Se:45.65	99

3. 计算商品原料量　将需要添加的各种微量元素折合为每千克风干全价配合饲料的商品原料量。即：

商品原料量＝某微量元素需要量/纯品中该元素含量/商品原料纯度

按此种方法计算，获得以上5种商品原料在1 kg 全价配合饲料中的添加量，见表11-6。

表11-6　每1 kg 全价料中微量元素原料用量　(mg/kg)

原　料	计算式	商品原料量
硫酸铜	4÷25.5%÷96%	16.34
硫酸亚铁	100÷20.1%÷98.5%	505.09
硫酸锰	2÷32.5%÷98%	6.28
硫酸锌	60÷22.7%÷99%	266.99
碘化钾	0.14÷76.4÷98%	0.19
亚硒酸钠	0.15÷45.65÷99%	0.33
合计		795.22

4. 计算载体用量　预混料的用量为0.2%，即每千克全价料中微量元素预混料的添加量为2 g，则预混料中载体的用量为预混料量与微量元素盐商品原料之差

2－0.795 2＝1.204 8 g

所以每吨全价料中微量元素载体添加量为1.204 8 kg。

5. 列出育肥猪微量元素预混料生产配方(表11-7)。

表11-7　育肥猪微量元素预混料的生产配方

原　料	每吨全价料用量(g)	每吨预混料用量(kg)	配合率(%)
硫酸铜	16.34	8.17	0.817
硫酸亚铁	505.09	252.54	25.25
硫酸锰	6.28	3.14	0.314
硫酸锌	266.99	133.50	13.35
碘化钾	0.19	0.095	0.009 5
亚硒酸钠	0.33	0.165	0.016 5
载体	1 204.8	602.4	60.24
合 计	2 000	1 000	100

四、猪微量元素添加剂的典型配方(表11-8)。

表11-8　生长育肥猪微量元素添加剂配方　(mg/kg)

原　料	天津饲料公司	哈尔滨饲料公司	牡丹江饲料公司	双城饲料公司
贝壳粉	—	33.2	21.04	97.8
沸石粉	—	—	30.00	—
石粉	79.9	47.3	20.00	—
磷酸氢钙	18.00	13.2	20.0	—
硫酸锌	0.32	1.12	3.49	0.3
硫酸铜	0.34	1.6	1.58	0.25
硫酸亚铁	0.64	1.4	3.17	0.6

续表 11-8

原　料	天津饲料公司	哈尔滨饲料公司	牡丹江饲料公司	双城饲料公司
硫酸镁	0.20	1.5	—	0.6
硫酸锰	0.34	—	—	0.25
碳酸锰	—	0.36	0.67	—
硫酸钴	0.08	20	—	—
氯化钴	—	—	0.04	0.12
硫酸铝	0.18	0.3	—	0.05
碘化钾	—	0.025	—	—
碘	—	—	28	—
亚硒酸钠	—	40	23	—
硼酸	—	—	—	25
用量	1～1.5	2	1.26	2

资料来源《现代肉猪生产》。

五、微量元素预混料的生产

（一）设备选择　微量元素预混料生产主要是进行粉状矿物质物料的混合，所以所用的设备比较简单，主要有称量设备、配料设备和混合设备。

1. 称量设备　主要是指秤和天平，对于较大用量原料可以使用秤，对秤的要求一般是对配料量在 50 kg 以下的秤，允许配料误差为1/1 000 kg，配料量为50 kg 以上的秤，配料允许误差为1/100 kg。对配料量小于1 kg 的原料，一般要求使用精确度为1/1 000～1/10 000 g 的分析天平。

2. 配料设备　主要是一些配料仓，用来储存和计量各种原料和载体。微量元素添加剂原料常常带有一定的腐蚀性，所以对配料仓一般要求为不锈钢结构，同时仓内要求密闭性好、光滑、耐腐蚀、不与原料发生反应，体积不要求过大，一般在 200 kg 左右，配料仓数量依据原料种类而定。

3. 混合设备　添加剂质量好坏很大程度上取决于混合设备的好坏，好的混合设备应该是混合速度快、效率高、最佳搅拌时间短（正常是 5～10 min）；活性成分与载体混合均匀（变异系数<5%）；结构合理、物料在混合仓内残留量低（<0.1 g/kg）且易清除；装料卸料方便、密闭性好、不漏料；易于维修保养，价格合理。常用的混合设备主要种类有立式混合机、卧式螺带混合机、卧式双轴桨叶式混合机、行星式混合机和转鼓式混合机（见第十四章饲料加工与质量检测）。

（二）加工工艺　微量元素预混料的生产工艺主要包括原料选择、载体选择、原料预处理、配料、混合等几个步骤。

1. 原料选择　原料选择主要考虑的因素是价格、生物学效价和加工保存的方便，在三方面综合评价的基础上选择合适的原材料，具体见前面原料选择部分。

2. 载体选择　一般要综合考虑载体的承载能力、加工工艺、稳定性及价格等多方面因素，详见前面载体选择部分，一般常用的有石粉、白陶土、沸石粉、碳酸钙等。

3. 原料预处理　主要是对微量成分的预稀释及易失活有效成分的包被剂稳定化处理。详见原料前处理部分。

4. 配料　配料是指将选择处理好的原料按比例混合均匀，并加入防腐抗氧化剂，制成合格的产品，这是加工工艺中对加工设备要求最严格的一环，原料与载体只有按要求混合均匀，才能保证制成的产品中各种有效成分充分合理地发挥各自的生理作用。

在配料过程中，各种原料除了要达到一定的物理化学指标要求外，在添加顺序上也有一定要求，一般添加顺序是：首先添加 1/2～2/3 的载体，然后加入各种有效成分及抗氧化剂，在加入过程中，注意应将有效成分均匀撒到载体上，然后再加入剩余载体进行混合，为了防止在混合过程中产生大量粉尘，以及提高载体承载能力及降低静电产生，可以在混合之前加入1%～3%的优质矿物油或植物油。

5. 混合　混合是指将配好的各种饲料原料在混合机中经一定方式混合均匀（见第十四章饲料加工与质量检测）。变异系数应小于5%。

（三）微量成分的前处理　微量元素原料的种类较多，性质各异，而且添加量差异很大，所以在使用之前要进行适当的预处理，以改变它们的某些物理性状，使之既符合加工工艺要求，又能确保产品质量。常使用的预处理方法主要有：

1. 干燥处理　硫酸盐类微量元素原料常含有5～7个结晶水，在空气中易吸潮结块，使加工（粉碎、混合）困难，所以在使用前可以采用强制烘干的方法，去除部分游离水，一般通过100℃的烘干处理，可使游离水的含量降低至2%以下，同时干燥处理还可去除部分结晶水，提高有效成分含量。

2. 添加防结剂　对于某些特别容易吸湿结块的硫酸盐原料，可以适当加入少量吸湿性差、流动性好、对畜禽无毒副作用的抗结块剂，常用的有二氧化硅、硅酸钙、硅酸镁、硅酸铝钙、硅酸铝钾、沉淀碳酸钙、碳酸镁等，可以解决吸湿结块、流动性差等缺点，防结块剂的添加量不能超过2%。

3. 包被处理　建立隔水屏障，对于某些原料，如硫酸盐、碘化钾、氯化钴等可以使用适当的包被剂，使之与外界隔开，这样既可防止吸潮结块，又可防静电、防分级，此外还可以减少微量元素对其他有效成分（维生素、微生态制剂等）的损害。常用的包被剂有：矿物油、石蜡油、硬脂酸钙等。添加量一般为3%左右。

4. 稀释处理　对于某些添加量特别微小的原料，如碘、硒、钴等，如果直接添加，容易造成混合不匀，影响饲料质量和饲喂效果，所以对这类原料可使用提前预混合技术，将原料在添加前进行稀释处理，处理方法有两种：一是水溶解平衡法，即将原料首先按一定比例溶解到水中，然后将溶解液均匀泼洒到吸附剂上，混合均匀，干燥后制成一定含量的预混剂；另一种方法就是将原料进行微粉碎，然后直接将微粉碎原料按一定比例添加到载体中混合均匀，作为该种原料预混剂使用。

（四）包装 微量元素预混料应避免散装，以防止出现运输过程中分级以及异物混入造成污染，所以微量元素预混料一般要求袋装，包装材料一般使用两层牛皮纸中间夹一层塑料薄膜的三层组合包装或使用内衬塑料薄膜的编织袋。

包装重量的大小主要取决于使用者的规模和方法，一般为5～50 kg 不等。

（五）贮存

1. 影响因素 影响微量元素预混料质量的外界因素较多，主要有包装形式、温度与湿度、载体种类和含水量、pH 值、贮存时间等。

包装形式：一般袋装好于散装。

温度与湿度：预混剂应储存于干燥阴凉处，温度过高，会造成微量成分效价下降，湿度过高，则易发霉、吸湿结块，加快添加剂变性。

载体种类和含水量、pH 值：载体种类和含水量、pH 值也会影响预混料质量（见预混料载体选择一节）。

贮存时间：贮存时间越长，微量成分活性越低，所以，一般要求产品贮存时间为1～4 周，最长不能超过半年。

2. 贮存条件 预混料的贮存一般要求低温、通风，仓库最高温度不超过31℃，湿度不超过70%，仓库墙顶要有隔热措施，高温季节要强制通风，光线不宜过强。

第四节 维生素添加剂配制技术

一、维生素添加剂的概念和作用

(一)概念 维生素预混料添加剂是指依据不同动物的生理特点和营养需要,将不同的维生素按一定比例与载体和稀释剂混合,按比例添加到饲料中,用来补充饲料维生素不足的添加剂预混料。一般依据用途可分为通用维生素添加剂和专用维生素添加剂两类,其中专用维生素添加剂又可依据使用对象分为猪用、鸡用、牛用等多种。

(二)作用 维生素添加剂在饲料中主要起以下几方面作用:

1. 补充饲料中维生素不足,满足动物正常生长和生产需要常规饲料原料,特别是植物性饲料中所含维生素(主要是脂溶性维生素和部分水溶性维生素)一般不能满足动物的正常营养需要,所以为满足动物的正常生长和生产需要,必须向饲料中添加外源维生素添加剂。

2. 提高饲料利用率,充分挖掘饲料营养潜力 由于饲料中维生素的不足,动物采食后,机体内就会出现某些维生素的缺乏,造成酶活性下降,饲料消化率降低,从而造成饲料资源浪费,加入维生素以后,可以提高饲料消化利用率,充分发挥饲料营养潜力。

3. 提高动物自身免疫力,提高动物抗应激能力 动物在现在大规模集约化饲养条件下,特别是我国现有饲养条件下,长期处于慢应激状态,因此免疫力下降,对外源微生物、病毒抗感染能力低,大量研究表明,维生素A、维生素C、维生素E 都可明显提高动物的免疫力,因此适当提高饲料维生素的供应量,可以在一定程度上提高动物的免疫力和动物抗病力。

二、维生素添加剂预混料原料的选择

(一)维生素添加剂预混料原料的选择原则　选择维生素添加剂预混料原料时,除了要选择维生素添加剂稳定的制剂与剂型外,还应注意以下几个方面。

1. 维生素的有效含量和价格　理论上讲,似乎维生素的含量越高越好,但事实并非总是如此。纯度太高一方面成本太高,而且稳定性欠佳,同时由于添加量低,不易混匀。如维生素 B_2 有 2%、80%和 96%多种制剂,选择时要考虑含量与价格的最佳平衡。

2. 维生素的稳定性与生物学效价　为了提高维生素的环境抗性,市场上的维生素原料多经过预处理,如酯化、乳化、包被、吸附、微囊化等。所有这些处理都在一定程度上提高了维生素的稳定性,但或多或少会影响维生素的生物学效价。人工合成的维生素添加剂与天然存在的维生素相比,二者的生物学效价不同,一般人工合成的效价高。另外,不同动物对胡萝卜素(维生素A 原)的利用率也不同,因此要根据畜禽的种类合理的选择维生素原料,兼顾稳定性和生物学效价。对于那些生物学效价和利用率高的维生素添加剂,若毒性大时应慎重选用和限量使用。

3. 根据气候和环境条件选择适宜的维生素原料　如在高温、高湿的夏季或湿热地区选用维生素 B_1 添加剂时,选择单硝酸硫胺素较选择盐酸硫胺素的效果好。

4. 维生素原料的粒度　由于维生素添加剂在全价配合饲料中所占的比例极小,因此只有将维生素添加剂活性成分的体积变小,才能使其在全价配合料中的颗粒数增多,达到分布均匀的目的。所以,维生素添加剂及其活性成分应粉碎到一定的粒度之后才能使用。根据国外经验,维生素应具有较低的比重,粒度在100～1 000 μm。

(二)常用商品维生素产品介绍　近三四十年来,维生素工业得到迅速发展。现已能有效合成各种维生素，并使成本大幅度降低，这为饲用维生素添加剂的广泛应用提供了良好的基础。德国的巴斯夫、瑞士的罗氏和法国的罗纳普朗克公司是国际上有名的维生素生产厂家，我国国产品种正在发展中。

1. 维生素A（视黄醇）　主要有三种形式，即维生素A醇、维生素A乙酸酯和维生素A棕榈酸酯。因维生素A醇稳定性较差，所以作为饲料添加剂多用维生素A乙酸酯和维生素A棕榈酸酯。现在产品多为包被（Coating）后的胶囊，所用包膜由骨胶、明胶、乳糖、淀粉、抗氧化剂及保藏剂等组成，包被制成颗粒状粉末。维生素A乙酸酯（饲用）的国家标准标号为GB7292—87，国内生产厂家有东北制药厂、上海第六制药厂和北京制药厂，常见的粉剂每克含维生素A50万IU。饲用维生素A棕榈酸酯主要由德国和瑞士进口。

维生素A密闭下效价损失少，开封后应尽快用完；在维生素添加剂预混料中每月失活率为0.5%～1.0%；全价饲料中每月失活率为5%～10%；在含有维生素、矿物元素预混料中每月失活率为2%～5%；添加饲料后再予粉碎则每月失活率更大，为10%～30%；制粒后损失为15%～30%；畜、禽在患有球虫病和呼吸系统疾病时，种用畜、禽对维生素A的需求量增加。

各种维生素A原料与国际单位换算：

1国际单位（IU）＝0.344 μg醋酸维生素A＝0.3 μg视黄醇＝0.4 μg丙酸维生素A＝0.55 μg棕榈酸维生素A＝0.6 μg β-胡萝卜素

2. 维生素D（骨化醇）　常用的为粉剂，颜色灰白至黄色，近于无臭，遇空气和光加速分解。维生素D有两种形式，即VD_2和VD_3。另外还经常采取一种维生素A与维生素D_3合剂的产品形式。猪对维生素D_2和维生素D_3的利用率是同等的，而家禽对维生素D_2的利用率仅是维生素D_3的1%～2%，因此对于禽类只添加维生素D_3。饲用维生素D_3的国家标准为GB9840—88，规格有50万IU/g，40万IU/g，30万IU/g；饲用维生素A/D_3粉的国家标准为GB9455—88，规格有维生素A乙酸酯∶维生素D_3为50万∶10万IU/g，40万∶8万IU/g。目前我国维生素D_3的生产厂家有上海第六制药厂、鞍山化工研究所等。我国也批准德国的巴斯夫、瑞士的罗氏和法国的罗纳普朗克公司的产品进口。

维生素D稳定性类似维生素A，但不易被氧化，维生素D_3稳定性优于D_2。维生素D的稀释剂可保存一年而损失有限，但制成预混料后，每月效价损失4%～8%。

饲料感染霉菌时会干扰维生素D的吸收，应增加其供给量。

1 IU维生素D_2相当于0.025 μg维生素D_3

3. 维生素E(生育酚)　商品形式通常是50%的*DL*-*α*-生育酚乙酸酯，即2 mg等于1 IU。维生素E添加剂有油剂和粉剂，油剂为维生素E乙酸酯，执行国家标准GB9454—88，也可加以包被稀释制成颗粒状黄白至褐色粉剂。国内生产厂家主要有无锡第二制药厂、广州第八制药厂、北京第二制药厂和东北制药总厂等；粉剂执行国家标准GB7293—87，国内生产厂家有上海第二制药厂等。饲料中也经常使用瑞士罗氏公司及德国巴斯夫公司的进口产品。

维生素E在紫外线下不稳定，极易被空气中的氧气氧化，在金属离子存在时或在酸性或碱性及潮湿的环境下，极易水解而变色，变质后产生难闻的臭味。在预混料中可贮存3～4个月(45℃)，全价饲料中可贮存6个月，但未经包被者损失甚速。

维生素E的添加量除考虑动物需要量及失活率外，尚需随饲料中不饱和脂肪酸及硒含量之高低而增减，因维生素E随不饱和脂肪酸含量的增加而加速其破坏。

维生素E在饲料中超量添加可延长猪胴体保鲜贮存时间。

各种维生素D原料与国际单位换算：

1 IU =1 mg *DL-α*-生育酚醋酸盐= 1.12 mg *DL-α*-生育酚琥珀盐= 0.909 mg *DL-α*-生育酚= 0.735 mg *D-α*-生育酚醋酸盐= 0.671 mg *D-α*-生育酚= 0.826 mg *D-α*-生育酚琥珀酸盐

4. 维生素K　一般是维生素K_3类的人工合成品，主要包括亚硫酸氢钠甲萘醌(MSB)、亚硫酸氢钠甲萘醌复合物(MSBC)和亚硫酸嘧啶甲萘醌(MPB)。

甲萘醌亚硫酸氢钠(MSB)　分子式为$C_{11}H_8O_2 \cdot NaHSO_3 \cdot 3H_2O$，白色至淡褐色结晶粉末，无味，易溶于水，纯度为93%以上，虽价格较低，但稳定性较差，在制粒中损失较多。

甲萘醌二甲嘧啶亚硫酸氢盐(MPB) 分子式为$C_{17}H_{18}N_2O_6S$，白色至淡黄褐色结晶粉末，无臭，略苦，稍难溶于水，纯度为94%以上，本品稳定性好，在制粒时损失少，但价格较贵。亚硫酸氢钠甲萘醌复合物(MSBP) 为结晶粉末状的维生素K_3添加剂，可溶于水，含甲萘醌25%。加热到50℃活性也无损失，水溶液pH值为4.5～7.0。

我国生产维生素K_3执行的国家标准为GB7294—87，国内有上海大众药厂等厂家生产MSB，德国巴斯夫公司还生产MSBC(活性成分50%)、MPB(活性成分50%)。

维生素K有一定毒性，不可超量添加，生长猪不可超过10 mg/kg，对某些水产动物须禁用或慎用。

一般健康动物自行合成，不必另外添加，高糖类饲料、发霉饲料和患病畜禽(球虫病)及使用磺胺、抗生素时应增加供给量。

本品在光、碱、霉菌、磺胺剂、抗球虫药存在下不稳定，在预混料中对水、微量元素、酸、碱及热敏感。粉状MSB在24℃下每月失活率为6%～20%，在颗粒饲料中每月失活率为5%～20%。但经包被处理后，在适宜贮存条件下 6 个月后损失可降到 6％以下。同为维生素 K_3，MPB 稳定性优于 MSB。

MSB 的生物活性为维生素 K_3 的 52.1％；MPB 的生物活性为维生素 K_3 的 45.5％，即：

1 μg 甲萘醌（K_3）＝1.92 μg MSB＝2.52 μg MSBC＝2.20 μg MPB

5. 维生素 B_1（硫胺素） 主要有盐酸硫胺素和硝酸硫胺素两种，分别执行国家标准 GB7295—87 和 GB7296—87。

盐酸硫胺素 分子式为 $C_{12}H_{17}ClN_4OS \cdot HCl$，是白色或结晶性粉末，无臭或略具异臭，易溶于水，难溶于乙醇和甘油，熔点为 245℃，纯度为 98％以上。

硝酸硫胺素 分子式为 $C_{12}H_{17}N_5O_4S$，是白色至微黄白色结晶或结晶粉末，稍具异臭，较难溶于水，极难溶于乙醇，几乎不溶于三氯甲烷，熔点为 193℃，纯度为 98％以上。

生产厂家有东北制药总厂、上海第一制药厂、天津中津制药厂和杭州第一制药厂等，也有国外进口产品。

维生素 B_1 在避光防湿的容器中，对高温及空气中氧稳定，酸性溶液中稳定，中性、碱性溶液中则分解，与钠、钾、硫酸、亚硝酸、盐、生鱼、生贝及氧化还原剂共存时易分解。通常贮存条件下，每月效价减少 1％～2％。在室温下贮存颗粒料 3 个月后留存率为 60％～80％。硝酸盐比盐酸盐稳定。

盐酸盐的相对活性为维生素 B_1 的 79％，硝酸盐的相对活性为维生素 B_1 的 81％，通常以 mg 为计算单位。

6. 维生素 B_2（核黄素） 饲料添加剂产品主要有核黄素、5-磷酸核黄素钠及核黄素丁酯酸三种，按剂型及来源有结晶纯粉末、散剂及发酵产品。

核黄素　分子式为$C_{17}H_{20}N_4O_6$，外观为黄色至橙色结晶粉末，稍有异味，极难溶于水，几乎不溶于乙醇、醚和三氯甲烷，溶于氢氧化钠液，遇光分解，熔点为280℃。饱和水溶液为中性，干燥后含核黄素96%以上。

5-磷酸核黄素钠　分子式为$C_{17}H_{20}N_4O_9PNa$，其性状与核黄素类似。

核黄素丁酸酯　分子式为$C_{33}H_{44}N_4O_{10}$，本品为橙黄色结晶或结晶状粉末，极易溶于乙醇和三氯甲烷，几乎不溶于水，熔点约为148℃，干燥后含核黄素酸酯97%以上。

维生素B_2执行国家标准GB7297—87，生产厂家有天津河北制药厂、西安制药厂、上海葡萄糖厂和湖南衡阳制药厂等。也可得到进口产品。

维生素B_2在可见光及紫外线下不稳定，对高温及氧稳定，在光线存在下的碱溶液中迅速分解。应避免高湿环境及与大量还原剂如亚硫酸盐、抗坏血酸等共存。干燥状态下，在预混料或配合饲料中均稳定，贮存12个月效价仅减1%～2%。

5-磷酸核黄素钠的相对活性为B_2的79%。在含蛋白质和能量高的饲料中或低温饲养条件下或使用磺胺、抗生素药物以及口角、眼结膜炎症时，应增加供给。

7. 维生素B_6(吡哆醇)　饲料添加剂使用者多为吡哆醇盐酸盐，分子式为$C_8H_{11}NO_3 \cdot HCl$，本品为淡黄色结晶性粉末，无臭，有苦味及酸味，易溶于水，难溶于乙醇，几乎不溶于丙酮、醚及三氯甲烷。一般产品纯度为98%以上。我国生产厂家有北京第二制药厂和上海第八制药厂等，执行国家标准GB7298—87。

维生素B_6对热、氧稳定，在碱或中性溶液中易被光线破坏，酸性溶液中较稳定，与胆碱、矿物质共存时易分解。正常情况下相当稳定，每月效价损失仅1%左右。颗粒饲料在室温保存3个月，存留率为80%～100%；在预混料中37℃贮存3个月，存留率约为45%。盐酸吡哆醇较吡哆醛或吡哆胺稳定。

饲料中能量及蛋白质含量增加或饲服磺胺及抗生素的情况下，需增加供给量。吡哆醇盐酸盐的相对活性为吡哆醇的82%。

8. 维生素 B_{12} 系含钴的红色结晶化合物，分子式为($C_{63}C_{88}O_{1}4N_{14}PCo$)，饲料添加剂用产品多为氰钴胺素纯品，经碳酸钙粉、淀粉、无水硅酸盐或脱脂米糠等吸附，稀释成的低浓度粉末，含量有1%、5%和10%的产品，纯品为结晶或结晶粉末，较难溶于水，难溶于乙醇，几乎不溶于丙酮、乙醚和三氯甲烷，有吸湿性。执行国家标准GB9840—88，我国华北药厂淀粉分厂生产，也有瑞士罗氏药厂进口。

维生素 B_{12} 在中性及弱酸溶液中稳定，在光、紫外线、高温、强酸、碱性溶液中及还原剂存在下均不稳定。正常状况下相当稳定，稀释品每月效价损失1%～2%，但在大量氯化胆碱、烟酸、维生素C、维生素 B_1 及硫酸亚铁等存在下逐渐分解。

9. 维生素 B_5(尼克酸、烟酸) 饲料级的商品形式为烟酸和烟酰胺，产品的有效成分为98%～99.5%和50%两种，分别执行国家标准GB7300—87和GB7301—87。

尼克酸 分子式为 $C_6H_5NO_2$，白色至白色结晶性粉末，无臭或稍有异味及酸味，较难溶于水，难溶于乙醇，溶于氢氧化钠溶液及碳酸氢钠溶液，熔点为234～237℃。

尼克酸胺 分子式为 $C_6H_6N_2O$，白色至微黄结晶性粉末，无臭或稍有异味及苦味，易溶于水、乙醇及甘油，难溶于乙醚。

烟酸的国内生产厂家有北京第二制药厂、厦门第二制药厂等；烟酰胺的国内生产厂家有北京第二制药厂、天津河北制药厂和太原制药厂等。

维生素 B_5 对氧、光、热均稳定，每月效价损失在1%以下，在预混饲料中可稳定贮藏3个月，在颗粒料中，室温贮存3个月，烟酸活性存留率可达95%～100%，一般甚少出现稳定性方面的问题。

尼克酰胺不具酸性，无刺激性，故一般添加剂多用本品；尼克酸带静电性强，应先与抗静电赋形剂混合再制成预混料。尼克酰胺的相对活性为尼克酸的101%。

10. 泛酸（维生素B_3）泛酸不稳定，通常是利用泛酸的钙盐作为饲料添加剂。泛酸钙有消旋（*DL*）-泛酸钙和右旋（*D*）-泛酸钙两种。

D-泛酸钙　分子式为$C_{18}H_{32}CaN_2O_{10}$，本品为白色粉末，无臭，有苦味，易溶于水，较难溶于甘油，极难溶于乙醇，几乎不溶于乙醚及三氯甲烷。

DL-泛酸钙　本品水溶液（1→10）无旋光性，其余性状同*D*-泛酸钙。

D-泛酸钙执行国家标准GB7299—87，生产厂家有上海第二制药厂、江苏昆山化工厂等。

泛酸一般情况下较稳定，在贮藏中每月效价损失1%以下，但混合酸性原料（如烟酸及胂酸等）后，每月效价则减少25%左右。本品在碱性溶液内不稳定，高温、重金属盐及酸均可加速其分解，易潮解，应避免与空气接触。在制粒中有少许损失，颗粒料在室温下贮存3个月，泛酸活性存留率为80%～100%。

泛酸钙流动性差，应先加稀释剂或助流剂再使用。

D-泛酸钙的生物活性为泛酸的91.6%，*DL*-泛酸钙的生物活性为泛酸45.8%。

11. 叶酸　系由谷氨酸、对氨基苯甲酸及喋啶基结合而成的维生素，饲料添加剂所使用的是化学合成的叶酸。分子式为$C_{19}H_{19}N_7O_6$，为黄色至橙黄色结晶粉末，无臭，几乎不溶于水、乙醇及其他有机溶媒，溶于稀氢氧化钠液及碳酸钠溶液，在溶于盐酸及硫酸时，溶液变为黄色。

饲料级叶酸执行的国家标准为GB7302—87，生产厂家有常州制药厂、北京第二制药厂、天津河北制药厂、厦门第二制药厂等。

叶酸在光线尤其是紫外线下，效价降低甚速；在酸、碱、胆碱及氧化还原剂中易分解，中性水溶液中较稳定。

在含有氯化胆碱及微量元素的预混剂中稳定性差，在室温下贮藏3个月，其损失可达50%，而且随温度的升高损失增多。

12. 生物素　添加剂所用生物素为以淀粉、脱脂米糠、碳酸钙等稀释的粉末状产品，含*D*-生物素1%或2%。本品外观为白色至淡黄色粉末，无臭、无味，难溶于水，极难溶于乙醇，几乎不溶于醚及三氯甲烷，熔点为228～232℃。纯品干燥后含生物素98%以上。

我国暂时无生物素生产，主要由瑞士罗氏药厂和日本味之素公司进口。

生物素一般很少有效价降低的情形，每月效价损失在1%以下，但在高温、紫外线及矿物质存在下则不稳定。在含有40%～60%有机载体的预混合料中，贮藏损失很小，当饲料中脂肪氧化酸败对其活性影响较大。在应用驱(抗)虫药物、抗生素及饲料中微生物含量增高时，需增加供给量。

13. 胆碱(维生素B_4)　分子式为$C_5H_{14}ClNO$，添加剂所用的为氯化胆碱，主要有液态和粉剂两种形式，液态含氯化胆碱量多为75%，是近于澄清的黏性液体，稍有异味，可与乙醇混合，几乎不溶于醚及苯，pH值为6.5～8.0，有吸湿性，吸收二氧化碳后发生胺的臭味。粉剂是用液态氯化胆碱吸附物料如麸皮、玉米轴粉、脱脂米糠、矽土及无水硅酸盐等制成，含氯化胆碱量多为50%，生产中多用50%的粉剂。生产厂家有沈阳石油化工厂、浙江萧山岩石化工厂、天津渤海兽药厂、内蒙古赤峰兽药厂、山西栖霞添加剂厂等。

氯化胆碱在预混料及配合饲料中均很稳定，但吸湿性强，会破坏其他维生素等成分，液态氯化胆碱贮存于软钢或镀锌容器中，颜色会变深。

饲料厂直接使用液态氯化胆碱需另设贮存、添加设备。粉状产品处理方式同一般添加剂，宜单独添加，不可与其他维生素预混料混合在一起。

氯化胆碱的相对活性相当于胆碱的78%，故75%的氯化胆碱效价为胆碱的65.25%，50%制品为其43.5%。一般在高能饲料或饲料中蛋氨酸、维生素B_{12}及叶酸不足时，应增加供给量。

14. 维生素C(抗坏血酸) 维生素C又称抗坏血酸。天然的维生素C为还原型，甚易转化成氧化型，此型虽尚可转变成还原型，但进一步氧化后则不具生物效力。补充维生素C的饲料添加剂以*L*-抗坏血酸及其钙盐居多。

抗坏血酸 分子式为C_6H_8O，为白色结晶或结晶性粉末，无臭，有酸味，易溶于水，较难溶于乙醇，水溶液(1→50)的pH值为2.4～2.8，熔点约190℃，纯度99%以上，重金属含量20 mg/kg以下，不可含砷。

抗坏血酸钙 分子式为$C_{12}H_{14}CaO_{12}\cdot 2H_2O$，为白色至黄白色结晶性粉末，无臭、无味、易溶于水，几乎不溶于丙酮、醚及甲醇，纯度在98%以上，重金属含量20 mg/kg以下，砷4 mg/kg以下。

维生素C执行国家标准GB7303—87，我国主要有北京制药厂、石家庄制药厂和东北制药厂等生产。

维生素C在空气中易氧化；高温、矿物质及碱中不稳定，酸中较稳定。在制粒、膨化、干燥等工艺处理甚易破坏。室温贮藏6～8周效价降低10%以上。结晶抗坏血酸在预混料中(有机载体40%～60%)，贮藏6个月损失为12%；当用无机载体时，损失增大。其钙盐稳定性高于抗坏血酸。对处于应激状态动物(如产蛋鸡热应激蛋壳质量下降)、幼畜及种畜补充可起到良好效果。

本品除用于坏血病及创伤愈合不良者外，尚可增强机体对传染病和中毒的抵抗能力，也用于动物肝炎、子宫及阴道炎、结肠炎及心脏病等。本品不宜与碱性药物(如碳酸氢钠、谷氨酸钠等)及核黄素、维生素K_3、铜离子的溶液配合，以免影响疗效。

三、维生素添加剂预混料配制技术

（一）确定维生素添加量的原则　维生素预混料配方设计关键是确定维生素添加量。在确定维生素添加量时需要注意以下几点：

1. 正确认识饲养标准　饲养标准是在实验条件下测得的维持动物不发病或纠正维生素缺乏症所需要的最低需要量，它包括了饲料中所提供的维生素，是在试验条件下提出的数据，不是添加量，所以它不能反映家猪正常生长发育的生理需要，故不适于在生长条件下应用。猪对维生素的最佳需求量应当是保持动物健康、生长、繁殖、生产效果最好的需要量。目前，对最佳需要量的研究并不十分充分。实践证明，最佳需要量常比最低需要量高出几倍。但维生素成本较高，在生产中宜本着经济合理的原则，选择饲用效果并非最佳的、但经济效果最好的配方，即在饲养标准基础上，适当增加维生素给量，以取得最佳经济效果。高出饲养标准的给量称安全系数。

2. 考虑饲料中以及商品性维生素添加剂中维生素的生物学效价及稳定性　饲料中有的维生素本身含量较高，因而相应的维生素添加量可适当减少。维生素商品制剂的生物效价受环境条件、饲养技术、基础饲料构成、抗维生素因子、维生素稳定性、贮藏加工条件等因素的影响很大，故维生素添加量应以使用时的效价为准，根据饲养标准、环境条件的变化，参照各地配方的用量来确定。

3. 考虑所设计配方的使用条件　维生素添加剂预混料配方是根据使用对象，包括动物品种，生理阶段和生理特点，使用目的制定，有特定的使用范围，不能滥用，另外还要考虑不同应激条件下家猪对维生素需要量的增加。

4. 注意配方所选原料间的可配伍性　可配伍性可能导致部分维生素用量的增减。

5. 考虑经济效益　在满足畜禽需要的前提下，应权衡产品成本,平衡不同价格的维生素添加剂在配方中的用量。在考虑诸多因素后所确定的需要量即作为配方保证剂量。由于大多数维生素在加工和贮存过程中要损失掉一部分维生素,所以为保证用户在使用时各种维生素含量能达到标签上所保证的剂量,生产厂家的生产配方往往要有一定的增量,即常说的"安全阈量"或"保险系数"。一般"保险系数"的变动范围为10%～30%,或更大一些。建议各种维生素产品的保险系数如下:维生素 A,2%～3%;维生素 D_3,5%～10%;维生素E,1%～2%;维生素K_3,5%～10%;维生素B_1,5%～10%;维生素 B_2,2%～5%;维生素 B_6,5%～10%;维生素 B_{12},5%～10%;叶酸,10%～15%;烟酸,1%～3%;泛酸钙,2%～5%;维生素C,5%～10%。

6. 配方中的维生素用量不宜过高　维生素是营养性添加剂,过量的维生素不但不经济,有的维生素还会带来相反的效果。如过量的胆碱影响钙、磷吸收,维生素C过多影响铜的吸收以及贮留量减少等。

(二)维生素配方设计的方法和步骤

1. 确定维生素种类和用量　以动物饲养标准为基础,视饲养的具体条件,确定维生素的种类及其使用数量。

2. 确定各种维生素的保险系数　为使预混料中各种维生素在使用时能达到保证剂量,在设计配方时,可依据环境条件加以适当的增量及安全阈量或保险系数。保险系数的大小应以保证动物生产的经济效果最佳为度。

3. 计算各种维生素需要添加量　即需要量加上保险系数。

4. 计算维生素商品添加剂原料用量　将各种维生素的添加量换算成商品维生素添加剂原料用量。即:商品维生素添加剂原料用量=维生素添加量/维生素商品添加剂活性成分含量。

5. 确定载体和载体用量　可作为维生素预混添加剂载体的种类很多。设计配方时,可根据配方的特点和使用目的选用适宜的载体,然后按维生素预混料添加剂的预定使用量(0.1%～1.0%)

计算载体用量。

6. 抗氧化剂的添加　抗氧化剂宜按最低标准使用，多采用每吨全价料100 g。

(三)某些维生素添加剂量的变化

1. 不同种类维生素制剂的稳定性是不同的，维生素A、维生素D制剂比其他维生素易失去活性，及时进行包被处理也容易失活，而且常用饲料原料中不含维生素A、维生素D，所以维生素A、维生素D的添加量要比需要量高。

2. 常用饲料原料中维生素B_1、维生素B_6和生物素含量丰富，为了降低复合维生素的成本，三者的用量可以比需要量降低一些，特别是生物素，饲料中的生物素一般含量丰富，且生物学价值较高，所以添加剂中可以适当少加。

3. 氯化胆碱呈碱性，与其他维生素一起配合时，会影响到其他维生素效价，所以应单独添加。

4. 其他维生素按需要量添加，饲料原料中的含量按安全阈量对待。

5. 猪的盲肠较发达，内含大量微生物，可以合成部分B族维生素，所以B族维生素与家禽比较，可适当少加。

6. 饲养中，如果适当饲喂青绿饲料，可减少维生素的添加量。

(四)生长猪维生素添加剂预混料配方设计举例(表11-9)

1. 根据饲养标准和以上原则，确定每千克饲料中维生素含量。

2. 确定每吨饲料中维生素预混料的添加量，一般添加量为150～250 g，本例为250 g。

计算过程如下：

(1)计算每吨饲料各种维生素用量　例：

维生素A　8 000 IU/kg×1 000＝8 000 000 IU

维生素E　10 mg/kg×1 000＝10 000 mg＝10 g

其他依此类推。

(2)计算1 kg维生素预混料中各种维生素含量

维生素A 1 000/250×8 000 000＝32 000 000 IU

维生素E 1 000/250×10＝40 g

(3)确定每千克复合维生素预混料中各种维生素的原料用量

例如:维生素A 32 000 000÷500 000＝64 g

维生素E 40÷50%＝80 g

(4)计算各种维生素总和525.7 g,另加100 g抗氧化剂,载体374.3 g,总共为1 000 g。这种维生素每吨生长猪配合饲料添加200 g即可,但并不固定,如果饲喂青绿饲料,可适当少加,如果制粒,则应适当多加10%～20%(表11-9)。

表11-9 生长育肥猪维生素预混料配方计算示例

原 料	每千克饲料含量		每千克维生素预混料中	原料有效成分含量	每千克维生素中原料量(g)
	INRA标准	设计标准			
维生素A	6 000	8 000	3.2×10^7 IU	50万/g	64
维生素D	900	2 000	0.8×10^7 IU	50万/g	16
维生素E	50	10	40 g	50%	80
维生素K	0	2	8 g	50%	16
维生素B_1	2	1	4 g	98%	4.1
维生素B_2	6	8	32 g	96%	32.7
维生素B_3	20	20	80 g	98%	81.5
吡哆醇	2	0.5	2 g	98%	2
维生素B_{12}	0.01	0.01	0.04 g	1%	4
烟酸	50	50	200 g	98%	205
叶酸	5	5	20 g	98%	20.4
生物素	0.2	0	0	1%	0
原料					525.7
抗氧化剂					100
载体					374.3
合计					1 000

（五）维生素添加剂生产　与微量元素生产类似，不赘述。

（六）维生素添加剂预混料的贮存保管

1. 分类贮存　维生素具有易受多种因素影响而稳定性差的特点，因此，将维生素添加剂单独贮存必然比维生素添加剂、微量元素添加剂、药物性添加剂等混合在一起贮存效果要好。特别要尽量减少微量元素和维生素之间相互接触的机会，减少活性成分的损失。

2. 严格控制使用期　在贮藏过程中，维生素添加剂预混料中的某些微量成分的活性受贮藏温度、湿度、酸碱度、载体的含水量、贮藏时间等多种因素的影响，为了避免活性成分的损失，可通过超量使用和选用优质原料的办法来控制使用期。一般要求维生素添加剂预混料在生产后的1个月内用完，最长不能超过3个月，把超量降至最低点，以降低成本，提高经济效益。

3. 贮藏条件　维生素添加剂预混料的成品贮藏条件要求通风、干燥、低温、隔热，避免直接的阳光照射，以保证维生素添加剂预混料的质量。

（七）猪各阶段维生素添加剂的典型配方（表11-10至表11-12）

表11-10　猪各阶段维生素添加剂的推荐配方

维生素	原料中有效成分含量	各种维生素在预混料中所占比例（%）					
		乳猪5～10 kg	仔猪10～20 kg	育成20～55 kg	育肥55 kg至上市	妊娠母猪	泌乳母猪
维生素A（g）	50万IU/g	0.44	0.33	0.22	0.22	0.55	0.3
维生素D_3（g）	50万IU/g	0.044	0.044	0.033	0.022	0.033	0.033
维生素E（g）	50%	2	1.5	1	1	2	2
维生素K_3（g）	50%	0.4	0.3	0.2	0.2	0.4	0.4
维生素B_1（g）	98%	0.77	0.77	0.51	0.51	0.77	0.51
维生素B_2（g）	96%	0.37	0.26	0.16	0.16	0.37	0.37

续表 11-10

维生素	原料中有效成分含量	各种维生素在预混料中所占比例(%)					
		乳猪 5～10 kg	仔猪 10～20 kg	育成 20～55 kg	育肥 55 kg 至上市	妊娠母猪	泌乳母猪
维生素 B_6(g)	98%	0.05	0.05	0.046	0.046	0.051	0.051
维生素 B_{12}(g)	1%	0.15	0.13	0.075	0.05	0.13	0.13
D-泛酸(g)	80%	1.25	0.94	0.63	0.63	0.94	0.94
叶酸(g)	98%	0.04	0.04	0.038	0.038	0.041	0.041
烟酸(g)	95%	1.84	1.32	0.79	0.79	1.05	1.05
生物素(g)	2%	0.13	0.13	0.13	0.13	0.5	0.5
胆碱(g)	50%	30	30	25	25	50	50
抗氧化剂(g)		6	6	6	6	6	6
载体(g)		56.53	58.21	65.18	65.22	37.19	37.68
合计(g)		100	100	100	100	100	100

注:成年公猪的维生素添加剂配方同妊娠母猪;在饲喂玉米-豆粕日粮的育成和育肥猪配方中也可不添加胆碱,此处添加是为了保险,种猪日粮中应添加胆碱;按上述的配方制作的维生素预混料在全价配合料中的添加比例为0.2%。

表 11-11　仔猪维生素添加剂配方　　g

原　料	配方1	配方2	原　料	配方1	配方2
维生素 A	180	145	烟酸	40	30
维生素 D_3	50	35	泛酸钙	21	16
维生素 E	80	62	叶酸	2	1.5
维生素 K_3	4	3	生物素	0.3	0.225
维生素 B_1	4	3	维生素 C	120	100
维生素 B_2	10	8	抗氧化剂	3	3
维生素 B_6	6	4.5	载体	480	589
维生素 B_{12}	0.046	0.034	合计	1 000	1 000

表 11-12　生长育肥猪维生素添加剂配方　　g

原　料	配方 1	配方 2	原　料	配方 1	配方 2
维生素 A	180	145	烟酸	40	30
维生素 D_3	50	35	泛酸钙	21	16
维生素 E	80	62	叶酸	2	1.5
维生素 K_3	4	3	生物素	0.3	0.225
维生素 B_1	4	3	维生素 C	120	100
维生素 B_2	10	8	抗氧化剂	3	3
维生素 B_6	6	4.5	载体	480	589
维生素 B_{12}	0.046	0.034	合计	1 000	1 000

第五节　复合预混料添加剂生产技术

一、复合预混料添加剂的概念和作用

（一）概念　复合预混料添加剂一般是指将维生素、微量元素、氨基酸及其他非营养性添加剂与稀释剂按一定比例混合制成的均匀的添加预混物，其中的非营养性添加物主要包括抗生素、酶制剂、益生素、调味剂、抗氧化剂及防霉剂等。

优点是用户使用方便，通用性强，适合于小型饲料厂和养殖场；缺点是由于多种原料复合，特别是微量元素与维生素接触，容易造成维生素失效。

（二）作用　复合预混料与维生素和微量元素预混料比较，除了能补充维生素和微量元素不足以外，还可以将平时很难单独添加到饲料中的抗生素、调味剂等通过预混合添加到饲料中去，并混合均匀，从而提高这些微量成分的安全性。

二、猪复合预混料添加剂的配方设计

(一)设计复合预混料配方应注意的问题

1. 超量添加维生素　一般在进行复合预混料设计时,对脂溶性维生素添加量一般要超量50%～200%;对水溶性维生素添加量一般要超量10%～20%。

2. 选择稳定性好的原料　选择原料时,如果有可能,尽量选择经过稳定处理的维生素原料。

3. 使用硫酸盐作原料时,尽量选择低结晶水或无结晶水的盐类,或选用微量元素的氧化物。

4. 控制氯化胆碱在预混料中的比例　氯化胆碱破坏脂溶性维生素严重,应尽量控制比例,一般要使其在20%以下。

5. 在预混料中加入抗氧化剂　按配合饲料总量每吨加入150 g抗氧化剂,可减少维生素损失。

6. 适当增加载体或稀释剂的比例　在预混料中增加载体或稀释剂的比例,可降低预混料中微量组分的浓度。

7. 抗生素与药物添加问题　由于使用抗生素及化学合成药物会产生抗药性以及在动物体组织及产品中药物残留,因此,在药物添加时应特别注意,尽量使用畜禽专用、低残留药物,同时对同一种药物不能长期使用,而应几种药物轮流使用。

8. 各种微量组分的相互影响　复合预混料中的某些有效成分相互接触时会发生反应而失效,如当有微量元素铁、锌、铜、锰存在时,贮存三个月,预混料中的维生素K损失80%以上,维生素B_6损失20%以上;当饲料中含有磺胺类和抗生素时,维生素K的添加量将增加2～4倍,因此在进行复合预混料制作时,微量元素预混料和维生素预混料应单独制作、单独存放,使用前再临时混合,或者加大载体或稀释剂的用量,是复合预混料的用量占配合饲料的1%～2%。同时严格控制预混料的含水量不应超过5%。

(二)复合预混料配方设计步骤

(1)首先确定预混料在饲料中的添加比例。

(2)计算每吨配合饲料中各种维生素的添加量,计算方法详见“维生素预混料配方”部分。

(3)计算每吨配合饲料中各种微量元素的添加量,计算方法详见“微量元素预混料配方设计”部分。

(4)计算各种氨基酸、抗生素药物的添加量。氨基酸的添加量主要依据饲养标准对氨基酸的需要量和推荐配方各种主要原料氨基酸含量之和的差值计算;抗生素的添加量一般按该种抗生素的预防添加量添加。

(5)添加必要的抗氧化剂、防霉剂、调味剂等添加剂成分,添加量按使用说明添加。

(6)计算 2+3+4+5 四项之和,计算与预混料设计添加量之差,即为载体和稀释剂的添加量。例如:1%生长猪预混料(表 11-13)。

表 11-13 1 %生长猪预混料

组　分	添加量(g)	比例(%)
维生素预混料	150	1.5
微量元素预混料	1 500	15
氯化胆碱	1 000	10
蛋氨酸	600	6
赖氨酸	1 000	10
杆菌肽锌(40 g/kg)	200	2
抗球虫药	100	1
抗氧化剂	150	1.5
载体	4 300	43
总计	10 000	100

三、复合添加剂的典型配方（表11-14，表11-15）

表11-14 0.5%猪用预混料微量元素和维生素含量

成 分	乳猪	小猪	中、大猪	母猪
维生素A(IU)	241.3	119.5	100.3	240
维生素D_3(IU)	43.7	23.9	20	40
维生素E(IU)	6 550	2 270	1 900	8 000
维生素K_3(mg)	650	227	190	800
维生素B_1(mg)	180	50	44	240
维生素B_2(mg)	1 610	930	780	1 400
维生素B_6(mg)	240	124	104	240
维生素B_{12}(mg)	6.3	4.1	3.5	5.8
烟酸(mg)	8 520	4 540	3 810	8 000
泛酸(mg)	4 310	2 320	1 950	4 000
叶酸(mg)	185	18	15	300
生物素(mg)	25	0	0	44
铁(g)	28.1	24.8	17.9	18.7
铜(g)	33.9	21.1	14.4	3.3
锌(g)	26.0	24.0	21.1	22.0
锰(g)	10.4	9.6	8.4	8.8
碘(mg)	156	144	126	132
硒(mg)	78	72	63	66

表11-15 1%猪用预混料微量元素和维生素含量

成 分	乳猪	小猪	中、大猪	母猪
维生素A(IU)	120	58	51	120
维生素D_3(IU)	22	11	10	20
维生素E(IU)	3 300	1 100	1 000	4 000
维生素K_3(mg)	300	110	90	400
维生素B_1(mg)	90	26	20	120
维生素B_2(mg)	810	450	400	700

续表 11-15

成　分	乳猪	小猪	中、大猪	母猪
维生素 B_6(mg)	120	60	50	120
维生素 B_{12}(mg)	3	2	2	3
烟酸(mg)	4 300	2 200	2 000	4 000
泛酸(mg)	2 100	1 100	1 000	2 000
叶酸(mg)	100	9	8	150
生物素(mg)	13	0	0	22
氯化胆碱(g)	40	36	30	36
铁(g)	20	13	12	2
铜(g)	12	11	10	10
锌(g)	70	66	60	60
锰(g)	35	33	30	30
碘(mg)	70	66	60	60
硒(mg)	35	33	30	30
钴(mg)	120	110	100	100

以上资料引自《现代饲料生产》。

第六节　预混料生产管理

一、预混料的生产方式及组织

专业化的预混料生产厂往往安装了自动化的预混料配料系统，非专业化的饲料厂往往采用半手工方式生产预混料；不管采用何种方式，预混料的生产、原料及成品储藏都要有专门的区域和人员。在非专门生产预混料的饲料厂，应设一预混料生产组长，向生产主管或生产科长汇报工作；预混料生产班组既负责外销预混料的生产，也负责生产本厂内浓缩及配合饲料的小料。

二、预混料接收及标示

预混料生产所需原料品种多、价格贵、规模大的饲料厂要有特定人员负责接收，中小型饲料厂可以由大宗原料的仓库保管员负责接收，并存放在特定库房或库房内特定区域，预混料及其原料对存放区域的要求更加苛刻，比全价饲料和浓缩料都要严格得多，防潮和避免阳光直射是最基本的条件。

质检员在接收预混料时要确认如下内容并做详细的接收记录。

(1)产品名称及有效成分含量；

(2)生产商及供应商；

(3)生产日期及保质期；

(4)包装数量及包装规格；

(5)是否有醒目的中文标示；

(6)包装是否完整等。

原则上，生产车间不要存放过多的微量元素原料及药品，使用时由专门人员负责搬运。

三、车间布局

预混料车间内布局应便于操作员取放原料，称量和混合，设备安装在车间中部，原料摆放在设备周围，用量大的原料存放在距离称量设备和混合机添加口近的位置，这样缩短了操作人员的走动路径。

四、预混料配料顺序

先配部分载体，再配有效成分，最后配剩余的载体；称量务必保证准确，称的精度要满足生产预混料的要求并及时矫正和回零；已拆口的微量元素原料，当日不能用完的必须在包装上标记剩余重量并缝口；微量原料也要执行“先进—先出”制度。

五、防止交叉污染

预混料在生产过程中的交叉污染主要发生在两个位置，一是称量设备，二是混合机；为尽可能减少交叉污染，要固定称量设备，即每种原料有专用的称量设备，如果暂时无法做到，至少要保证微量元素、维生素、药物分开称量，同时按计划清理混合机，每次清理都要保证混合机内没有残存物料，特别要注意死角处的清理。保证工作区域卫生是防止交叉污染的有效措施。

六、油脂的使用

添加油脂能有效减少粉尘和改善混合效果，一般选用矿物油。在使用油脂时要先将油脂和部分载体充分混合，保证无油块后再添加有效成分；油脂的添加量一般不超过1％。如生产预混料自用，建议复合维生素预混料不添加油脂。

七、氯化胆碱的添加

氯化胆碱是强碱性物质，氧化性、腐蚀性很强，如果与维生素混合接触，易造成部分维生素失效，建议不要将其添加到高浓度预混料中，在生产浓缩和配合饲料时直接添加到混合机中。

八、个人保护

由于经常接触微量原料和药品，会对人体造成伤害，所以预混料操作员必须注意个人的保护；生产主管要配备必要的劳保用品诸如手套、面具等，生产人员在生产过程中一定要戴好防护面具、手套，尽量减少身体与原料的直接接触，同时，如果条件许可，应每日洗澡。

九、盘点

盘点是预混料品质保证的关键措施，由于不能像浓缩及配合饲料那样随时化验一些指标，生产预混料的品质保证主要靠盘点，质检人员要随时到预混料车间和操作员一起检查库存，发现问题立即查找原因。同时要鼓励操作员自查，不可隐瞒错误或将错就错。

十、清单和生产记录保存

每种微量原料和药品都要自己的使用清单，详细记录使用日期、用量、去向，以备盘点和发生问题时有据可查。操作员每天要记录生产状况，确定产品是否合格；清单和生产记录至少保存一年时间。

第十二章　浓缩料配制技术

近年来，随着养殖规模的变化，浓缩饲料的优势逐渐表现出来，浓缩饲料以其特有优势在饲料市场，特别是生长育肥猪饲料市场所占比例越来越大，很多饲料生产商在育肥猪料上主要以浓缩料为主，而且对于规模较小猪场而言，使用浓缩料也是一个相对合适的选择，所以浓缩料生产，对生长育肥猪而言具有相对特殊的地位。

第一节　浓缩料的概念与特点

一、浓缩料的概念

浓缩料是指由蛋白质饲料、维生素、矿物质、微量元素预混料组成的饲料，它是一种半成品饲料，不能单独使用。使用之前，必须按一定比例与其他成分（主要是能量饲料）先混合，成为全价或近似全价配合饲料。

过去一般认为浓缩饲料是简单的由全价饲料去掉能量饲料部分获得，但现在浓缩的概念已被扩大，浓缩饲料在全价饲料中所占的比例随使用的目的、动物的品种及使用阶段的不同变化较大，一般占5%～50%，使用最多的是20%～40%。比例较低的浓缩料在配制全价料时应按需要适当加入一定比例的蛋白质饲料，而高比例的浓缩饲料中也可加入少量的能量饲料。

二、浓缩料的特点

浓缩饲料一般由专业饲料厂生产，与其他类型饲料比较具有自身独有的优势：

(1)由于能量饲料在全价饲料中所占比例较大(60%～80%)，浓缩饲料去掉该部分后，既可减少运输费用，又可充分利用当地的能量饲料降低成本。

(2)使用浓缩饲料配制全价饲料技术简单，设备要求不高，小型农场和养殖大户都可做到，所以具有较大推广应用市场。

(3)使用浓缩饲料，特别是高浓缩饲料，还可充分开发利用本地的蛋白饲料、青绿饲料资源。

(4)浓缩饲料要求饲料原料种类多、技术含量高，所以一般要求饲料生产上生产水平、技术力量强，通过浓缩饲料的推广使用可以建立完善的饲料工业体系，提高养殖水平。

尽管浓缩饲料具有一定的优点，但也存在一些缺点，最主要的是由于浓缩饲料在配方设计时要考虑的能量饲料是按照能量饲料原料的平均值计算的，而各地由于原料品种、收割储存时间的差异，原料营养值有一定的变化，所以按相同比例配制的饲料可能营养水平并不相同，因此可能造成有时营养不足，有时又会出现营养过剩，使得饲养效果不稳定，这是限制浓缩饲料质量的根本因素。

第二节 浓缩料的配方设计

一、浓缩料设计原则

(一)饲养标准原则　浓缩料加入一定比例的其他原料后，即可构成全价饲料，所以在进行浓缩饲料配制时，其营养水平应该是以其相应的饲养对象的营养需要为标准，即使浓缩料按比例加入其他原料混合后的营养浓度满足或接近饲养对象营养需要。

(二)饲养对象原则　在配制浓缩饲料时，如果条件允许，应尽可能依据不同动物品种、生长阶段、生理特点和动物产品对营养的不同需求设计不同的浓缩饲料配方，这样能最大程度的满足动物的营养需要，又可减少浪费，降低成本。对于通用性浓缩饲料，尽管生产、使用方便，但成分不尽合理，营养潜力不能最大发挥。

（三）质量保证原则　浓缩饲料配方设计时，要考虑到不同地区原料的差异性及浓缩料中活性成分在运输储存过程中可能造成的损失，所以浓缩料原料尽量选择质量较高的原料，同时应在营养水平设计上适当提高，以保证满足动物营养需要。

二、浓缩料设计注意事项

在进行浓缩料饲料配方设计时，应注意以下几点：

(1)浓缩饲料和能量饲料的比例应为一个整数，以便应用。例如：浓缩饲料用量一般为20%、30%、35%或40%，则能量饲料相应为80%、70%、65%和60%。

(2)浓缩饲料的添加比例，应根据在同一营养水平下几种常用饲料原料中比例最大的一个为参数。这是因为蛋白质饲料、矿物质饲料中所含的蛋白质、钙、磷等的量会因原料的种类、产地、加工工艺的不同而有所差别，所以使用比例最大的一种饲料原料可以保证浓缩料质量稳定的情况下，浓缩料使用比例不变，但这时就有可能造成某些营养元素过多而浪费。

(3)对其他饲料原料的营养含量应该有一个恰当、客观的估计，例如玉米蛋白质含量最低的为7.3%，而最高的则可达到9.8%，一般为8%左右，而玉米在猪饲料中占比例为50%～80%，如果使用极端数字，可使饲料蛋白相差1%以上。

(4)一般来讲，对不同生长阶段猪，应有不同的浓缩饲料，但为了生产方便，往往只设计一种浓缩料，按不同比例添加，前期使用比例多一些，后期使用比例少一些。

三、浓缩饲料的设计方法

浓缩饲料的设计方法有两种，一种是由全价饲料推算出浓缩料配方，即首先根据猪的饲养标准及饲料原料来设计全价配合饲料（详见下一章），然后把能量饲料从配方中抽去，即为浓缩饲料，这种方法较为常见，直观简单；另一种方法是单独设计浓缩饲料配方。在这里主要介绍第二种方法。

单独设计浓缩料配方，主要是一些浓缩饲料专门厂家根据现有原料及市场需求，为养殖场使用、运输方便而专门制作的半成品，它的设计主要分两种情况，一是厂家根据蛋白质、矿物质饲料的供应情况和价格以及浓缩料的营养水平，像进行全价配合饲料一样计算出最低成本配方，用户购买后再根据其营养成分含量选择能量饲料的种类和配合比例，获得全价饲料配方，这种方式能够充分利用各种现有原料，获得最低成本配方，但要求生产商必须准确标明浓缩料的各种营养成分含量，同时要求使用者具有一定的营养知识，能够进行准确计算配制；另一种情况是生产商根据一般市场要求的浓缩料使用比例和使用者所有的能量饲料种类、数量和质量，结合猪的营养需要确定浓缩料各营养成分应达到的水平，计算饲料配方。下面以第二种情况为例，举例说明浓缩饲料的配方设计步骤。

为20～60 kg生长育肥猪设计浓缩料，其中要求玉米：高粱：麸皮：浓缩料＝50：20：5：25。

（一）查20～60 kg生长育肥猪饲养标准，获得20～60 kg生长育肥猪的营养需要（表12-1）

表12-1　20～60 kg生长育肥猪的营养需要

营养素	消化能(MJ/kg)	蛋白(%)	钙(%)	磷(%)	食盐(%)	赖氨酸(%)	蛋氨酸＋胱氨酸(%)
含量	13.77	16	0.6	0.5	0.4	0.75	0.50

(二)依据营养价值表获得饲料养分含量(表12-2)

表12-2 各种原料营养成分

原料	粗蛋白(%)	消化能(MJ/kg)	粗纤维(%)	钙(%)	磷(%)	赖氨酸(%)	蛋氨酸+胱氨酸(%)
麸皮	15.62	12.15	9.24	0.14	0.96	0.56	0.28
玉米	8.95	16.05	3.21	0.03	0.39	0.22	0.20
豆饼	42.30	13.52	3.64	0.28	0.57	2.07	1.09
鱼粉	58.54	15.75	0.0	3.91	2.90	4.01	1.66
骨粉				23	12		
石粉				38			

(三)依据生长育肥猪全价料中玉米、麸皮的配比,计算玉米、麸皮所能达到的营养水平(表12-3)

表12-3 玉米、麸皮所能达到的营养水平

原料	用量(%)	蛋白(%)	消化能(MJ/kg)	钙(%)	磷(%)	赖氨酸(%)	蛋氨酸+胱氨酸(%)
玉米	60	5.38	9.63	0.018	0.23	0.132	0.07
麸皮	25	3.91	3.04	0.035	0.24	0.055	0.12
合计	85	9.29	12.67	0.053	0.47	0.187	0.19
标准	100	16	13.77	0.6	0.5	0.75	0.5
相差	15	6.71	1.1	0.547	0.03	0.563	0.31

(四)计算浓缩饲料应达到的营养水平　由以上计算可知,能量类饲料已能满足磷的需要,所以对于浓缩料来讲,只需注意保证蛋白质、消化能、赖氨酸、蛋氨酸、食盐、钙需要即可。浓缩料营养成分含量按如下方法计算:

某营养素含量=差值/浓缩料添加比例(表12-4)

表 12-4 生长育肥猪浓缩料所应达到的营养水平

消化能	粗蛋白	赖氨酸	蛋＋胱氨酸	食盐
1.1/0.15 ＝7.33	6.71/0.15 ＝44.73	0.563/0.15 ＝3.75	0.31/0.15 ＝2	0.3/0.15 ＝2

(五)依据饲料原料确定浓缩料配方　原料选择依据可使用原料的种类、质量、价格，进行饲料配合，配方设计方法与全价饲料配方方法相同。赖氨酸、蛋氨酸等的不足可使用工业生产的纯品补充。

(六)确定饲料配方及营养水平(表 12-5)

表 12-5 生长育肥猪饲料配方及主要营养指标

	饲料原料	比例(%)
饲料配方	豆饼	76.9
	鱼粉	19.9
	食盐	2.0
	微量元素	0.2
	维生素	0.1
	赖氨酸	0.5
	蛋氨酸	0.4
	营养指标	含量
营养含量	消化能(MJ/kg)	13.5
	粗蛋白(%)	45.0
	赖氨酸(%)	3.75
	蛋＋胱氨酸(%)	2
	食盐(%)	2

浓缩料营养含量可完全满足要求。

四、猪浓缩料典型配方(表12-6)

表12-6 猪浓缩料典型配方 %

原 料	1	2	3	4	5	6
鱼粉	10	5	—	—	—	—
豆粕	70	70	66	65	60	65
棉粕	—	—	—	—	10	5
菜粕	—	—	10	5	—	—
葵花子粕	—	10	12	—	—	10
玉米蛋白粉	—	5.5	—	—	—	10
DDG	11.5	—	12	15	15	—
磷酸氢钙	3.5	4.5	4.5	4.5	4.5	4.5
石粉	3	3	3.5	3.5	3.5	3.5
预混料	2	2	2	2	2	2

以上资料源于某饲料厂。

第十三章　全价料配制技术

第一节　全价料的概念与配方设计原则

一、全价料的概念

依据动物不同种类、性别、生理阶段及营养状况对营养需要的不同，采用不同营养标准，结合饲养经验，将不同饲料原料按一定比例科学加工配制而成的能充分满足动物生长和生产需要的营养平衡的饲料，叫做全价配合饲料，简称全价料或配合料，配制饲料的过程和步骤称饲粮配合。

任何单一一种饲料原料都不能完全满足猪的营养需要，生产上应按照猪不同生长阶段营养需要，根据常用饲料成分及营养价值表，选用几种当地生产较多和价格便宜的能量饲料、蛋白质饲料、矿物质饲料和添加剂预混料，按一定比例配制，经科学加工制成的全价配合饲料，使它所含的养分符合饲养标准所规定的猪对各种营养物质的需求数量。

全价配合饲料是饲料生产的终产品，与浓缩饲料、预混料比较，它有如下优势：

1. 营养全面　全价饲料设计时，完全按动物生长和生产需要配制。各种营养元素能充分满足动物需要，所以在使用时不需再添加任何其他原料，可直接使用。

2. 使用方便　由于全价配合料中含有动物所需各种营养元素，而且已经过科学合理加工，适宜动物采食，所以可以直接饲喂动物,使用简单方便。

3.针对性强　全价配合饲料在进行配方设计时,已经考虑了动物的不同生理阶段、不同品种,甚至不同的饲养环境和方式,所以饲料配制更加具有针对性,可充分发掘动物的生产性能,提高经济效益。

4.充分利用资源　不同饲料原料的品质特征不同,单纯使用一种或几种饲料原料很难满足动物所有的营养需要,而如果生产全价饲料,饲料生产企业可充分考虑饲料之间的不同配合性,集中采购各种原料,合理搭配饲料原料资源,充分发挥各种饲料原料的不同营养特点,从而充分利用饲料原料的营养价值。

5.适于加工　动物不同生长阶段对饲料形态要求也有所不同,对于乳猪料、仔猪料,一般是以使用颗粒性饲料,而如果将浓缩料制成颗粒,由于蛋白质原料比例过大,很难加工,所以颗粒饲料一般以全价料生产比较合适,因此对乳猪、仔猪料一般使用全价饲料。

二、全价料配方设计原则

(一)营养丰富、配比平衡　配合饲料中的营养成分应充分满足动物生长、生产需要;各营养元素间搭配合理,营养平衡,不会造成某种营养元素的浪费。

(二)适口性好,便于采食　避免选用发霉、变质、有毒、有异味的饲料,并便于猪的采食。

(三)易于消化　依据配方配制出的饲料,应符合饲喂对象的消化生理特点,消化利用率高,并力求多样搭配。

(四)选择饲料要注意经济的原则　要因地制宜,因时制宜,尽量利用本地区现有饲料资源,选用营养丰富、质量优良而价格低廉的饲料。

第二节　全价料的配方设计所需资料

在进行饲料配方设计时，必须具有以下几方面资料，才能进行数学计算。

一、动物饲养标准

饲养标准是进行饲料配方设计的原则和依据。现在，发达的畜牧业国家都已经根据自己的本国畜禽品种和饲养条件制定了相应的饲养标准，我国猪、鸡、牛的饲养标准已经完备，猪的饲养标准主要是参考美国NRC、英国ARC以及前苏联标准，并结合我国饲养品种，又分为肉脂型和瘦肉型两种，同时，由于我国地方品种非常丰富，而且近几年又引进了大量的国外品种，并做了很多与地方品种的杂交，所以很难用一两个标准来满足所有猪的需要，因此，在进行配方设计前，应根据饲料原料情况和饲养对象（品种、年龄、大小、生理阶段和营养状况）选择合适的饲养标准，特别应重视原种场所推荐的饲养标准。

二、饲料原料

1. 饲料成分和营养价值表　饲料成分和营养价值表是通过对各种饲料的常规成分、氨基酸、矿物质和维生素等进行化学分析，经计算、统计、动物饲喂和消化代谢试验而定出的。它客观地反映了各种饲料的营养成分和营养价值，对合理利用饲料资源、提高生产效率、降低生产成本具有重要作用。

饲料配方设计是根据饲养标准所规定的各种养分需要量和饲料成分及营养价值表，选择数种饲料原料合理搭配，经科学计算获得符合猪需要的配方。

2. 饲料种类和来源　在进行配方设计时，要了解所能使用饲料原料的数量、种类和来源，在一般情况下，宜选择使用本地饲料资源，以减少交通运输、采购等费用，降低成本，另外，本地饲料生长环境、加工方式相对稳定，质量也就较为恒定，使得配制的饲料质量也能保持相对稳定。

3. 饲料的价格　在进行饲料配制时，必须考虑饲料原料价格。原料的来源不同，价格就存在差异，所以在选择原料时，必须进行质量价格比的比较，在满足营养需要、符合使用条件、范围的基础上，选择质优价廉的饲料原料，才能配制出最优成本配方，获得最佳经济效益。

此外，还应考虑饲料是否需要加工预处理，加工后对其营养价值是否有影响，如果需要加工，应选用加工费用较低的饲料原料。

三、日粮类型、预期采食量、预期生长速度和生产性能

1. 日粮类型　在进行饲料配方设计之前，应了解所要设计的配方是何种类型饲料，是全价饲料、精料补充料，还是浓缩饲料、预混料，同时还应了解饲喂对象的特点，如消化道容积、对粗纤维消化能力，只有在了解这些要求的基础上，才能够进行饲料原料、饲养标准的选择。

2. 预期采食量　饲料配方设计之前，还应考虑猪对饲料的采食量，因为猪每天所需要的营养只能由饲料来供给，而猪的消化道容积是有限的，所以饲料必须保证一定营养浓度，如果营养浓度过低，就会使猪即使采食大量饲料，仍不能满足营养需要；营养浓度过高，又会使猪采食营养量过多不能完全吸收而造成营养的浪费，所以设计饲料配方时一定要考虑合适的营养浓度，使猪既能吃好，又能吃饱。

3. 预期生长速度和生产性能　在进行饲料配方设计时，还应考虑饲喂对象的预期生长速度和生产性能，因为猪对饲料的需求，除了满足维持需要外，还应保证一定的生长速度和生产性能（繁殖、泌乳等），所以配制饲料时要考虑饲料的消化利用率，猪的正常

采食量和正常的生长速度、生产性能，以便配制出合理的饲料。

第三节 全价料的配方设计

饲料生产的核心问题是饲料配方设计，饲料配方设计方法很多，它是随着人们对饲料、营养知识的深入，对新技术、新设备的掌握而逐渐发展的，最初人们使用较为简单、容易理解的对角线法、试差法，后来发展为联立方程法、比价法等，近年来，随着计算机技术的发展，人们应用线性规划、统筹学理论，使用计算机语言开发出了功能越来越完全、使用越来越简单、速度越来越快的计算机专用配方软件，使配方设计越来越科学、全面、合理。

一、试差法

试差法又叫凑数法，是最容易理解、目前国内使用范围最广的一种手工计算方法。这种方法的具体做法和思路是：①根据经验初步拟定出各种原料在配合饲料中的大致比例；②用各自的比例去乘该种原料所含各种养分的含量；③将各种原料的同种养分之积相加，即得到该配方每种养分的总和；④将所得结果与相应的饲养标准进行比较，若有一种或几种养分超标或不足，可通过增加或减少相应的原料比例进行调整和重新计算，直到所有的营养指标都基本满足需要为止。下面以生长育肥猪全价配合饲料为例，说明该种方法的具体操作步骤。

（一）依据饲养对象选择饲养标准，确定营养需要量（表13-1）

表13-1 生长育肥猪的营养需要

营养素	消化能（MJ/kg）	粗蛋白（%）	粗纤维（%）	钙（%）	磷（%）	食盐（%）	赖氨酸（%）	蛋氨酸+胱氨酸（%）
含量	15	16	14	0.5	0.5	0.3	0.9	0.5

（二）选择饲料原料并依据营养价值表或实测值获得饲料养分含量

表 13-2　各种原料营养成分

项目	粗蛋白（%）	消化能（MJ/kg）	粗纤维（%）	钙（%）	磷（%）	赖氨酸（%）	蛋氨酸＋胱氨酸（%）
麸皮	15.62	12.15	9.24	0.14	0.96	0.56	0.28
玉米	8.95	16.05	3.21	0.03	0.39	0.22	0.20
大麦	10.19	14.05	4.31	0.10	0.46	0.33	0.25
豆饼	42.30	13.52	3.64	0.28	0.57	2.07	1.09
鱼粉	58.54	15.75	0.0	3.91	2.90	4.01	1.66
骨粉				23	12		
石粉				38			

（三）日粮初配　根据饲养经验或现成配方，按能量和蛋白需要初步确定各种原料的大致比例，并计算能量和粗蛋白水平，与营养标准进行比较，生长育肥猪的饲粮中各种饲料的大致比例一般为：谷物子实类能量饲料50%～70%，糠麸类饲料占5%～25%，蛋白质饲料15%～25%，矿物质饲料及各种添加剂1%～3%。

一般初配时，配方中不考虑矿物质饲料，所以总量应小于100%，以便留出最后添加钙、磷、食盐、维生素、微量元素、氨基酸等添加剂所需要的空间，能量、蛋白质饲料原料一般占总比例的98%～99%（表13-3）。

表 13-3　日粮初配营养水平

原料	配比（%）	消化能（MJ/kg）	粗蛋白（%）	钙（%）	磷（%）	赖氨酸（%）	蛋氨酸＋胱氨酸（%）
麸皮	10	1.22	1.56	0.01	0.10	0.06	0.03
玉米	54	8.52	4.75	0.01	0.20	0.11	0.11
大麦	15	2.11	1.53	0.02	0.07	0.05	0.04
豆饼	14	1.90	5.96	0.04	0.08	0.29	0.15
棉粕	5	0.62	1.99	0.02	0.05	0.07	0.05

续表 13-3

原料	配比（%）	消化能（MJ/kg）	粗蛋白（%）	钙（%）	磷（%）	赖氨酸（%）	蛋氨酸＋胱氨酸（%）
鱼粉	1	0.16	0.59	0.04	0.03	0.04	0.02
合计	99	14.53	16.38	0.14	0.53	0.62	0.40
与标准比较	－1	－0.47	0.38	－0.36	0.03	－0.28	－0.10

（四）调整能量与粗蛋白质水平　使消化能和粗蛋白含量符合饲养标准规定量。

进行能量、蛋白调整的方法是降低配方中一种饲料原料的比例，同时增加另一种饲料原料的含量，二者增减数相同，即用一定比例的一种饲料原料替代另一种饲料原料，计算时，先求出每替代1%时，饲粮能量和蛋白的改变程度，然后结合初配方中求出的营养含量与标准值的差值，计算出应该替代的百分数。

将上述初配日粮的营养水平与标准比较，能量稍低于标准（0.47 MJ/kg），而粗蛋白含量高于标准（0.38%），可用能量稍高而蛋白较低的玉米替代部分能量较低而蛋白较高的豆饼，豆饼蛋白含量为42.30%，玉米蛋白含量为8.95%，每替代1%，蛋白减少0.33%，因此，减少1%的豆饼，增加1%的玉米即可使蛋白含量下降0.33%，而能量提高（16.05－13.52）×0.01＝0.025 MJ/kg，基本达到了标准要求的蛋白能量水平。调整后的结果见表13-4。

表13-4　调整后的日粮营养水平

原料	配比（%）	消化能（MJ/kg）	粗蛋白（%）	钙（%）	磷（%）	赖氨酸（%）	蛋氨酸＋胱氨酸（%）
麸皮	10	1.22	1.56	0.01	0.10	0.06	0.03
玉米	55	8.68	4.83	0.01	0.20	0.11	0.11
大麦	15	2.11	1.53	0.02	0.07	0.05	0.04
豆饼	13	1.77	6.38	0.04	0.08	0.39	0.17
棉粕	5	0.62	1.99	0.02	0.05	0.07	0.05
鱼粉	1	0.16	0.59	0.04	0.03	0.04	0.02
合计	99	14.56	16.05	0.14	0.53	0.62	0.40
与标准比较	－1	－0.44	0.05	－0.46	0.03	－0.28	－0.10

从结果看，消化能和粗蛋白含量与标准比较，分别相差0.44和0.05，基本符合要求。

（五）调整磷、钙、食盐、氨基酸含量，添加微量元素、维生素

磷不足的部分用骨粉、磷酸氢钙等补充；钙不足，用石粉或贝壳粉等补充，使钙和磷达到标准要求量；食盐不足部分用食盐补充；赖氨酸、蛋氨酸不足，用人工合成的*L*-赖氨酸和*DL*-蛋氨酸进行补充；微量元素和维生素可用肉猪专用的饲料添加剂补充。

（六）列出配方及主要营养指标（表13-5）

表13-5 生长育肥肉猪饲料配方及主要营养指标

	饲料原料	比例(%)
饲料配方	麸皮	7.8
	玉米	55
	大麦	10
	豆饼	13
	鱼粉	1
	棉粕	5
	食盐	0.3
	石粉	1.2
	微量元素	0.15
	维生素	0.02
	赖氨酸	0.28
	蛋氨酸	0.1
	营养指标	**含量**
营养含量	消化能(MJ/kJ)	14.55
	粗蛋白(%)	16
	钙(%)	0.6
	磷(%)	0.5
	赖氨酸(%)	0.9
	蛋氨酸+胱氨酸(%)	0.6
	食盐(%)	0.3

二、计算机配方设计

随着计算机技术的发展和应用范围的不断扩大，科技人员考虑将计算机技术应用到饲料配方设计上，将计算机对运算的快速、准确，对数据管理方便、快捷，对逻辑推理的客观、缜密特点与饲养、饲料知识相结合，制作专业软件进行饲料配方设计，以达到配方设计的科学化和快速化。

（一）计算机优化饲料配方原理　目前，利用计算机优化饲料配方的方法一般有三方面：一是基于试差法的手工规划法，主要用于检查饲料配方营养成分和调整饲料原料配比；二是线性规划法，主要用于设计一定约束条件下的最低成本配方及最大收益配方；三是多目标规划法，可用于设计各种规格和目标要求的配方。

1. 线性规划法设计饲料配方原理　线性规划法又称LP法，是最早应用运筹学有关数学原理来进行饲料配方优化设计的一种方法，该法将饲料配方中的有关因素和限制条件转化为线性数学函数，在一定线性约束条件之下求解最小值(最大值)。

(1)线性规划法的基本约定。将饲料配方中各种饲料原料的用量作为基本决策变量。

各种养分需要量可转化为决策变量的线性函数，每一线性函数为一约束条件，所有线性函数构成线性函数集。

只有一个目标函数，一般为配方成本的极小值，也可以是配方收益的最大值。目标函数是决策变量的线性函数。

最优配方是不破坏约束条件的最低成本配方和最大收益配方。

规划过程不考虑各种营养成分或化学成分的相互作用。

(2)线性规划法设计优化饲料配方的数学模型。设 x_1、x_2……，x_n 为参与配方制作过程的各种原料相应用量，n 为原料个数，m 为约束条件，$a_{ij}(i=1,2,...,m;j=1,2...,n)$为各种原料相应的营养成分，$b_1,b_2,\cdots,b_m$ 为配方中应满足的各种营养指标或重量指标的预定值，$c_1,c_2,\cdots,c_n$ 为每种原料相应的价格系数，z 为目标值，则下列模型成立：

$$\begin{cases} a_{11}x_1+b_{12}x_2+\cdots+c_{1n}x_n>(<=)b_1 \\ a_{21}x_1+b_{22}x_2+\cdots+c_{2n}x_n>(<=)b_2 \\ \quad\cdots\cdots \qquad\qquad \cdots\cdots \\ a_{m1}x_1+b_{m2}x_2+\cdots+c_{mn}x_n>(<=)b_m \\ \quad x_1,x_2,\cdots,x_n>0 \end{cases}$$

目标函数

$$Z_{\min}=C_1x_1+C_2x_2+C_nx_n$$

即求解目标是最低成本，或者说是求解 Z 的最小值。如果求解最大收益，可将目标设定为求解饲料转化率与饲料之乘积最低，利用饲料转化随代谢能变化的回归关系，筛选最大收益配方，由于最大收益配方设计因素多、编制模型和计算机软件均有一定难度，所以目前大多数配方软件仍只能计算最低成本。

(3)线性规划法设计饲料配方的前提条件。固定饲料原料的单价(价格系数)，饲料价格按当时当地价格计算。

明确饲料原料的营养成分、饲料价值数据，原料营养价值获得主要来源于饲料原料营养标准或实验室测定且固定不变。

饲料原料用量可以在指定的用量范围波动，对于某些常规原料可不限定原料用量范围。

饲料原料的营养成分和营养价值数据具有可加性，不考虑饲料营养成分间的互作和拮抗效应，简单认为饲料营养成分间只具有叠加作用。

各种原料所提供的成分与其使用量成正比。

(4)线性规划法优化饲料配方求解思想。约束条件可分两方面考虑:一是预定并保证配方设计者要求的营养指标,二是对某些非常规饲料或抗营养因子及毒素的原料或资源紧俏的原料规定其用量范围。

为达到最优解,可以适当降低某些营养指标、放宽原料用量上下限、扩大原料的选择面等。

对于给定的某一线性规划问题,求解过程存在从一个可行解到另一个可行解的“旅行”,而且可行解对应的目标函数值依次下降。若无最优解,则最后一个可行解最接近目标要求,因此可以利用此原理得出“参考配方”。当提供参考解时,可根据营养学知识判别是否可用。

2. 多目标规划法设计饲料配方原理　目标规划法是在线性规划法的基础上发展起来的,目标规划也称多目标规划,可把所有约束条件均作为处理目标,目标之间可以依据权重的变化相互破坏,给配方设计带来更大的灵活性。

(1)建立目标规划数学模型的附加条件。引入正、负偏差变量 d^+、d^-。正偏差变量 d^+ 表示决策值超过目标值的部分,负偏差变量 d^- 表示决策值未达到目标值的部分。

绝对约束与目标约束的转化。绝对约束只是必须严格满足的等式和不等式约束,如线性规划问题的所有约束条件,不能满足这些条件的解称为非可行解,所以它们是硬约束。目标约束为目标规划所特有,可把约束右端项看做要追求的目标值。在达到此目标值时允许发生正和负偏差,因此在这些约束条件中加入正负偏差变量,它们是软约束。线性规划问题的目标函数在给定值和加入正负偏差变量后可转化为目标约束。也可根据问题的需要将绝对约束变化为目标约束。

优先因子(优先等级)与权重系数的引入。

在若干决策目标中有主次或轻重,凡要求第一位达到的目标赋予优先因子 p_1,次位的目标赋予优先因子 p_2,…,并规定 $p_r >$

p_{r+1},$r=1,2,\cdots,k$,表示 p_k 比 p_{k+1}有更大的优先权。即首先保证 p_1 级目标的实现,这时可不考虑次级目标;而 p_2 级目标是在实现 p_1 级目标的基础上考虑的;以此类推;若要区别具有相同优先因子的两个目标的差别,这时可分别赋予它们不同的权重系数 W_j;这些都由决策者视具体情况而定。

(2)多目标规划设计饲料配方的数学模型

$$\begin{cases}\sum_{j=1}^{n} c_{rj}x_j+d_r^- - d_r^+ = g_r (r=1,2,\cdots,k)\\ \sum_{j=1}^{n} a_{ij}x_i (=,<) b_i (i=1,2,\cdots,m)\\ x_j \geqslant 0,(j=1,2,\cdots,n)\\ d_r^+、d_r^- \geqslant 0\end{cases}$$

$$Z_{\min}=\sum p_c(\sum w_{lk}-d_r^- + \sum w_{lk}+d_r^+)$$

建立模型时,需要确定目标值、优先等级、权重系数等,它们都具有一定的主观性和模糊性,可以用专家评定法给予量化。

(3)多目标规划设计饲料配方的思想特性。可将最终成本作为追求的目标放入约束方程,既可作为"硬约束",即必须满足的条件;也可作为"软约束",即尽可能满足的约束目标。

优先级因子由数字1～100表示,数字越小,级别越高则越先被优化。权重系数也可在1～100,数值越大,在同一级别上较其他目标更先优化。一般情况下,配制饲料时,优先级因子取值范围多在1～5、权重系数取值可在1～9。

为了得到优化配方,可以利用改变品质优良和重要指标的优先级和权重因子而人为进行优化调整。

目标规划与线性规划比较优点主要表现在:避免了无解现象的出现,由于目标规划是软约束,不会出现无解现象;同时目标规划可将营养指标的重要性体现在限制条件中，使配方更接近于动物生长和生产需要，有利于充分发挥动物生产潜力。

(二)购买饲料配方软件应考虑的因素 随着越来越多的农业院校、科研机构科技人员对计算机配方技术的研究开发，计算机配方技术的逐渐成熟，配方软件的功能越来越完善，操作越来越简单，获得的配方也逐渐变得更加实用，从最初的只能进行线性规划，获得全价饲料最低成本配方，发展到现在的目标规划、多配方技术、概率配方、生产工艺管理、配料仓竞争处理技术、原料采购决策与灵敏度分析技术、多套原料组分概念、配方渐变分析与综合分析技术等，可同时进行全价饲料、浓缩饲料、预混料等配方设计，而且操作界面也越来越友好、简单易用。不过，在购买饲料配方软件时还应考虑如下因素：

1. 速度问题，配方设计运算尽量要快，以节省时间。

2. 人机界面，应该操作简单，提示清楚，翻屏次数少，可悔改，实时帮助。

3. 数据库管理，方便选择、任意添加、随时备份，特别是原料和标准库应能够依据实际情况修改。

4. 对计算结果及其背景材料能存储、检索、打印、便于分析、总结。

5. 具有手工调整功能，这样就能够对计算机获得的配方依据饲养经验和生产需要进行微观调整。

6. 具备影子价格和灵敏度分析，以便于指导进行饲料原料选择和评价。

7. 在无最优解的情况下，能给出一个成本较低的参考配方，特别是线性规划时，不会出现无解现象。

8. 能够进行预混料和浓缩料配方设计，从而满足各类饲料生产需要。

9. 能进行可消化氨基酸和理想蛋白模型设计，为以后数据完全时，能依据动物实际需要和消化特性进行配方设计。

10. 具有动物营养和兽医基本知识简介，这对于非专业人员和动物营养专业人士抗生素添加剂使用具有一定的指导作用。

(三)应用饲料配方软件进行配方设计时的步骤

1. 根据饲养对象，选择合适的饲养标准，并依据实际饲养环境、动物不同品种、不同生理阶段、不同生产目的和生产性能，进行营养需要量的确定，营养指标应该有上、下限限制。

2. 根据现有饲料资源选择饲料原料，并根据实际分析结果，修改饲料原料营养成分含量和价格，并确定饲料原料的大致使用量范围。

3. 进行优化计算，获得理想配方。

4. 依据实践生产情况，进行实际配方转换，获得实践可行的生产配方。

(四)计算机配方设计实例　现在以市场应用较广的一种配方软件具体说明计算机配方设计的基本过程，为生长猪设计饲料配方。

第一步：输入标准

1. 进入标准窗　用鼠标点击【标准选择】，进入标准窗。

2. 输入标准编号和名称　如果不知道该标准的编号，可选择单击【引用】键，进入配方的标准库，进行相应标准的选择，然后单击【保存】键，可将标准保存在应用库中。

3. 选择营养素　用鼠标选择对话框中的被选择营养素，可选择需要计算的营养素标准，在此可根据实际情况对营养标准进行修改。

4. 得到生长育肥猪的营养标准(表13-6)。

表 13-6　生长育肥猪饲养标准

营养素名称	标准最小值	标准最大值
代谢能(MJ)	2.48	
粗蛋白(%)	15	
粗纤维(%)	4	
钙(%)	0.4	0.8
总磷(%)	0.22	
食盐(%)	0.2	0.5
赖氨酸(%)	0.65	
蛋氨酸+胱氨酸(%)	0.45	

第二步:输入原料

1. 选择原料窗　用鼠标单击【原料选择】,进入原料选择窗。

2. 选择原料　根据现有原料,用鼠标单击对话框右侧原料库,进行饲料原料选择。

3. 确定饲料原料价格和限量值　根据现在市场行情和不同饲料原料特点,给出原料价格并确定原料限量。

一般在配方设计时,需要限量的饲料原料主要有以下几种:

(1)有毒有害(如棉子粕、菜子粕等)或适口性较差(如芝麻粕、蚕蛹粉)的饲料原料,应限制最高用量,以免造成毒副作用或影响饲料适口性等。

(2)必须定量使用原料,如添加剂、预混料、药物等,应固定最高和最低用量。

(3)必须使用的原料,应限制最低用量。

(4)消化率较低的原料,如羽毛粉、血粉等,应限制最高用量(表 13-7)。

表 13-7 某些原料的最小最大限量

参配原料	编号	价格(元/kg)	最小限量(%)	最大限量(%)
豆粕	0102	1.8		20
花生粕	0116	1.5		8
石粉	0504	0.2		
磷酸氢钙	0505	1.63		
赖氨酸	0507	23		
食盐	0511	0.5	0.5	
棉子粕	0117	1.2		
玉米	0279	1.0		
小麦麸	0069	0.82		15
菜子粕	0121	1.15		3
苜蓿草粉	0074	0.8	8	
预混料	0510	6	0.5	0.5

4．修改原料营养价值　对应用的饲料原料，应根据实际分析结果修改饲料营养成分含量。

第三步：优化计算

1．进入优化计算窗，用鼠标单击【优化计算】，进行优化计算。

2．观看优化配方结果（表 13-8，表 13-9）。

表 13-8 配方结果

参配原料	编号	价格(元/kg)	配合比例(%)
豆粕	0102	1.8	6.529 0
花生粕	0116	1.5	0.000 0
石粉	0504	0.2	0.000 0
磷酸氢钙	0505	1.6	0.000 0
赖氨酸	0507	23	0.000 0
食盐	0511	0.5	0.204 1
棉子粕	0117	1.2	29.796 6
玉米	0279	1.0	8.000 0

续表 13-8

参配原料	编号	价格(元/kg)	配合比例(%)
小麦麸	0069	0.82	0.000 0
菜子粕	0121	1.15	4.970 4
苜蓿草粉	0074	0.80	0.000 0
预混料	0510	6	0.5
配方成本(元/kg)		0.951 9	

表 13-9　营养含量

营养素名称	营养标准	实际含量
代谢能(MJ)	2.48	2.144 6
粗蛋白(%)	15	17.155 1
粗纤维(%)	4	14.000 0
钙(%)	0.4	0.805 2
总磷(%)	0.22	0.346 4
食盐(%)	0.2	0.200 0
赖氨酸(%)	0.6	0.728 6
蛋氨酸+胱氨酸(%)	0.45	0.465 7

第四步：手工调整，产生生产配方

通过优化计算获得的配方是最低成本配方，但其与实际可能有一定差距，所以要进行手工调整，以达到可以实际应用的生产配方，在调整过程中，主要进行以下两方面工作：

1. 将原料用量进行微调，由于优化配方得到的结果常常数据非常精确(一般精确到小数点或3～4位)，如果实际生产应用将难于操作，所以应进行微调，保留一位小数即可。

2. 对优化配方未应用的原料，有时可适当加入，比如鱼粉，其营养价值不完全体现在其可测定的化学成分上，它还含有未知生长因子，加入一部分后，可提高动物生长、生产性能，应适当添加。

3. 草粉、麦麸所占比例过大，造成营养浓度下降，体积过大，所以要大量降低用量。

第五步:获得饲料生产配方

依据以上原则进行调整后获得生产配方(表13-10,表13-11)。

表13-10 生产配方

参配原料	编号	价格(元/kg)	配合比例(%)
豆粕	0102	1.8	13.5
食盐	0511	0.5	0.2
棉子粕	0117	1.2	3.0
玉米	0279	1.0	60.0
小麦麸	0069	0.8	25.0
苜蓿草粉	0074	0.8	17.8
预混料	0510	6	0.5

表13-11 营养含量

营养素名称	营养标准	实际含量
代谢能(MJ)	2.48	2.35
粗蛋白(%)	15	16.18
粗纤维(%)	4	6.42
钙(%)	0.4	0.42
总磷(%)	0.22	0.22
食盐(%)	0.2	0.20
赖氨酸(%)	0.65	0.65
蛋氨酸+胱氨酸(%)	0.45	0.46

计算机配方设计计算速度快,结果精确,是配方技术与电脑结合的产物,代表配方技术的最新进展,也是配方技术发展的最终方向,尽管由于设备的限制和技术的缺陷使其现在应用尚未普及,但随着时间的发展,必将会成为最终的普及技术而为广大用户接受使用。

第四节 猪不同阶段全价饲料典型配方

猪的种类、使用目的、生产阶段的不同,对营养的需要也有所不同，所以在进行饲料配方设计时，应依据饲养对象的品种、使用目的及生理阶段对营养的不同需要分别设计，才能满足其维持及生产的需要，充分发挥其生产潜力，获得最佳经济效益。

一、乳猪料

乳猪料又叫开食料或补料，是指饲喂哺乳期间乳猪的饲料。

(一)乳猪料的特点　这一阶段，仔猪的营养主要来源于母乳，所以对饲料的量的要求不高，但随着仔猪的生长，对营养的需求越来越大，反之，母乳的量在逐渐减少，不能满足需要，所以出现营养差，为保证仔猪营养需要，应适当补充少量饲料，同时在该阶段补充饲料，又可使仔猪逐渐适应固体饲料，促进消化道发育和消化酶的分泌，为断乳后尽快适应植物性饲料，减少断乳应激打下基础。但应当注意的是，该阶段仔猪的消化能力极其有限，消化道容积较小，消化酶不完全，消化腺只能以分泌脂肪酶、乳糖酶和蛋白酶为主，对淀粉、植物性蛋白的消化能力很低，所以在进行日粮配合时，应注意日粮组成中，淀粉和植物性蛋白含量要限量，同时要向饲料中加入酶制剂，对饲料进行膨化或制粒处理，以提高饲料的可消化性和适口性。

(二)乳猪料典型配方(表13-12，表13-13)

表13-12　仔猪料配方(3周龄以前)　g/kg

原　料	1	2	3	4
黄玉米粉	261.5	280.5	163.5	177.5
大豆粕	141	151	242	252
脱脂奶粉	400	400	200	200
乳清粉	—	—	200	200
鱼粉	25	25	25	25
糖	100	100	100	100
酒精滤液干燥物	25	—	25	—

续表 13-12

原　料	1	2	3	4
稳定脂肪	25	25	25	25
碳酸钙	4	4	5	5
磷酸氢钙	—	1	1	2
碘化食盐	2.5	2.5	2.5	2.5
微量元素预混料	1	1	1	1
维生素预混料	10	10	10	10
抗生素	0.1～0.25	0.1～0.25	0.1～0.25	0.1～0.25
粗蛋白	24	24	24	23.9
钙	0.69	0.71	0.70	0.72
磷	0.60	0.60	0.60	0.60

引自美国肯塔基大学资料。

表 13-13　仔猪料配方（1～10 kg 体重阶段）　　%

原　料	1～5 kg	5～10 kg
玉米	10.5	21.2
豆饼	16	20
小麦粉	18	—
高粱	6	10
鱼粉	12	10
酵母	3	3
全脂奶粉	30	30
豆科草粉	—	1.5
白糖	3.5	3.5
胃蛋白酶	0.3	0.3
淀粉酶	0.2	0.2
贝壳粉	0.5	—
食盐	—	0.3
消化能	15.15	15.06
粗蛋白	23.3	24.3
钙	1.56	1.12
磷	0.54	0.70
赖氨酸	1.39	1.52
蛋氨酸＋胱氨酸	0.62	0.63

引自东北农业大学资料。

二、断奶仔猪料

断奶料是指仔猪在断奶以后一段时间内使用的饲料。一般是指在断奶以后到体重20 kg以前这一阶段。

(一)断奶料特点 断奶料与乳猪料相比无本质差异,仅仅是营养浓度降低,采食量增加,并且随着仔猪日龄增加,消化及适应能力上升,可以使用部分植物性饲料原料,特别是淀粉和植物性蛋白原料可以提高用量。在该阶段由于植物性饲料原料比例上升,所以饲料风味改变较大,应注意饲料的适口性,饲料中应注意添加调味剂,此外应注意维生素和微量元素的补充。

(二)典型配方(表13-14)

表13-14 断奶仔猪料配方(3周龄至断奶) g/kg

原 料	1	2	3	4	5
黄玉米粉	545.5	543.5	608	483	443.5
大豆粕	220	275	225	225	—
熟大豆粉	—	—	—	—	375
脱脂奶粉	—	—	25	25	—
乳清粉	200	150	100	150	150
鱼粉	—	—	—	25	—
糖	—	—	—	50	150
稳定脂肪	—	—	—	12	—
碳酸钙	7.5	5	10	5	55
磷酸氢钙	10	12.5	12.5	12.5	12.5
碘化食盐	2.5	2.5	25	2.5	2.5
微量元素预混料	1.5	1.5	1.5	1.5	1.5
维生素预混料	12.5	10	10	10	10
含药添加剂	0.1～0.3	0.1～0.3	0.1～0.3	0.1～0.3	0.1～0.3
赖氨酸	1	—	0.5	0.5	—
粗蛋白	18.1	18.6	18.3	18.7	19.5

续表 13-14

原　料	1	2	3	4	5
钙	0.70	0.72	0.69	0.73	0.75
磷	0.60	0.63	0.62	0.64	0.66
赖氨酸	1.06	1.11	1.06	1.12	1.16
代谢能(MJ/kg)	12.43	12.05	12.68	12.51	13.10

资料引自美国衣阿华州站。

三、生长育肥猪料

生长育肥猪料一般是指 25 kg 至出栏以前所使用的饲料。我国一般将瘦肉型猪的生长育肥期分为两个阶段:即 20～60 kg,60～90 kg。

(一)生长育肥猪配合饲料的特点　在该阶段,营养需要不像断乳前那么明显,大体上体重小的需要蛋白质、氨基酸、微量元素和维生素多一些。此时,生长迅速,骨架长得快,蛋白质沉积迅速,饲料效率较高。到生长后期,摄食量增加,脂肪沉积迅速,绝对生长速度比前期要快,但相对生长速度和饲料效率下降,降低饲料能量浓度,减少脂肪沉积。育肥期饲料可以加少或免加维生素 B_1、维生素 B_6、生物素和叶酸。

猪汗腺不发达,皮下脂肪厚,夏季散热困难,食欲减退。此时要注意提高养分浓度,增加电解质供给量,注意添加防暑降温和提高食欲的饲料添加剂。冬季寒冷,猪舍温度下降,维持需要增加,此时要增加能量供给,增加有御寒功能的饲料添加剂。

(二)生长育肥猪的典型配方(表 13-15)

表 13-15　生长育肥猪的典型配方　　%

原　料	1	2	3	4	5	6	7
玉米	77.7	72.3	71.5	69	68	58.5	61.1
豆粕	19.5	11	6.5	6	4	8.5	4
小麦麸	—	10	10	13	16	12	9
鱼粉	—	—	5	5	5	4	—

续表 13-15

原 料	1	2	3	4	5	6	7
磷酸钙	1.6	—	0.7	0.7	0.7	0.7	—
碳酸钙	0.5	—	0.6	0.6	0.6	0.6	—
食盐	0.3	—	0.3	0.3	0.3	0.3	0.2
维生素预混料	0.2	0.2	0.2	0.2	0.2	0.2	0.2
微量元素预混料	0.2	0.2	0.2	0.2	0.2	0.2	0.2
肉骨粉	—	—	—	—	—	—	1.2
棉子粕	—	6	5	—	—	—	—
菜子粕	—	—	—	5	—	—	6.5
玉米胚芽饼	77.7	—	—	—	5	—	6
花生饼	19.5	72.3	—	—	—	15	8.5
葵花子饼	—	11	—	—	—	—	3.5

四、种猪料

种猪包括种公猪和种母猪，母猪又有妊娠和泌乳之分。

（一）种猪料的特点　不同性质及生理阶段猪的营养需要各不相同，在进行产品设计时要区别对待。在未作种用之前，有一段后备期，体重一般在 50 kg 以内，该阶段的饲养一般与生长育肥猪相同，体重到 50 kg 以后，为了繁殖需要，种猪不应长得过肥、过快，主要要求有健壮的体况、发育良好的生殖系统。一般认为应增加矿物质、微量元素和维生素的供给量，注意营养素的平衡，并限制饲喂。

（二）种猪饲料配方设计应注意事项

1. 哺乳母猪由于每天大量泌乳，所以要特别注意能量、蛋白质和氨基酸的平衡供应，要供应足量的钙和磷，其比例为1.2∶1～1.5∶1。

2. 确保粗纤维含量　种猪的采食量就其体重而言，相对较少，容易发生便秘，因此要求种猪料中保持一定含量的粗纤维含量，一般要求4%～5%，如果食量特小，则应适当添加青饲料。

3. 注意增加微量元素和维生素的添加。种猪的采食量减少，青饲料添加量有限，而且与土壤、粪便的接触机会降低，而生产水平在不断增加，所以必须适当增加维生素和微量元素的添加量，特别宜注意维生素K、胆碱的补充。

4. 注意未知生长因子的供给。在现代集约化饲养条件下，应补充未知生长因子，一般鱼因子、草因子、乳因子和发酵因子中至少要供应两种。

5. 种猪生长时间长，缺乏运动，所以往往容易过肥，因此要特别注意饲料中能量不可过高。

6. 可以适当使用催情和催乳的饲料添加剂，但要掌握好分寸，不可滥用。

7. 育肥猪饲养中经常使用的某些促生长添加剂，不可随意应用到种猪饲料中。

(三)典型种猪饲料配方(表13-16，表13-17)

表13-16 种公猪饲料配方 %

原　料	1	2	3	4	5
玉米	38.1	40.5	30.4	33.4	29.9
高粱	30	30	30	30	20
大麦	—	—	—	—	10
豆粕	4.5	2.0	6.0	2.0	—
鱼粉	4.0	2.0	4.0	3.0	3.0
麦麸	12	14	10	12	14
脱脂米糠	—	—	8.0	8.0	10
苜蓿粉	6.0	6.0	6.0	6.0	7.0
糖蜜	3.0	3.0	3.5	3.5	4.0
磷酸钙	1.1	1.2	0.8	0.8	0.6
碳酸钙	0.5	0.5	0.5	0.5	0.7
食盐	0.4	0.4	0.4	0.4	0.4
维生素预混料	38.1	40.5	0.2	0.2	0.2
矿物质预混料	30	30	0.2	0.2	0.2

表 13-17　种母猪饲料配方　%

原　料	1	2	3	4	5
玉米	42.2	53.9	65	58	71
大麦	35	33	—	17	—
豆粕	8	10	12	8	15
鱼粉	—	6	—	3	—
麦麸	5	4	10	12	10
磷酸钙	0.7	0.6	1	0.6	0.8
食盐	0.5	0.5	0.5	0.5	0.5
矿物质预混剂	0.3	0.3	0.3	0.3	0.3
维生素预混剂	0.05	0.05	0.05	0.05	0.05
槐叶粉	8	6	10	—	1.5
贝粉	0.5	0.5	1.2	0.6	0.9

第十四章　饲料加工与质量检测

第一节　饲料加工工艺

饲料厂，不论规模大小，其生产工艺是基本相同的，规模大的饲料厂，其设备完善，工艺流程清楚完整，规模小的饲料厂，设备简单，有些工艺可以简化，或合并合成，但总体顺序上不会有大的区别，一般如下：

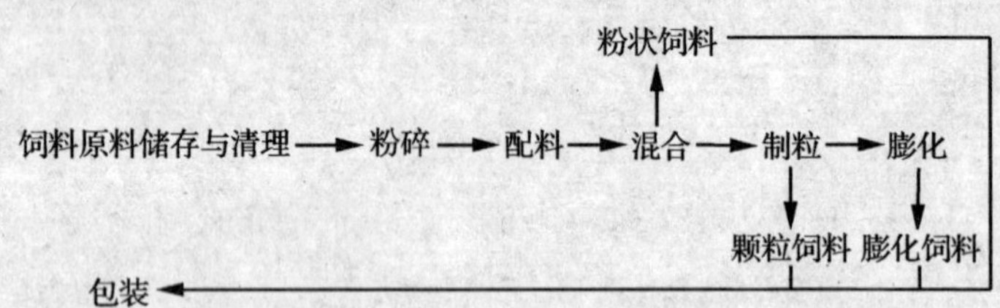

一座饲料厂的工艺水平如何，并不在于它的设备的现代化、自动化程度多高，而在于它是否能够在现有的基础上，因地制宜地设计出效益最高的流程，使每道工序、每台设备都能发挥最大作用。

一、原料储存

饲料厂在生产中，为保证生产顺利进行，必须有一定的原料储备，特别是常用原料必须保证充足供应，不应由于原料短缺，造成停工停产。

饲料厂的原料按种类和常用比例一般分为三类：常规大宗原料，主要包括玉米、麸皮、豆粕、棉粕等能量和蛋白类饲料；非常规饲料原料，主要是指一些不是所有饲料配方中都应用的动植物性原料和矿物质饲料原料，如鱼粉、血粉、羽毛粉、豌豆蛋白粉、玉米蛋白粉、石粉、磷酸氢钙及骨粉等；第三类是指饲料添加剂，如维生素、微量元素及其他饲料改良剂。

常规大宗原料的贮存主要有库房和圆筒仓两种形式，库房贮存运输方便，但占地面积较大，而且在棱角处容易造成死角，圆筒仓储存占地面积较小，储量大，但要求条件较高，对大型饲料厂，玉米、豆粕类饲料原料建议使用圆筒仓；非常规饲料原料一般用量较小，且货源不稳定，所以一般使用库房贮存较为适宜；对于添加剂类饲料原料，用量较少，价格昂贵，而且有些可能有毒，所以必须有专用库房贮存，专人管理。一般筒仓多为钢板组合结构，库房多为钢筋水泥结构。

不管是哪种方式贮存，对贮存条件的要求基本一致，要求干燥、阴凉、能防蛀、防鼠、防结块。

二、原料清理

饲料原料与其他粮食一样，在收割储存和运输过程中难免会混入杂质，如果不事先清除，会影响畜禽生长，而且在加工过程中会损坏设备，影响生产。

饲料厂清理原料一般要经过筛选和磁选两步。

（一）筛选　筛选是根据饲料颗粒、杂质宽度和粒度大小不同，谷物与筛网发生相对运动，大的杂质不能通过筛孔，谷物原料由于重力作用下落，而达到清理目的。是饲料厂最常用的手段。

筛选常用的设备有：振动筛、初清筛。

筛选设备选择时要求：结构简单、操作方便、耗电量少、噪声小、密闭性强，饲料厂选择圆筒初清筛较为合适。

（二）磁选　磁选的目的是清除饲料原料中的金属物质，以保证生产安全。磁选的原理是应用磁选设备中的磁铁来吸引原料中被磁化的金属杂质，而非磁性物质可以自由通过，要求金属杂质去除率为95％以上。影响磁选效果的因素有：磁体性能；物料与磁面之间的距离；物料通过磁面的距离。

常用的磁选设备有：永磁滚筒、永磁筒、悬浮或电磁分离器。其中以不用动力的永磁滚筒为好。

三、原料粉碎

饲料原料的大小差异较大，如果直接混合，不仅影响动物采食，而且颗粒差异大，配合饲料不易混合均匀，容易造成分级。此外饲料适当粉碎，可提高饲料表面积，从而提高饲料消化利用率。

饲料粉碎就是依靠机械力将物料由大块破碎成小块，它的变化仅在于几何形状发生改变。常用的方法有击碎、磨碎、压碎和锯切碎。

对于饲料原料粉碎设备一般要求粉碎粒度可调，通用性好；粉碎粒度均匀，尽量使原料粉碎颗粒大小一致，这样有利于混合均匀；可连续进料和出料，以便于自动化连续生产；单位成品能耗低，生产效率高；工作部件耐磨，更换迅速，标准化程度高，整机维修方便，减少维修费用；工作时粉尘少，噪声低，改善工作环境。

不同物料选择不同粉碎方式和设备不同，特别坚硬的物料，击碎和压碎效果较好；韧性物料，碾磨效果较好；脆性物料，则以锯切碎效果较好。常用的粉碎机有：锤片式（结构简单、维修方便、安全可靠、生产效率高）、劲锤式、对辊式（颗粒饲料的破碎及大块饲料初破碎）和齿爪式（破碎细度小、可用于黏性和水分含量大的饲料）。其中饲料厂常使用的是锤片式。

四、配料

配料是指使用特定的配料设备，按照配方要求，对各种饲料原料进行准确称量的过程，它是保证饲料合格的前提。

配料装置按工作原理分为两类:重量式配料和容积式配料。

重量式配料是使用配料秤按物料重量分批或连续配料。这种方法自动化程度高,配料准确,但结构复杂,造价较高。一般适于大型饲料厂使用。

容积式配料是按物料容积大小连续或分批配料,这类设备结构简单,操作方便,但容易受物料特性(容重、大小、水分、温度)影响。配料精度不高。适用于中小型饲料厂和养殖场使用。

五、混合

混合是指将各种饲料原料按配方称好后,在外力作用下,进行搅拌,使各种原料均匀分布的过程,只有混合均匀,才能保证动物采食到营养平衡的饲料。混合效果一般要求达到统计完全混合,即一定数量的容积均一。一般用变异系数CV表示,对浓缩饲料和配合饲料的混合均匀度一般要求达到$CV<5\%$,而对预混料添加剂一般要求$CV<2\%$。

添加剂质量好坏很大程度上取决于混合设备的好坏,好的混合设备应该是混合速度快、效率高、最佳搅拌时间短(正常是5~10 min);活性成分与载体混合均匀(变异系数<5%);结构合理,物料在混合仓内残留量低(<0.1 g/kg)且易清除;装料卸料方便、密闭性好、不漏料;易于维修保养,价格合理。常用的混合设备主要种类有:

1. 立式混合机 又叫垂直搅龙混合机,是第一代混合设备,物料进入机体后经搅龙提升至顶部后,撒向圆柱体周壁,然后不均匀下落,每批混合时间一般为10~20 min,混合均匀度可达二万分之一,这种机器的特点是配备动力小、占地面积小、结构简单、造价低,混合均匀度较差、时间长、物料容易残留造成污染。所以现在逐渐被淘汰。

2. 卧式螺带混合机 这种设备的工作原理是物料进入机体

后，在内外螺带的推动下，物料按逆流原理进行混合，每批的混合时间一般为5～10 min，混合均匀度为10^{-5}，这类混合机的混合均匀度高、混合质量好、时间短，产量大，但占地面积较大，配备动力大、造价高。

3. 卧式双轴桨叶式混合机　这种设备的工作原理是物料进入机体后，依靠带有桨叶的轴的对向转动搅拌进行混合，每批料的混合时间一般为1 min，混合均匀度为在10^{-5}以上，这类混合机的混合均匀度高、混合质量好、时间短，产量大，但占地面积较大，配备动力大、造价高。

4. 行星式混合机　又叫行星搅龙混合机，其工作原理是机器的螺旋搅拌器自转的同时，又围绕中心轴公转，物料在机体内形成同时的轴向和径向两个方向运动，达到混合目的。这种混合机混合均匀度高、时间短、残留量少，但机器造价较高。

5. 转鼓式混合机　这类混合机的工作原理是依靠鼓的旋转和鼓体内有一定倾斜度的叶片作用，混合机上下翻滚，机体内物料上下扩散混合。其特点是混合均匀度高、没有残留，但操作时间长，造价高，而且混合量有限，不宜在大型饲料厂使用。

六、制粒

制粒是指将混合好的混合饲料通过加压、加热、制成一定颗粒的过程，对于猪来讲，特别是仔猪，饲喂颗粒饲料效果要明显优于粉状饲料。

(一)颗粒饲料的优点

1. 在制粒过程中由于水分、压力、温度作用，使饲料原料中的淀粉糊化，提高饲料消化利用率和适口性。

2. 由于各种原料被均匀地黏和在每个颗粒中，防止挑食，保证饲料全价性。

3. 动物采食颗粒饲料，缩短采食时间，降低能量消耗。

4. 饲喂方便,减少劳动量。

5. 颗粒饲料体积小,不易受潮,贮存、运输方便。

6. 颗粒饲料、颗粒大小相近,可以防止自动分级,保证微量元素混合均匀。

7. 使用和运输颗粒饲料粉尘少,改善环境。

8. 饲料制作工程中,经过高温高压灭菌,破坏抗营养因子,提高饲料安全性。

(二)制粒机工作原理 颗粒饲料制作主要是通过型压和挤压两种形式;型压是指在一个具有一定形状的模子挤靠在一个密闭的机体内,压缩饲料。而挤压是指通过具有通孔的模子、压辊挤压饲料而成。

(三)制粒机种类 饲料颗粒机主要有环模和平膜两种,各具不同特点:

环膜压粒机:可选择和更换不同孔径环模和滚轮,切刀调整方便,轴承不致阻塞,但环模容易磨损,修理费用较大。

平模压粒机:结构简单,制作方便,价格低廉。平模上的饲料原料受到大小不同的离心力,所以在工作平面上的压力是不同的。

(四)制粒工艺 制粒主要经过调制、制粒和冷却三个过程。

1. 调制 调制的目的是为了使饲料流动性好,能增加饲料黏合力,有利于饲料成形;同时通过调制软化饲料,减少机器磨损,提高生产效率,降低能量消耗;此外,调制可以使饲料原料中的淀粉糊化,提高饲料利用率。调制设备叫做调制器;调制时间一般为15～20 s;调制的方式有以下几种:

充入蒸汽:作用是调节饲料水分,软化饲料,使饲料原料水分达到17%,温度提高到70～85℃。

添加糖蜜:作用是提高饲料营养价值及适口性;增加黏度,糖蜜的添加量一般小于8%,此外糖蜜具有一定腐蚀性,长期使用会对设备造成腐蚀。

添加脂肪：作用是提高饲料能量，降低磨损，提高适口性，脂肪的添加量一般小于2%。

2. 制粒　通过一定的挤压作用使各种饲料原料结合在一起制成一定形状的颗粒，颗粒的大小由模孔大小和切刀与模的距离决定。

3. 冷却　颗粒饲料经过冷却处理可以降低饲料温度和水分，使饲料变干变硬，易于保存和运输。常用的冷却设备叫冷却器，有立式和卧式两种；立式占地面积小，结构简单，维修方便，动力消耗低，易出碎粒，冷却不够均匀，厂房高度要求高；卧式冷却器冷却效果好，不易出碎料，但占地面积较大。

（五）影响制粒影响因素

1. 原料特性

水分：一般要求制粒原料水分调整至16%～17%，不超过18%。

淀粉：对饲料黏合力最有影响；制粒前调制有利于淀粉糊化。

蛋白质：天然蛋白质加热后变性、软化，有利于制粒。

脂肪：饲料中加入脂肪容易使饲料变软，但有利于提高生产率。

纤维类物质：适当的纤维含量，有一定的牵制作用，但过高会造成饲料颗粒易断，同时生产效率下降。

原料粒度：物料不均匀比均匀制粒效果好，一般要求粗、中颗粒占20%。生产上一般使用1.5 mm筛孔粉碎。

2. 水分、温度和处理时间　水分过高，会使饲料颗粒发软，易碎，过低会使颗粒生产效率下降；温度过高，会发生美拉德反应，影响饲料质量，过低会使熟化不够，同样会降低饲料利用率；处理时间过长和过短也同样会降低饲料利用率。

3. 压模及压辊 压模速度决定了物料在压制室中停留时间，过快，会使原料中断，不能连续压粒，过慢，使生产效率下降；适宜速度一般为120～400 r/m，大颗粒可用慢速度；密度小和热敏物质，加快速度。

4. 冷却器 应有足够的冷风，保证物料冷却均匀。一般要求饲料出冷却器后温度降至比常温高8℃内，水分降至12%～13%。

七、包装

包装阶段包括物料称重、输送、封包三个阶段。饲料成品包装分手工包装和机械包装两种，手工包装速度慢，劳动强度高，机械包装速度快，劳动生产率高。

八、输送

饲料生产过程中及生产后，都需要进行大量的输送工作，为减少工人的劳动强度，就需要使用各种输送设备；使用输送设备还可提高生产连续化、自动化和机械化速度；降低生产成本；提高劳动生产率。

常用的输送设备有：

螺旋输送机：适宜输送粉料、颗粒料和小块物料，不宜输送大块、易破碎、黏性物料。

刮板输送机：输送物料能流入和流出输送机，中途不能卸料，物料不能过黏。但结构简单、体积小、密闭性好、安装维修方便。

带式输送机：结构简单、噪声低、工作平稳可靠、输送能力和距离大，动力消耗低。缺点是损耗多、不能带料爬坡、占地面积大。

斗式提升机：结构简单、占地面积小、提升物料稳定、提升高度和数量大、噪声低、耗电少、密闭性好；缺点是过载反应灵敏、容易阻塞，必须给料均匀。

第二节 质量检测

一、质量检测的概念

饲料质量检测是指通过一定的物理、化学、微生物、生物技术，对饲料原料或产品进行科学全面评价，得出饲料质量优劣结果的过程。饲料质量检测是保证饲料质量的重要手段，是饲料标准化生产的重要措施。质量检测依据监测部门所处的地位和出发点的不同，可分为生产检测、买方监测和监督检测三种，他们各司其职，相互补充，缺一不可。

二、质量检测的意义

饲料质量检测主要是为了检查原料成分是否符合标准要求，控制并改进饲料的制造方法，校准计算机配方的成分计算值，指导选择供应货源及供应厂商，同时，能使生产者及时准确全面反映饲料生产的产品质量状况，为公司决策提供科学依据，及时反映生产过程中出现的问题，随时进行生产工艺的修正和调整，为营养配方师调整更合理的配方提供参考依据，把好质量关，促进全厂经济效益的提高，此外，质量检测还可以及时发现检验工作本身出现的系统误差等问题，以便于及时改正。

三、质量检测的内容

饲料质量检测的内容很多，它针对不同的原料、不同的产品、不同的客户要求，在正常情况下，如果没有特殊要求，饲料质检内容由国家和行业主管制定，它主要包括以下一些标准（表14-1，表14-2）。

（一）营养指标　主要检验饲料原料及成品的各种营养元素的含量、利用率。

（二）感官指标 主要包括饲料的颜色、气味、粒度大小等。

（三）安全指标 主要检验饲料中毒素、重金属、有害微生物的含量

（四）加工指标 主要测定粉状料成品粒度、混合均匀度，颗粒料含粉率、成形率，水产料的耐水性、膨化饲料的漂浮特性等。

表 14-1 我国《饲料标签》标准规定的各类饲料产品分析项目

产品名称	项 目
蛋白质饲料	粗蛋白、粗纤维、粗灰分、水分含量（动物蛋白饲料增加钙、磷、盐）
矿物质饲料	纯度及主要矿物元素最低含量；主要有害物质最高限量；水分、粒度
维生素、氨基酸、非营养性添加剂	有效成分含量
配合饲料、浓缩料、精料补充料	粗蛋白、粗纤维、粗灰分、钙、磷、盐、水分含量
微量元素预混料、维生素预混料、复合预混料	各种有效成分含量、水分；微量元素预混料中钙、磷含量；载体（稀释剂）名称

表 14-2 美国饲料者工业协会建议饲料监测项目

饲料种类	常规检查分析项目	其他指定分析项目
各种原料的检查	水分、颜色、发热、杂质、气味、生物毒素污染的现象、粗细度	
谷物及其副产品	水分、粗蛋白、灰分、等级、容重	微生物毒素定性定量分析、酸性洗涤纤维含氮量、蛋白酶可消化蛋白、凝胶作用
粗饲料	水分、粗蛋白、灰分、酸性洗涤纤维	生物毒素定性定量分析、酸性洗涤纤维含氮量、乳酸、硝酸盐
脂肪	水分、不溶物、不皂化物	游离脂肪酸、总脂肪、pH

续表 14-2

饲料种类	常规检查分析项目	其他指定分析项目
糖蜜	水分、灰分	转化糖、蛋白质与非蛋白态氮、特殊矿物质、乳酸
药物	粗细度、盘存清单、批量记录	适当情况下作专门分析
补充饲料与预混料	水分、粗蛋白、灰分、非蛋白氮	特定的养分、特定的药物
饲料成品	水分、粗蛋白、食盐	营养学家建议的特定的养分，怀疑时检查生物毒素，需要时检查药物

四、质量检测方法

饲料质量检验方法很多，但总的原则是：简单易行、结果可靠的检测方法，最少的检验项目，达到最大限度满足对产品质量的有效可靠地进行控制。饲料检验方法依据目的和难易程度的不同，可分为质量鉴定和检验两类。

(一)饲料质量鉴定　饲料质量鉴定是指根据饲料的形态特征、理化性质鉴别饲料原料种类和混杂物的方法，饲料的鉴定方法主要有感官方法、物理方法和化学方法。

1. 饲料的感官鉴定　饲料感官鉴定是指对试样不加以特殊处理，利用人的感觉器官，按原样对饲料进行直接观察的一种方法。这是一种最简单、最初步的检验方法，经验和熟练程度是技术人员最重要的先决条件。

进行感官检验时，将浅色试样铺在黑色厚纸上，深色试样要铺在白色厚纸上观察。常用的方法有：

(1)视觉。主要是观察饲料形状、色泽、有无霉变、虫子、硬块、异物、夹杂物等。

(2)味觉。通过舌舔和牙咬来检查饲料味道，辨别有无异味。

(3)嗅觉。嗅觉辨别饲料气味是否异常，有无霉臭、腐臭、氨臭、焦臭。

(4)触觉。取试样在手上，通过指头捻来感觉饲料颗粒大小、硬度、黏稠性、有无杂物及水分。

2. 饲料的物理方法鉴定 饲料物理鉴定是指使用简单的器具，利用饲料物理性质进行饲料检验。这种方法简单，与感官鉴定比较，获得的结果更加精确。常用的方法有：

(1)筛分法。使用若干目数的一组筛子，分别筛除饲料颗粒的大小，注意观察各筛分的种类，分辨出混合比例和各种夹杂物的混入状态。

(2)比重选别法。应用相对密度不同的液体，将饲料放入液体中，有的物质浮起来，有的沉下去，根据沉浮情况来鉴别有无异物及异物种类和比例。

(3)容重称量法。谷物及其他饲料都有固定的比重，测定饲料的容重与该饲料标准容重比较，可以分辨出所测定饲料中是否混有夹杂物以及饲料质量状况。

(4)饲料原料的显微镜检。所谓显微镜检是指以动植物形态学、组织细胞学为基础，将显微镜下所见物质的形态特征、物化特点、物理性状与实际使用的饲料原料特征进行对比分析的一种方法。

镜检的准确程度取决于对原料的熟悉程度和显微技术的熟练程度。

常用的显微镜包括体视显微镜和生物显微镜，体视显微镜用于鉴别饲料的外部形态特征，如表面形状、色泽、粒度、硬度、破损情况等；生物显微镜用于鉴别内部结构。

显微镜检的主要特点是快速、简便、准确，不需要大型仪器，也不需要复杂的样品前处理，此外显微镜检的另一个特点是可对原料成分的纯度进行准确分析：

显微镜检的主要目的是：

①检查饲料原料应有的成分是否存在；

②检查是否污染；

③用于鉴别伪劣商品；

④控制饲料加工、贮藏品质；

⑤弥补化学常规分析不足。

3. 饲料的化学鉴定　饲料的化学鉴定是指应用化学反应来定性或定量的测定饲料原料或成品中某种待测成分是否存在或含量的多少。通过化学方法可以将饲料原料中不能用肉眼观察的饲料养分或有毒有害成分通过一定的化学反应定性或定量的表现出来，它是评定饲料营养价值的基础，也是现在通用的饲料营养价值评定方法。依据其评定的目的可分为定性和定量两大类。饲料鉴定一般是指定性测定。

定性测定是指依据一定的化学反应原理，检验饲料原料或成品中是否含有某种待测成分，一般是通过颜色或吸光度来反映结果的阴性或阳性。常用的化学定性测定手段是快速点滴试验。可用来测定豆饼生疏程度、鱼粉掺假、木质素鉴定等。

(二)饲料质量检验

1. 质量检验的概念　饲料质量检验是指通过一定的物理或化学方法，定量的测定饲料原料或成品的物理和化学特征，主要应用的方法有物理法和化学法以及生物学法三大类。

2. 饲料质量检验的主要方法

(1)物理法。物理法主要是通过一定的物理方法，借助一定的手段和器械测定饲料原料或成品的物理形状。主要有：

饲料混合均匀度的测定：

饲料混合均匀度是指饲料产品中各组分分布的均匀程度，通常是以配合饲料中示踪物或某一组分含量的差异来反映各组分分布的均匀性。其变异系数(*CV*)越小，则混合均匀度越好。我国规定仔猪、生长育肥猪配合饲料变异系数不大于10%为质量合格。

配合饲料混合均匀度按国标(GB5918—86)所采用的甲基紫法或沉淀法测定。

饲料粒度的测定:

粒度是指饲料原料或产品的粗细度,不同生长阶段的猪对饲料的粒度要求不同,一般用筛分法测定。仔猪和生长育肥猪对配合饲料粉碎粒度要求全部通过8目标准筛,16目筛上物不超过20%。配合饲料粒度测定方法按国标(GB5917—86)配合饲料粉碎粒度测定法测定。

(2)化学法。化学法是指依据一定的化学原理,通过一定的化学反应测定饲料原料或成品中某种成分的含量多少。主要测定指标有:

营养成分的测定:

水分测定:主要检测饲料在100～105℃烘至恒重所失去的水分。我国标准规定配合饲料产品含水量北方不超过14%,南方不超过12.5%。测定方法按国标(GB6435—68)规定测定。

粗蛋白质测定:主要测定饲料中含氮化合物总量。饲料产品中粗蛋白质测定按国标(GB6432—86)测定。

粗脂肪测定:主要测定饲料中可溶于乙醚物质的总量。我国规定仔猪、生长育肥猪配合饲料的粗脂肪含量不低于2.5%和1.5%。测定方法按国标(GB6433—86)测定。

粗纤维测定:粗纤维是指饲料经过稀酸和稀碱处理,脱脂后有机物的总称。我国规定仔猪和生长育肥猪配合饲料粗纤维含量分别不高于4%、7%。测定粗纤维的方法按国标(GB6434—86)测定。

食盐的测定:饲料中食盐的含量是根据饲料中氯离子换算得到的。它反映饲料中盐分的水平。我国规定仔猪和生长育肥猪食盐含量为0.25%～0.4%。饲料中食盐的测定按国标(GB6439—86)测定。

此外还应测定饲料中的钙、磷含量，分别按国标GB6436—86和GB6437—86测定。

饲料中有毒有害成分测定：

某些饲料原料中含有一些有毒有害成分，如果使用过多，会使饲料成品中含量增加，就会对生长育肥猪造成危害，所以要求含量不能超标。一般需要测定的有：黄曲霉毒素、棉酚、芥子甙、单宁、噁唑烷硫酮、氢氰酸等。测定方法在此不作详细介绍。

(3)生物学法。生物学法是指应用生物机体作为试验反应器，检验饲料原料或成品的质量优劣。常用的是微生物学鉴定和动物试验检验。

微生物检验主要是测定饲料中沙门氏菌、霉菌和其他有害细菌数量，我国饲料卫生标准规定，在饲料中不得检出沙门氏菌，霉菌数量在玉米、麦麸中数量小于40 000个/g，棉子粕中小于50 000个/g，鱼粉中细菌数低于200万个/g。具体测定方法按国标方法规定进行。

动物试验检验：实验室检验只能测定饲料中某种成分的有无和含量的多少，但并不能说明其对动物的效应，如有效养分的含量及动物的利用率，但可反映饲料的实际效果，动物实验相对于其他其试验方法比较费时、费力，但结果准确可靠。动物试验方法很多，主要有：饲养试验、消化试验、代谢试验、适口性试验和有害程度比较试验等。

第十五章　饲料厂管理

一个饲料厂效益好坏，除了决定于其饲料产品质量以外，管理也是必须重视的，饲料厂经营管理在很大程度上决定了企业效益的好坏，向管理要效益绝不是口号，而应是贯彻在整个饲料厂生产经营的所有环节中。饲料厂管理涉及到人、财、物各个方面。

第一节　饲料厂人员管理

对于一个规模化的企业而言，其经营状况如何是受多种因素影响的，但其关键因素是人，人在任何一个企业中都永远是第一因素，因为企业中所有的生产因素都必须依靠人的运作才能将其有机地串联起来，正常有效地运行，所以企业中人的素质如何，人的积极性发挥怎样，决定着企业的运行和发展，只有充分开发人的潜能，发挥人的积极性，才能保证企业良性循环。

一、领导者的管理

研究表明，对于一个企业而言，由于生产造成的质量问题不足20%，而由于企业领导管理造成的质量问题占80%，由此可见企业领导对企业的重要性。

(一)领导者的作用

1. 质量方针、策略的设计者　饲料企业的质量方针、经营决策都是由企业领导所制定的，领导的意识对企业在生产中处理质量与效益、速度、数量，以及当前与长远关系上起着决定性作用，它关系全局，一旦出现误差，就会造成巨大影响，直至破产。

2. 负责生产活动的组织和协调　饲料生产是一个连续的系

统工程，饲料质量的保证要靠各个环节相互配合才能完成，而这个过程就需要企业领导确定一些机构，进行恰当的组织分配才能完成，如果分配不当，就会造成互不衔接、互不协调、彼此牵扯、整体混乱。

3. 负责监督并保证饲料产品质量　饲料产品的质量是极其关键的，它的好坏可以通过饲喂效果迅速反馈，所以企业产品质量必须满足用户的需要，对质量作出保证，促进其购买欲望，所以企业领导必须及时了解用户意见，进行质量改进和开发新产品的决策制定，这是企业领导最基本的职责。

4. 是产品质量保证的表率　企业领导不仅是饲料质量方针、策略的制定者，而且是其实施的主要执行者，领导者的质量意识和行为，不仅对质量工作本身起着重要作用，而且对全体职工的质量意识和行动起着重要的表率作用。领导重视，职工就会认真负责，领导放松，职工就会放任自流。

(二)领导者应具有的素质

1. 广博的知识　现代社会知识更新日新月异，科学技术对生产的推动作用越来越突出，所以作为企业领导必须时刻了解本专业的最新发展，将最先进的技术应用到实践中，使企业具有更强的竞争力，获取更大的利润，此外企业领导还应该掌握心理学、哲学、社会学、经济学、工程管理学的各方面知识，并综合应用到生产中，这样才能使企业运行顺畅。

2. 全面的管理才能　全面管理才能是指企业领导所具有的决策能力、判断能力、分析能力、指挥能力、组织能力和创造能力的综合，其中决策能力是企业形象的代表，组织能力是实施方针、策略的重要环节，指挥协调能力是组织生产的核心与关键。

3. 好的人际关系　企业在生产活动中，要涉及到方方面面的人际关系，要求领导要善于组织和协调各个职能部门，关心团结全体员工，虚心接受批评，承担责任，并能在挫折中迅速摆脱出来继续前进。

4. 强烈的战略思维方式　在世界进入信息社会以后，特别是我国进入 WTO 以后，要求企业领导不仅仅局限在现实企业的生产和管理过程中，而应该从全局的战略角度出发，高瞻远瞩，用自己广阔的、超前的、创见的、系统的、战略的思维来支配自己企业的生产，控制企业产品的质量。

（三）领导者的基本职责　作为一个饲料企业的领导，它的主要职责有以下几方面：

1. 贯彻党和国家的各项方针、政策，执行各级主管部门的规定，组织全体职工，办好企业。

2. 充分发挥管理人员、技术人员、财会人员的作用，调动全体职工的劳动积极性，提高企业管理水平。

3. 认真组织协调生产，严格控制质量，不断提高饲料科技含量，从而提高企业产品竞争力。

4. 组织定期对职工进行文化、技术、业务、管理培训，提高职工文化素质，搞好精神文明建设。

5. 关心群众生活，注意工作方法和态度，正确处理好国家、企业和个人三者关系，对职工一视同仁，奖惩分明。

6. 实行民主管理，定期向职工汇报生产工作情况，自觉接受群众监督。

二、技术人员的管理

技术人员是饲料厂经营成功与否的核心，只有当技术人员将能力完全发挥出来时，企业的效益才能最大限度发挥出来。所以如何充分发挥企业现有人才的能力，是企业必须首先解决的问题。

（一）稳定人才　现代社会的人才流动非常频繁，对畜牧业企业而言更是如此，一个畜牧管理或技术人员往往很难在一个企业连续工作五年以上，可对于鸡场而言，稳定的人才组成又是至关重要的，因为一个技术员在该企业工作时间越长，对它的现状和所存在的问题越清楚，就越容易提前预防和及时解决，所以如何稳住人才，是每一个企业拥有者必须解决的问题，综合现状，一般有以下几方面工作要做：

1. 为人才创造一个理想的工作环境　任何人都愿意在一个舒心的环境下工作，所以企业必须为人才尽量创造这样一个环境，使之工作安心、舒心，这包括工作条件、后勤保证、发展前景等，只有工作环境良好，才能使人才安心工作。

2. 为人才的进步提供条件　任何一个人的知识都有一个有效期，尤其在现代这个知识更新极其迅速的时代，人只有不断学习新知识，才能跟上社会进步，所以对一个企业而言，必须有意识、有计划地对现有人才进行不断培训，知识不断更新，才能为企业发展带来后劲，也只有这样，才能使其感到企业对其关心和重视。

3. 大胆使用人才　作为企业的拥有者，必须疑人不用，用人不疑，对人才要大胆使用，使其拥有权利，使用权利，而且要允许探索、允许失败，只有这样，才能使人才感受到被重视，被信任，才能发挥其主观能动性。

4. 使用一定的政策，笼络住人才　现代企业必须采取一定的方法、政策笼络住人才，那种单纯的工资、奖金很难将一个人才长期固定在一个企业，因为你给1万元，它可以给2万元，所以好的方法是，通过政策使企业的发展与其自身长远利益挂钩，才能使之长期、安心工作，在这方面，很多企业都进行了探索，而且都有一定效果，其中较好的有：企业利润与个人收入挂钩，实行年薪制；技术人员以技术或管理水平入股，占有企业一定股份、年终分红等。

总之，不管以何种方式，其最终目标是稳定人才，发挥人才优势。

（二）吸引人才　企业必须认识到，只有拥有人才，才能保证企业发展；企业必须认识到人才只有不足，没有过剩；随时招聘人才加入，招聘人才时要虚心、诚心，以诚意待人，同时，通过树立企业良好形象来吸引人才，“栽得梧桐树，自有凤凰来”。同时，企业应该通过一定的渠道宣传企业形象，使人才能够充分了解企业本身的业绩、经营理念及光辉前景。

（三）培养人才　作为一个企业，必须注重培养自己的人才，在知识更新日益加快的今天，必须时刻注意培养本企业的人才，企业领导者必须懂得，招引人才只能解燃眉之急，培养人才才是长久之计，因为只有自己企业培养的人才，才能真正了解企业，并可能为企业长久服务。企业培养人才，既要有专业技术人才，又要有专业管理人才；既可以送出去进修，又可以从外部请专家到本企业内部培训。

三、生产工人的管理

生产工人是饲料厂的主体，产品是由工人直接生产出来的，所以工人的素质如何、工厂制度是否合理，直接决定着最后产品的质量。

（一）重视人员素质培养　一个规模化饲料厂能否良性运作，人员素质是关键，只有建立一支基本道德素质高尚，专业素质过硬的员工队伍，才能保证整个生产高效运行，所以必须注重员工素质的培养。对职工的素质培养应主要进行以下几方面：

（二）爱岗敬业的品德培养　通过各种方式和手段，如理论学习、先进人物宣传、好人好事表扬奖励、模范评比等等来时刻向职工灌输爱厂、护厂，厂荣我荣，厂衰我耻的思想，使职工以厂为家，爱岗敬业。

（三）尊重科学的品德培养　饲料生产是由一系列科学技术组成的，任何一个岗位，任何环节如果不按规程进行，都可能造成很大的损失，所以必须要职工尊重科学、学习技术，严格按规定进行，特别是一些有经验的职工，应防止以经验代替科学的现象和麻痹大意思想。

(四)遵守纪律,团结合作素质的培养　饲料生产从原料初清、粉碎、配料,到最终的混合、制粒、包装是一个连续进行的整体,环环相扣,任何一环出现问题都会使整个生产不能顺利进行,所以要求职工必须严格遵守劳动生产纪律,尽职尽责,而且要使职工理解自己所做工作的地位和重要性,理解团结协作的重要性,只有大家团结一致,相互支持,才能使生产顺利进行。

(五)进行科学合理劳动管理　对广大员工而言,如果单靠职业道德素质,在现有情况下,还不能完全满足生产要求,必须加强制度管理,通过严格的制度来保证生产出合格产品,这才是最可靠的。

(六)劳动定额　劳动定额是在一定的生产设备、生产技术和劳动组织的条件下,对生产某种产品或完成某项工作,工人预先规定的必要的劳动消耗。劳动定额的多少取决于现代化程度,也取决于社会的环境。

劳动组织的核心在于:通过改善劳动条件加强劳动协作,采用先进的工作方法、现代化的生产设备和严密的劳动组织形式,提高劳动生产率。

饲料厂的劳动组织也有很多种形式,从组织机构设置上要有生产厂长、业务人员、财务人员、统计、保管、生产组、后勤维修组、安全值班组等。

越是规模较大的饲料厂,在劳动组织过程中劳动力利用越趋于合理,也就是间接生产人员与直接生产人员比例越小。否则,规模较小的饲料厂也同样必须具备上面的组织机构,间接生产人员与直接生产人员的比例就要增大。

无论采用哪种组织形式管理都离不开生产活动的基本单位——班组,如何搞好班组工作呢?首先加强班组思想政治工作,选择一个比较好的班组长,抓好技术培训,搞好班组经济核算。从制定各种定额入手，把各种原始记录建立起来，核算的内容要定期检查、公布、评比、并作为工人考核、定级、奖励的重要依据。

（七）规章制度 规章制度是职工行动的规范和准则，按使用范围可分以下几方面内容。

1．责任制 健全责任制度，使每个人都明确在自己的职位上应完成的任务、所负的责任和相应的权力，使各方面人员都能按照自己的责任有秩序地、协调地完成共同目标，不会出现职责不清、互相推诿、无人负责、管理混乱的现象。

2．技术标准和技术规程 技术标准依据生产饲料的品种与设备情况而定。为执行技术标准、保证生产有秩序地顺利进行，在生产过程中指导工人进行操作、机器使用和维修等，还必须制定合理的操作规程。如粉碎技术规程、混合操作规程、制粒操作规程、包装操作规程等。

3．经济管理制度 饲料厂在制定产量责任制时，一般采用两种办法，一是采取百分考核管理办法，将各项指标完成情况通过百分数表示出来，进行累加，这种办法有弹性，易兑现。二是采取直接、明确的经济管理，直接将完成情况与经济所得挂钩，这种办法更容易调动职工的积极性，但没有回旋余地。在当前政策能许可范围内，不易兑现。因此，在具体落实经济责任制上，随着改革开放的进一步深化，还会有更好、更先进的管理办法，使其更能调动职工的积极性，为企业创造更多的经济收入。

4．劳动纪律 如果没有共同遵守的劳动纪律，就无法组织和指挥生产。具体可归纳为：

1．考勤制度 按时到达工作地点，坚守工作岗位，执行请假制度。

2．生产纪律 生产操作制度、交接班制度、安全操作规范等。

3．爱护公物 节约原材料，做好产品保管。

4．遵守财务制度 保守企业的秘密，遵守国家的政策、法令和决定。

5. 加强两个文明建设　文明生产，文明经营，创造一个卫生、整洁的工作环境。

第二节　饲料厂财务管理

财务管理是饲料生产企业的一项综合管理工作，它主要是指对企业的财务活动进行组织，处理财务关系等管理工作。

财务管理工作主要包括筹资和投资管理，资产（固定资产、流动资产和无形资产）管理，成本和费用管理以及销售收入、税金和利润管理。

一、财务管理的原则：

(1)财务活动必须符合生产经营特点，不可脱离生产实际情况独立进行。

(2)必须依法筹集资金，并合理使用，要开源节流，尽可能提高资金使用效率。

(3)健全企业内部管理制度，完善经济核算，降低消耗，增加盈利。

(4)正确计算和反映企业经营成果，依法纳税。

(5)严格执行财务制度，加强财务监督。

(6)做好各项财务收支计划、控制、核算、分析和考核。

二、筹资管理

筹资是指企业为了维持正常生产和发展需要，通过一定方式和渠道获取资金的过程。资金依据使用时间可分为长期资金（使用一年以上）和短期资金（使用一年以内）两种。

(一)企业获取资金的方式

1. 长期资金的获得主要通过注册资金(投资者长期投入)、银行长期贷款、发行企业债券、企业内部积累等几种方式。

2. 短期资金的获得主要靠银行短期贷款、商业性质(延期付款、预收货款)以及其他短期负债(延付工资、福利、预提费用等)形式。

(二)筹集资金的管理 尽管企业通过一定渠道获取资金后,可以提高企业活力,促进企业发展,但同时也会带来筹集资金风险,筹集资金风险是由于筹集到的资金是要按期还本付息的,企业在经营过程中由于各种因素使其利润会发生变化,即产生经营风险,这种经营风险会由于筹集资金而变大,当企业资金利润率大于借款利息时,企业可以利用借款多获利;反之,就会发生亏损。

企业在投资过程中使用多大比例的借入资金,这要依据投资总额、自有资金和企业经营状况而论,如果经营产品的市场需求量大,销售收入和利润有保证,就可以适当提高借款比例;反之,就要压缩,就一般单一畜禽饲料企业而言,由于利润较低,不宜过多使用借款,以免落入经营陷阱。对其他(水产、预混料)企业由于利润空间较大,可适当提高借款比例。

三、固定资产管理

所谓固定资产是指使用期限超过一年,单位价值在规定标准以上,在使用过程中保持原有物质状态的劳动资料,主要包括:厂房建筑、机器设备、劳动工具、运输设备等。固定资产在使用过程中不改变实物形态,但在运行过程中不断磨损,价值逐渐降低。

固定资产的循环周期取决于使用年限,而使用年限只与资产的本身有关,而与企业的生产周期无关;固定资产的投资是一次性的,而回收则是分次进行的,也就是说,固定资产的价值不是一次性消耗掉的,而是按一定速度逐渐减少的;所以对固定资产的价值补偿是随资产折旧提取逐渐完成的。

固定资产的计价方式主要有原始计价、重置计价和净值三种方式。

由于固定资产价值补偿是靠折旧完成的，所以正确计算折旧是保证固定资产回收的关键。折旧费的计算主要有四种方法：

第一，平均年限法。根据固定资产原值、预计残值和预计清理费用按预期使用年限平均计算折旧的一种方法。

固定资产年折旧额＝固定资产原值－(预计残值－预计清理费用)/预计使用年限

第二，工作量法。以固定资产能够提供的工作量为单位计算折旧的一种方法。主要适用于客货运汽车和大型设备。

按行驶里程计算：单位里程折旧额＝(固定资产原值－预计净残值)/规定的总行驶里程

按工作小时计算：每工作小时折旧额＝(固定资产原值－预计净残值)/规定的总工作小时

按台班折旧额：每台班折旧额＝(固定资产原值－预计净残值)/规定的总台班数

第三，年数总和法。是以固定资产原值扣除净残值后的余额作为计提折旧的基础，与一个逐年变更的折旧率相乘，计算折旧额的方法。计算公式为：

$$R_t=[(n-t)+1]/[n(n+1)/2]$$

其中：R_t 为第 t 年的折旧率；n 为固定资产折旧年限；t 为固定资产已使用年限。

第四，余额递减法。以固定资产的年初折旧余额为基础计算折旧的方法，其中折旧率是不变的，但计算基数逐年变动，因而每年的折旧额也随之变化。

固定资产的年初价值＝固定资产原值－累计已折旧额

固定资产的年折旧额＝固定资产年初价值×年折旧率

四、流动资金管理

流动资金是指可以在一年以内或者超过一年的一个营业周期内变现或运用的资产，它主要包括货币资产（现金和存款）、存货资产（原料和产品）和债权资产（应收款和预付款），它是企业进行正常生产的现实必要保证。

流动资产使用周期短、变现能力强而且变现形式多样化，所以它是企业生产中表现最活跃的部分，也是企业偿还债务、支付薪水和各种福利的最重要保证。

在对流动资金的管理过程中，主要注意合理配置，保持最佳资产结构，同时流动资金数额不可过大，以免造成流资漏洞，但饲料生产企业与一般企业比较流动资金占总资产比例要略高，这是正常合理的，关键是流动资金不可过多变为应收债务，一般正常运转饲料企业的应收债务不应超过流动资金的20%，否则很可能会造成资金运转困难。同时要加速流动资金周转，提高运转效率，在一定时期内，流动资金周转效率越快，企业效益越好。

第三节 工艺设备操作管理

饲料生产中，工艺设备是保证饲料生产顺利进行的最直接因素，只有饲料设备完好，正常运行，饲料才能保质保量生产出来，饲料设备的操作管理必须在工程技术人员的指导下，进行制度化管理，才能保证设备完好，工艺合理。设备管理的主要任务是根据产品的具体特点和要求，通过计划、组织、指挥、监督、调节对各种生产要素和生产过程的不同环节、各个工序、关键设备进行合理组织，使其在时间和空间上紧密衔接，协调配合，形成一个有机整体，从而达到高产优质，低耗安全的目的。

一、生产车间的操作管理

（一）设备运转前的工作　在机器运转之前，主要进行以下准备工作：

1. 了解饲料原料的准备情况，饲料配方的组成，饲料原料的品质是否符合饲料生产，产品的品种和质量要求。

2. 机器设备是否完好，管道是否疏通，电气设备是否能正常工作，安全消防设备是否齐全，电器、蒸汽压力是否能保证正常工作，上一班的工作是否正常。

3. 各工序操作人员是否已按要求到达工作岗位，是否按要求对所管辖的工段进行了检查，并及时通报。

4. 按规定顺序开车，并记录好开车时间。

（二）设备运转中的工作　设备启动顺序一般是先开后路，再开前路，先启动输送设备，再启动作业设备。特别注意以下几点：

1. 设备启动后，必须进行短时间空转，以观察设备运行情况是否良好，空转正常后再开始加料。

2. 随时检查料仓、料位变化，物料粒度、温度、水分等情况，以便及时调整。

3. 随时检查机器运转情况和车间通风状况，严禁明火生产。

（三）设备停止运转前的工作

1. 停止运行前要通知各工序工作人员做好准备。

2. 停止运行时要先停止进料，待前面设备清空后，再停止运转。

3. 如非特殊要求，一般要生产一批以后方可停车，以免残余物料影响下一批饲料质量。

(四)设备停止运转后的工作　停车的顺序一般与开车相反，先停前路，再停后路，先停作业机械，再停输送设备，最后关闭通风机。关机后要做好以下几方面工作：

1. 检查设备完好情况，如有问题应及时维修，并做好记录，对易损件，要注意进行保养。

2. 如果下一批生产要换饲料配方，一定要清除设备内的残余物料。

3. 切断总电源，整理并保管好原始记录。

二、生产中粉尘的控制

(一)粉尘的产生　饲料生产车间内粉尘的产生主要由饲料原料中夹杂的泥灰沙石，饲料本身的表皮毛刺以及饲料生产、运输、粉碎、清理、配料、混合中产生的有机灰尘。

(二)粉尘的危害　粉尘长期在空气中存在造成的危害主要表现在：

1. 污染环境，损害工人健康，造成工人气管、支气管黏膜发炎，眼角膜发炎，严重会造成“矽肺”等慢性职业病。

2. 粉尘长期在车间存在，会影响设备正常运转，加快机器磨损，增加设备故障。

3. 有机灰尘在空气中达到一定浓度，与氧气接触面积增大，若有火源，容易发生粉尘爆炸。

(三)粉尘的控制措施　为保护生产设备，改善生产环境，必须注意做好粉尘防治工作，粉尘控制的原则是“密闭为主，吸风为辅，严格清扫”。

1. 加强设备密闭，防止粉尘产生　对易产生粉尘的粉碎机、粗清筛、提升机、配料秤、混合机在不影响操作的情况下，要严格密闭。

2. 装备吸风装置,防止粉尘扩散　要根据生产工艺的性质和特点,在易产生粉尘的设备和工艺处安装合理的吸风装置,吸风装置在满足控制粉尘的基础上,要尽量缩短距离,不妨碍操作。

3. 建立卫生制度　及时检查设备的密闭情况,清扫原料仓、成品仓、卸料坑、生产车间的粉尘。

三、生产中噪声的控制

(一)噪声的产生　噪声主要是由粉碎机、碎饼机、通风机、振动筛产生的。

(二)噪声的危害　噪声对人体造成的伤害有生理和心理两方面。噪声会造成听力下降,噪声性耳聋;大脑皮层兴奋与抑制失衡,失眠,全身乏力;消化不良,食欲不足,恶心呕吐;心跳加快,心率不齐、血压升高;噪声会使人心情烦躁,注意力下降,反应迟钝,容易疲劳。

(三)噪声的控制措施　对噪声的控制主要从两个方面入手:一方面是控制噪声的产生,比如:提高设备转动部分的平衡精度,合理确定转子转速,选用高效低噪声通风机,噪声源集中布置在远离主要操作区部位,天花板及墙内壁安装吸声板等。另一方面是生产工人要采取一定保护措施,主要包括在耳道内塞防声棉,戴防声耳罩、头盔等。通过这些措施,将噪声对人体的伤害降到最小。

第四节　饲料厂 5S 的推行

现在饲料企业与最初刚刚开始发展时已有了很大变化,企业规模越来越大,竞争越来越激烈,所以对企业来讲,管理水平如何,决定着企业的发展前景和效益,所以饲料企业也必须推行先进规范的管理制度,才能保证企业健康发展。大量实践表明,5S 管理是一种适合饲料企业的行之有效的管理方式。

5S是整理(seiri)、整顿(seiton)、清扫(seiso)、清洁(seiketsu)、素质(shitsuke)的日语英文拼音的第一个字母。

日本是一个自然资源缺乏的国家,但在战后短短二三十年时间内却能跻身世界经济强国之林,其原因可能是多方面的,但与5S的推行有一定关系。日本的工厂,从厂外的环境、花草通道,到汽车的摆放,从办公场所,到工作车间、储物仓库,从地板、墙壁,到地上物到天花板,无不整洁有序,人在井然有序地工作,物品在井然有序地流动。

一、饲料厂的不良现象及其危害

在我们国内的许多工厂,尤其是大多数中小型饲料企业内,我们经常看到的是这样的景象:厂前或厂内马路坑坑洼洼,厂内虽有绿化区,但总是横七竖八摆放许多东西,办公室内家具缺乏统一,办公桌上文件或文具随意放置;车间内机器设备排放不当、布满灰尘,原料、成品、半成品、报废品存放位置缺乏合理规划,物品运输通道拐弯抹角,工具随意放置,电线、管线如同"蜘蛛网",工作人员服装不整、行为歪歪扭扭,人员不必要的来回走动频繁等等。这些不良现象,归根到底都是由于管理人员不重视整理整顿或实施整理整顿不彻底造成的。这些现象将带来许多危害。

(一)工作人员仪容或穿着不整

1. 有碍观瞻,影响工作场所气氛,不仅会影响企业内部人员情绪,而且会对外来人员造成不良影响,给人以不良心理暗示。

2. 缺乏一致性,不能塑造团队精神,使整个企业人员容易精力分散,缺乏团结协作精神。

3. 看起来懒散,影响工作士气。

4. 易发生危险,由于在这种环境中工作,容易使人产生麻痹大意思想,所以很容易发生意想不到的灾害,特别是火、电灾害。

5. 不易识别,妨碍沟通,人与人之间缺乏沟通,就会使生产效率下降，人力、物力浪费增加。

(二)机器设备摆放不当

1. 由于机械设备摆放位置不合理，会使得在工作中作业流程不通畅，造成工作人员劳动强度增加。

2. 增加搬运时间，特别是可能会降低工作的自动化程度。

3. 耗费工时增多，除了降低产量，还会由于机器空转时间延长，造成能源浪费。

(三)机器设备保养不当

1. 机器设备由于不能获得正确及时的保养，造成机器精度受到影响从而降低产品质量。

2. 由于保养差，机器磨损增加，缩短机器设备使用寿命，同时还会影响工作效率。

3. 还会造成机器使用过程中故障多，增加维修成本，降低生产效率。

(四)原料、成品、半成品随意摆放

1. 容易混料，影响质量，严重时由于饲料原料之间的拮抗或配伍禁忌，可能会使得饲料产生毒副作用。

2. 由于摆放混乱，当生产人员在生产时，可能要花费多的时间去找某种原料而影响效率。

3. 库存管理困难。

4. 增加人员的无序走动。

5. 浪费场所，为了防止饲料之间的相互影响，不得不将各种饲料相隔摆放，从而增加占地面积。

总之，上述种种不良现象将造成多方面的浪费，包括场所浪费、资金浪费、人员及工时浪费、形象浪费、士气浪费、品质浪费、成本浪费等。

由于认识和发展程度的原因，饲料企业的上述问题更加突出，随着竞争的加剧，能否成为一个有效率、高品质、低成本的企业将是在竞争中生存和发展的关键；而解决这些病症，一个最有效的方法就是开展5S运动。

二、推行5S的效能

（一）提升企业形象 一个整齐清洁的工作环境会增强顾客的信心，当一个顾客第一次走进一个企业时，企业的第一印象就是它的外观形象，而第一印象的好坏对人的影响是巨大的，所以必须使顾客相信你的企业是可以信赖的，是值得信赖的，这是交易能否完成的第一步。

（二）提升员工归属感

1. 员工有尊严，有成就感，一个企业必须让员工感到企业能提升他的自身价值，能使他感到自己以在该企业工作为荣。

2. 员工素质不断提高，通过企业外观形象的改善来感化员工，使他们能够自觉地提高自身形象和素质来适应企业，与企业保持一致。

3. 由于企业形象良好，并时刻注意教育员工和推广形象建设，从而也使员工愿意主动改善，从被迫变成自觉。

4. 它可以使企业员工愿意为工作付出耐心和爱心，真正与企业成为一体。

（三）减少浪费

1. 推行5S管理，可以明显减少人员和工时的浪费，从而在一定程度上提高企业的工作效率，而且可以有效降低员工的工作效率。

2. 推行5S管理，还可以减少场所的浪费，提高有效空间的使用效率，从而最大程度地利用现有空间，减少基建投资。

（四）安全有保障

1. 推行5S管理，可以使工作场所宽敞明亮，这一方面可使外来人员对企业有一个良好印象，另一方面还可以改善工人工作环境，进而有益于工人身心健康。

2. 推行5S管理，地面不会随意摆放不该摆放的物品，使得通道顺畅，在遇到险情时，一方面易于救灾，另一方面也有利于工作人员立即远离现场。

（五）效率提升　好的工作环境，有利于形成好的工作气氛，因为环境不仅直接影响工作效率，而且还会影响工作人员的心情，从而间接影响人的工作热情和工作效率。在一个良好的环境中工作，人们更容易发挥主观能动性和互相协作的团队精神，进而促进工作完成。

（六）品质有保障　饲料企业生产的是非终端产品，它的质量表现更直接、更迅速，对企业的生产和销售影响也更直接迅速，所以产品质量对饲料企业来讲是关键的关键，从生产的角度讲，品质问题的核心是管理问题，保证品质的基础在于革除马虎心理和粗枝大叶，因为很多情况下，饲料质量问题不是配方、原料质量和生产问题，而常常是由于责任心问题造成的。

三、推行5S的方针

有些人对推行5S不屑一顾，认为很简单；但问题是再简单的事情不做或不彻底做就不会有效果。5S是工厂管理中的一项基础性工作，推行5S管理要始终遵循以下原则：

1. 必须从基础做起，循序渐进，不应盲目冒进，急于求成。

2. 要发动全员参与，不要认为5S管理只是管理者的工作，它必须通过全员执行，才能取得理想效果。

3. 在开展5S之前、中、后都要实施持续的培训和教育，使全体员工最终形成习惯。

4. 对于那些始终认识不到位或表面对付的人，尤其是管理者要坚决清除。

四、5S的实施

(一)整理 整理的目的在于将物品首先分类,分为要与不要,用与不用,了解用的频率,然后进行分类处理。

1. 对于不能用或不再使用的物品,应妥善处理。如作废的标签、变质的物料做废弃处理,在处理过程中要遵循一定原则,不能泄漏,不能造成生产和环境污染。

2. 对于定期使用的物品(如一年或一个月可能使用一次的),平时要放在储存室,用时再临时取出,用完后及时放回原处,以便下次用时方便。

3. 每天或每周用一次或多次或多人共同使用的物品,要放在工作场所的固定位置,不可随意移动。

(二)整顿 所谓整顿是指定期或不定期将不再用的物品清理掉,剩下的有限物品加以定位、定量存放,这样空间宽敞、寻找物品时间缩短,过量或过时的物品也可随时处理。

整顿的具体步骤是:

1. 腾出空间,即将过期不再使用的物品处理掉,以便节省出它们原来占用的有效空间。

2. 根据需要规划放置场所及空间,要了解需要放置的物品的大小,应该放置的位置等,然后计算所需的空间大小。

3. 规划放置方法,根据物品的大小和性质,确定物品放置方法,是平放还是重叠。

4. 放置醒目标示,物品摆放好后,要在醒目位置做好标示,以便其他工作人员寻找和使用。

5. 摆放整齐、明确,使得整个工作环境错落有致。

(三)清扫 将工作场所清扫干净,包括天花板、墙壁、机器设备、工具,不留死角,并杜绝污染源,保持工作场所干净、亮丽的环境。

方法为：实施责任制，明确分工，领导带头，形成规律和习惯。

（四）清洁　清洁实际是指清洁检查，目的在于贯彻上述方针并检查效果。方法为：重视管理，制定查验表，按时定期公布检查结果，并制定奖惩条例，严格执行。

（五）素质　素质是指素质教育，它是通过平时经常性教育、奖惩等措施调动每个人参与5S这项活动，并发挥主观能动性，避免5S流于形式，不能持续，只有通过这种经常性的教育，才能使员工把遵守这种制度变为自觉，形成习惯，从而使得整个企业能一直保持清洁高效运转。

在推行5S管理的过程中，作为决策者一定要始终坚信：心变则态度变、态度变则行为变、行为变则习惯变，最初的抵制是正常的，最终的成功也是一定的。

附　表

中国饲料成分及营养价值表2000年第11版修订说明

一、本表是在《中国饲料成分及营养价值表1999年第10版》的基础上，结合国内外在饲料与营养方面的科学研究成果进行了修订，补充了饲料中中性洗涤纤维（NDF）和酸性洗涤纤维（ADF）含量数据，供读者应用《猪营养需要》（NRC，1998）中推荐的数学模型计算有关指标时使用。

二、本表中有关常规饲料营养成分及有效能值基本上是根据国家标准中提出的饲料检测方法（GB/T6432—39—94、GB/T6435—86）及中国饲料工业协会、中国农业科学院饲料研究所推荐的《饲料生物评定技术》中的有关规程测定产生。有些生物学效价方面的参数则是参考本中心库存国内外有关试验资料计算求出。粗蛋白质含量用氮×6.25计算（含羽毛粉、皮革蛋白等）。

三、猪饲料中氨基酸利用率参数，是指试验动物从食入氨基酸中减去排泄物中氨基酸的差与食入氨基酸量的比值（%）。按国际惯例，将未经内源性氨基酸校正的测值称为表观氨基酸利用（消化）率（AAAA或ADAA，下同），而将经过内源性氨基酸校正的测值称为真氨基酸利用（消化）率（TAAA或ADAA，下同）。计算公式如下：

$$\text{AAAA(ADAA)}=\frac{\text{食入氨基酸}-(\text{粪氨基酸}+\text{尿氨基酸})}{\text{食入氨基酸}}\times 100\%$$

$$\text{TAAA(TDAA)}=\frac{\text{食入氨基酸}-(\text{粪氨基酸}+\text{尿氨基酸})+\text{内源性氨基酸}}{\text{食入氨基酸}}\times 100\%$$

对于猪饲料的氨基酸利用率数据，是以回肠末端瘘管取样法、回-直肠吻合法（ADAA法）及用无氮日粮校正内源性氨基酸法

(TDAA 法)后测得两大类氨基酸利用率的数据整理。

本次公布的氨基酸利用率数据是根据本中心收集到的1987—2000 年间积累的数据。

六、本版依据《猪营养标准》(NRC，1998)，《Feedstuffs》(2000)，《日本猪营养标准》(1998)发布的相应数据以及国内有关饲料磷利用率研究的报道，将上版中的“非植酸态磷”更改为本版中的“有效磷”。“有效磷”是依据磷的生物学利用率计算得到的。原则上，不同畜禽品种对饲料中磷的利用率存在差异，这里列出的仅是总体均值，读者在选用该列数据时应慎重考虑。

附表 1　饲料描述及常规成分　　%

饲料名称	饲料描述	干物质	粗蛋白	粗脂肪	粗纤维	粗灰分	无氮浸出物	中性洗涤纤维	酸性洗涤纤维	钙	总磷	有效磷
01 玉米	成熟,高蛋白质	86.0	9.4	3.1	1.2	1.2	71.1	—	—	0.02	0.27	0.10
02 玉米	成熟,1 级	86.0	8.7	3.6	1.6	1.4	70.7	9.3	2.7	0.02	0.27	0.10
03 玉米	成熟，2 级	86.0	7.8	3.5	1.6	1.3	71.8	—	—	0.02	0.27	0.10
04 高粱	1 级,成熟	86.0	9.0	3.4	1.4	1.8	70.4	17.4	8.0	0.13	0.36	0.12
05 小麦	2 级,混合小麦,成熟	87.0	13.9	1.7	1.9	1.9	67.6	13.1	3.9	0.17	0.41	0.21
06 大麦(裸)	2 级,裸大麦,成熟	87.0	13.0	2.1	2.0	2.2	67.7	10.0	2.2	0.04	0.39	0.14
07 大麦(皮)	1 级,皮大麦,成熟	87.0	11.0	1.7	4.8	2.4	67.1	18.4	6.8	0.09	0.33	0.12
08 黑麦	籽粒,进口	88.0	11.0	1.5	2.2	1.8	71.5	12.3	4.6	0.05	0.30	0.10
09 稻谷	2 级,成熟、晒干	86.0	7.8	1.6	8.2	4.6	63.8	27.4	28.7	0.03	0.36	0.12
10 糙米	良,籽粒,成熟,未去米糠	87.0	8.8	2.0	0.7	1.3	74.2	—	—	0.03	0.35	0.13
11 碎米	良,加工精米后副产品	88.0	10.4	2.2	1.1	1.6	72.7	—	—	0.06	0.35	0.13
12 粟(谷子)	合格,带壳,成熟	86.5	9.7	2.3	6.8	2.7	65.0	15.2	13.3	0.12	0.30	0.11
13 木薯干	合格,木薯干片	87.0	2.5	0.7	2.5	1.9	79.4	8.4	6.4	0.27	0.09	—
14 甘薯干	合格,木薯干片	87.0	4.0	0.8	2.8	3.0	76.4	—	—	0.19	0.02	—
15 次粉	1 级,黑面、黄面、下面	88.0	15.4	2.2	1.5	1.5	67.1	18.7	4.3	0.08	0.48	0.15
16 次粉	2 级,黑面、黄面、下面	87.0	13.6	2.1	2.8	1.8	66.7	—	—	0.08	0.48	0.15
17 小麦麸	1 级,传统制粉工艺	87.0	15.7	3.9	8.9	4.9	53.6	42.1	13.0	0.11	0.92	0.30
18 米糠	2 级,新鲜,不脱脂	87.0	12.8	16.5	5.7	7.5	44.5	22.9	13.4	0.07	1.43	0.20

续附表1

饲料名称	饲料描述	干物质	粗蛋白	粗脂肪	粗纤维	粗灰分	无氮浸出物	中性洗涤纤维	酸性洗涤纤维	钙	总磷	有效磷
19 米糠饼	1级,机榨,未脱脂	88.0	14.7	9.0	7.4	8.7	48.2	27.7	11.6	0.14	1.69	0.22
20 米糠粕	1级,浸提或预压浸提	87.0	15.1	2.0	7.5	8.8	53.6	—	—	0.15	1.82	0.24
21 大豆	2级,黄大豆,熟化	87.0	35.5	17.3	4.3	4.2	25.7	7.9	7.3	0.27	0.48	0.16
22 大豆饼	1级,机榨	87.0	40.9	5.7	4.7	5.7	30.0	17.7	15.2	0.30	0.49	0.16
23 大豆粕	1级,浸提或预压浸提去皮	87.0	46.8	1.0	3.9	4.8	30.5	8.6	5.2	0.31	0.61	0.20
24 大豆粕	2级,浸提或预压浸提	87.0	43.0	1.9	5.1	6.0	26.1	13.0	9.2	0.32	0.61	0.20
25 棉子饼	2级,机榨	88.0	36.3	7.4	12.5	5.7	26.1	32.1	22.9	0.21	0.83	0.27
26 棉子粕	2级,浸提或预压浸提	88.0	42.5	0.7	10.1	6.5	28.2	27.8	19.0	0.24	0.97	0.25
27 菜子饼	2级,机榨	88.0	35.7	7.4	11.4	7.2	26.3	33.3	26.0	0.59	0.96	0.33
28 菜子粕	2级,浸提或预压浸提	88.0	38.6	1.4	11.8	7.3	28.9	20.7	16.8	0.65	1.02	0.33
29 花生仁饼	2级,机榨	88.0	44.7	7.2	5.9	5.1	25.1	14.0	8.7	0.25	0.53	0.17
30 花生仁粕	2级,浸提或预压浸提	88.0	47.8	1.4	6.2	5.4	27.2	15.5	11.7	0.27	0.56	0.18
31 向日葵仁饼	2级,壳仁比35：65	88.0	29.0	2.9	20.4	4.7	31.0	41.4	29.6	0.24	0.87	0.22
32 向日葵仁粕	2级,壳仁比16：84	88.0	36.5	1.0	10.5	5.6	34.4	14.9	13.6	0.27	1.13	0.23
33 向日葵仁粕	2级,壳仁比24：76	88.0	33.6	1.0	14.8	5.3	38.8	32.8	23.5	0.26	1.03	0.23
34 亚麻仁饼	2级,机榨	88.0	32.2	7.8	7.8	6.2	34.0	29.7	27.1	0.39	0.88	0.38
35 亚麻仁粕	2级,浸提或预压浸提	88.0	34.8	1.8	8.2	6.6	36.6	21.6	14.4	0.42	0.95	0.42
36 芝麻饼	机榨(CP40%)	92.0	39.2	10.3	7.2	10.4	24.9	18.0	13.2	2.24	1.19	0.22

续附表1

饲料名称	饲料描述	干物质	粗蛋白	粗脂肪	粗纤维	粗灰分	无氮浸出物	中性洗涤纤维	酸性洗涤纤维	钙	总磷	有效磷
37 玉米蛋白粉 (CP60%)	玉米去胚芽、淀粉后面筋	90.1	63.5	5.4	1.0	1.0	19.2	8.7	4.6	0.07	0.44	0.16
38 玉米蛋白粉 (CP50%)	玉米去胚芽、淀粉后面筋，中等蛋白产品	91.2	51.3	7.8	2.1	2.0	28.0	—	—	0.06	0.42	0.15
39 玉米蛋白粉 (CP40%)	玉米去胚芽、淀粉后面筋，中等蛋白产品	89.9	44.3	6.0	1.6	0.9	37.1	—	—	—	—	—
40 玉米蛋白饲料	去胚芽去淀粉后含皮残渣	88.0	19.3	7.5	7.8	5.4	48.0	33.6	10.5	0.15	0.70	0.17
41 玉米胚芽饼	玉米湿磨后的胚芽，机榨	90.0	16.7	9.6	6.3	6.6	50.8	—	—	0.04	1.45	—
42 玉米胚芽粕	玉米湿磨后的胚芽，浸提	90.0	20.8	2.0	6.5	5.9	54.8	—	—	0.06	1.23	—
43 玉米DDGS	玉米酒糟及可溶物脱水	90.0	28.3	13.7	7.1	4.1	36.8	—	—	0.20	0.74	0.31
44 蚕豆粉浆蛋白粉	蚕豆去皮制粉后浆液脱水	88.0	66.3	4.7	4.1	2.6	10.3	—	—	—	0.59	—
45 麦芽根	大麦芽副产品，干燥	89.7	28.3	1.4	12.5	6.1	41.4	—	—	0.22	0.73	—
46 鱼粉 (CP64.5%)	7样平均	90.0	64.5	5.6	0.5	11.4	8.0	—	—	3.81	2.83	0.83
47 鱼粉 (CP62.5%)	8样平均	90.0	62.5	4.0	0.5	12.3	10.0	—	—	3.96	3.05	3.05
48 鱼粉 (CP60.2%)	沿海鱼粉，脱脂12样平均	90.0	60.2	4.9	0.5	12.8	11.6	—	—	4.04	2.90	2.90

续附表 1

饲料名称	饲料描述	干物质	粗蛋白	粗脂肪	粗纤维	粗灰分	无氮浸出物	中性洗涤纤维	酸性洗涤纤维	钙	总磷	有效磷
49 鱼粉(CP53.5%)	山东小鱼脱脂 11 样平均	90.0	53.5	10.0	0.8	20.8	4.9	—	—	5.88	3.20	3.20
50 血粉	鲜猪血,喷雾干燥	88.0	82.8	0.4	0	3.2	1.6	—	—	0.29	0.31	0.31
51 羽毛粉	纯净羽毛,水解	88.0	77.9	2.2	0.7	5.8	1.4	—	—	0.20	0.68	0.68
52 皮革粉	废牛皮,水解	88.0	74.7	0.8	1.6	10.9	—	—	—	4.40	0.15	0.15
53 肉骨粉	屠宰下脚,带骨干燥粉碎	93.0	45.0	8.5	2.5	37.0	—	32.5	5.6	11.00	5.90	5.90
54 肉粉	脱脂	94.0	54.0	12.0	1.4	—	—	31.6	8.3	7.69	3.88	3.88
55 苜蓿粉(CP19%)	1 级,1 茬,盛花期,烘干	87.0	19.1	2.3	22.7	35.3	7.6	36.7	25.0	1.40	0.51	0.51
56 苜蓿粉(CP17%)	2 级,1 茬,盛花期,烘干	87.0	17.2	2.6	25.6	8.3	33.3	39.0	28.6	1.52	0.22	0.22
57 苜蓿粉(CP15%)	3 级	87.0	14.3	2.1	21.6	10.1	33.8	36.8	2.9	1.34	0.19	0.19
58 啤酒糟	大麦酿造副产品	88.0	24.3	5.3	13.4	4.2	40.8	39.4	24.6	0.32	0.42	0.14
59 啤酒酵母	啤酒酵母菌粉	91.7	52.4	0.4	0.6	4.7	33.6	—	—	0.16	1.02	0.31
60 乳清粉	含乳糖 72%以上	94.0	12.0	0.7	0	9.7	71.6	—	—	0.87	0.79	0.79
61 牛奶乳糖	含乳糖 80%以上	96.0	4.0	0.5	0	8.0	83.5	—	—	0.52	0.62	0.62

附表2　有效能及矿物质

饲料名称	猪消化能		钠 Na	钾 K	氯 Cl	镁 Mg	硫 S	铁 Fe	铜 Cu	锰 Mn	锌 Zn	硒 Se
	MJ/kg	Mcal/kg	(%)	(%)	(%)	(%)	(%)	(mg/kg)	(mg/kg)	(mg/kg)	(mg/kg)	(mg/kg)
01 玉米	14.39	3.44	0.01	0.29	0.04	0.11	0.13	36	3.4	5.8	21.1	0.04
02 玉米	14.27	3.41	0.02	0.30	0.04	0.12	0.08	37	3.3	6.1	19.2	0.03
03 玉米	14.18	3.39	0.02	0.30	0.04	0.12	0.08	37	3.3	6.1	19.2	0.03
04 高粱	13.18	3.15	0.03	0.34	0.09	0.15	0.08	87	7.6	17.1	20.1	<0.05
05 小麦	14.18	3.39	0.06	0.50	0.07	0.11	0.11	88	7.9	45.9	29.7	10.05
06 大麦(裸)	13.56	3.24	0.04	0.36	0	0.11	—	100	7.0	18.0	30.0	0.16
07 大麦(皮)	12.64	3.02	0.02	0.56	0.15	0.14	0.15	87	5.6	17.5	23.6	0.06
08 黑麦	13.85	3.31	0.02	0.42	0.04	0.12	0.15	117	7.0	53.0	35.0	0.40
09 稻谷	12.09	2.89	0.04	0.34	0.07	0.07	0.05	40	3.5	20.0	8.0	0.04
10 糙米	14.39	3.44	—	0.34	0.06	0.09	—0.10	78	3.3	21.0	10.0	0.07
11 碎米	15.06	3.60	—	0.13	0.08	0.11	—0.06	62	8.8	47.5	36.4	0.06
12 粟(谷子)	12.93	3.09										

附表3 氨基酸

%

饲料名称	中国饲料编号CFN	干物质 DM	粗蛋白质 CP	赖氨酸 Lys	蛋氨酸 Met	胱氨酸 Cys	苏氨酸 Thr	异亮氨酸 Ile
01 玉米	4-07-0278	86.0	9.4	0.26	0.19	0.22	0.31	0.26
02 玉米	4-07-0279	86.0	8.7	0.24	0.18	0.20	0.30	0.25
03 玉米	4-07-0280	86.0	7.8	0.23	0.15	0.15	0.29	0.24
04 高粱	4-07-0272	86.0	9.0	0.18	0.17	0.12	0.26	0.35
05 小麦	4-07-0270	87.0	13.9	0.30	0.25	0.24	0.33	0.44
06 大麦(裸)	4-07-0274	87.0	13.0	0.44	0.14	0.25	0.43	0.43
07 大麦(皮)	4-07-0277	87.0	11.0	0.42	0.18	0.18	0.41	0.52
08 黑麦	4-07-0281	88.0	11.0	0.37	0.16	0.25	0.34	0.40
09 稻谷	4-07-0273	86.0	7.8	0.29	0.19	0.16	0.25	0.32
10 糙米	4-07-0276	87.0	8.8	0.32	0.20	0.14	0.28	0.30
11 碎米	4-07-0275	88.0	10.4	0.42	0.22	0.17	0.38	0.39
12 粟(谷子)	4-07-0479	86.5	9.7	0.15	0.25	0.20	0.35	0.36
13 木薯干	4-04-0067	87.0	2.5	0.13	0.05	0.04	0.10	0.11
14 甘薯干	4-04-0068	87.0	4.0	0.16	0.06	0.08	0.18	0.17
15 次粉	4-08-0104	88.0	15.4	0.59	0.23	0.37	0.50	0.55
16 次粉	4-08-0105	87.0	13.6	0.52	0.16	0.33	0.50	0.48
17 小麦麸	4-08-0069	87.0	15.7	0.58	0.13	0.26	0.43	0.46
18 米糠	4-08-0041	87.0	12.8	0.74	0.25	0.19	0.48	0.63
19 米糠饼	4-10-0025	88.0	14.7	0.66	0.26	0.30	0.53	0.72
20 米糠粕	4-10-0018	87.0	15.1	0.72	0.28	0.32	0.57	0.78

续附表 3

饲料名称	中国饲料编号 CFN	干物质 DM	粗蛋白质 CP	赖氨酸 Lys	蛋氨酸 Met	胱氨酸 Cys	苏氨酸 Thr	异亮氨酸 Ile
21 大豆	5-09-0127	87.0	35.5	2.22	0.48	0.55	1.38	1.44
22 大豆饼	5-10-0241	87.0	40.9	2.38	0.59	0.61	1.41	1.53
23 大豆粕	5-10-0103	87.0	46.8	2.81	0.56	0.60	1.89	2.00
24 大豆粕	5-10-0102	87.0	43.0	2.45	0.64	0.66	1.88	1.76
25 棉子饼	5-100118	88.0	36.3	1.40	0.41	0.70	1.14	1.16
26 棉子粕	5-10-0117	88.0	42.5	1.59	0.45	0.82	1.31	1.30
27 菜子饼	5-10-0083	88.0	35.7	1.33	0.60	0.82	1.40	1.24
28 菜子粕	5-10-0121	88.0	38.6	1.30	0.63	0.87	1.49	1.29
29 花生饼	5-10-0116	88.0	44.7	1.32	0.39	0.38	1.05	1.18
30 花生粕	5-10-0115	88.0	47.8	1.40	0.41	0.40	1.11	1.25
31 向日葵仁饼	1-10-0031	88.0	29.0	0.96	0.59	0.43	0.98	1.19
32 向日葵仁粕	5-10-0242	88.0	36.5	1.22	0.72	0.62	1.25	1.51
33 向日葵仁粕	5-10-0243	88.0	33.6	1.13	0.69	0.50	1.14	1.39
34 亚麻仁饼	5-10-0119	88.0	32.2	0.73	0.46	0.48	1.00	1.15
35 亚麻仁粕	5-10-0120	88.0	34.8	1.16	0.55	0.55	1.10	1.33
36 芝麻饼	5-10-0246	92.0	39.2	0.82	0.82	0.75	1.29	1.42
37 玉米蛋白粉(CP60%)	5-11-0001	90.1	63.5	0.97	1.42	0.96	2.08	2.85
38 玉米蛋白粉(CP50%)	5-11-0002	91.2	51.3	0.92	1.14	0.76	1.59	1.75
39 玉米蛋白粉(CP40%)	5-11-0008	89.9	44.3	0.71	1.04	0.65	1.38	1.63
40 玉米蛋白饲料	5-11-0003	88.0	19.3	0.63	0.29	0.33	0.68	0.62

续附表 3

饲料名称	中国饲料编号 CFN	干物质 DM	粗蛋白质 CP	赖氨酸 Lys	蛋氨酸 Met	胱氨酸 Cys	苏氨酸 Thr	异亮氨酸 Ile
41 玉米胚芽饼	4-10-0026	90.0	16.7	0.70	0.31	0.47	0.64	0.53
42 玉米胚芽粕	5-10-0244	90.0	20.8	0.75	0.21	0.28	0.68	0.77
43 玉米 DDGS	5-11-0007	90.0	28.3	0.59	0.59	0.39	0.92	0.98
44 蚕豆粉浆蛋白粉	5-11-0009	88.0	66.3	4.44	0.60	0.57	2.31	2.90
45 麦芽根	5-11-0004	89.7	28.3	1.30	0.37	0.26	0.96	1.08
46 鱼粉(CP64.5%)	5-13-0044	90.0	64.5	5.22	1.71	0.58	2.87	2.68
47 鱼粉(CP62.5%)	5-13-0045	90.0	62.5	5.12	1.66	0.55	2.78	2.79
48 鱼粉(CP60.2%)	5-13-0046	90.0	60.2	4.72	1.64	0.52	2.57	2.68
49 鱼粉(CP53.5%)	5-13-0077	90.0	53.5	3.87	1.39	0.49	2.51	2.30
50 血粉	5-13-0036	88.0	82.8	6.67	0.74	0.98	2.86	0.75
51 羽毛粉	5-13-0037	88.0	77.9	1.65	0.59	2.93	3.51	4.21
52 皮革粉	5-13-0038	88.0	74.7	2.18	0.80	0.16	0.71	1.06
53 肉骨粉	5-13-0047	93.0	45.0	2.20	0.53	0.26	1.58	1.70
54 肉粉	5-13-0048	94.0	54.0	3.07	0.80	0.60	1.97	1.60
55 苜蓿草粉(CP19%)	1-05-0074	87.0	19.1	0.82	0.21	0.22	0.74	0.68
56 苜蓿草粉(CP17%)	1-05-0075	87.0	17.2	0.81	0.20	0.16	0.69	0.66
57 苜蓿草粉(CP15%)	1-05-0076	87.0	14.26	0.60	0.18	0.15	0.45	0.58
58 啤酒糟	5-11-0005	88.0	24.3	0.72	0.52	0.35	0.81	1.18
59 啤酒酵母	7-15-0001	91.7	52.4	3.38	0.83	0.50	2.33	2.85
60 乳清粉	4-13-0075	94.0	12.0	1.10	0.20	0.30	0.80	0.90
61 牛奶乳糖	4-06-0076	96.0	4.0	0.16	0.03	0.04	0.10	0.10

续附表 3

饲料名称	中国饲料编号 CFN	亮氨酸 Leu	精氨酸 Arg	缬氨酸 Val	组氨酸 His	酪氨酸 Tyr	苯丙氨酸 Phe	色氨酸 Trp
01 玉米	4-07-0278	1.03	0.38	0.40	0.23	0.34	0.43	0.08
02 玉米	4-07-0279	0.93	0.39	0.38	0.21	0.33	0.41	0.07
03 玉米	4-07-0280	0.93	0.37	0.35	0.20	0.31	0.38	0.06
04 高粱	4-07-0272	1.08	0.33	0.44	0.18	0.32	0.45	0.08
05 小麦	4-07-0270	0.80	0.58	0.56	0.27	0.37	0.58	0.15
06 大麦(裸)	4-07-0274	0.87	0.64	0.63	0.16	0.40	0.68	0.16
07 大麦(皮)	4-07-0277	0.91	0.65	0.64	0.24	0.35	0.59	0.12
08 黑麦	4-07-0281	0.64	0.50	0.52	0.25	0.26	0.49	0.12
09 稻谷	4-07-0273	0.58	0.57	0.47	0.15	0.37	0.40	0.10
10 糙米	4-07-0276	0.61	0.65	0.49	0.17	0.31	0.35	0.12
11 碎米	4-07-0275	0.74	0.78	0.57	0.27	0.39	0.49	0.12
12 粟(谷子)	4-07-0479	1.15	0.30	0.42	0.20	0.26	0.49	0.17
13 木薯干	4-04-0067	0.15	0.40	0.13	0.05	0.04	0.10	0.03
14 甘薯干	4-04-0068	0.26	0.16	0.27	0.08	0.13	0.19	0.05
15 次粉	4-08-0104	1.06	0.86	0.72	0.41	0.46	0.66	0.21
16 次粉	4-08-0105	0.98	0.85	0.68	0.33	0.45	0.63	0.18
17 小麦麸	4-08-0069	0.81	0.97	0.63	0.39	0.28	0.58	0.20
18 米糠	4-08-0041	1.00	1.06	0.81	0.39	0.50	0.63	0.14
19 米糠饼	4-10-0025	1.06	1.19	0.99	0.43	0.51	0.76	0.15
20 米糠粕	4-10-0018	1.30	1.28	1.07	0.46	0.55	0.82	0.17

续附表 3

饲料名称	中国饲料编号 CFN	亮氨酸 Leu	精氨酸 Arg	缬氨酸 Val	组氨酸 His	酪氨酸 Tyr	苯丙氨酸 Phe	色氨酸 Trp
21 大豆	5-09-0127	2.53	2.59	1.67	0.87	1.11	1.76	0.56
22 大豆饼	5-10-0241	2.69	2.47	1.66	1.08	1.50	1.75	0.63
23 大豆粕	5-10-0103	3.66	3.59	2.10	1.33	1.65	2.46	0.64
24 大豆粕	5-10-0102	3.20	3.12	1.95	1.07	1.53	2.18	0.68
25 棉子饼	5-100118	2.07	3.94	1.51	0.90	0.95	1.88	0.39
26 棉子粕	5-10-0117	2.35	4.30	1.74	1.06	1.19	2.18	0.44
27 菜子饼	5-10-0083	2.26	1.82	1.62	0.83	0.92	1.35	0.42
28 菜子粕	5-10-0121	2.34	1.83	1.74	0.86	0.97	1.45	0.43
29 花生饼	5-10-0116	2.36	4.60	1.28	0.83	1.31	1.81	0.42
30 花生粕	5-10-0115	2.50	4.88	1.36	0.88	1.39	1.92	0.45
31 向日葵仁饼	1-10-0031	1.76	2.44	1.35	0.62	0.77	1.21	0.28
32 向日葵仁粕	5-10-0242	2.25	3.17	1.72	0.81	0.99	1.56	0.47
33 向日葵仁粕	5-10-0243	2.07	2.89	1.58	0.74	0.91	1.43	0.37
34 亚麻仁饼	5-10-0119	1.62	2.35	1.44	0.51	0.50	1.32	0.48
35 亚麻仁粕	5-10-0120	1.85	3.59	1.51	0.64	0.93	1.51	0.70
36 芝麻饼	5-10-0246	2.52	2.38	1.84	0.81	1.02	1.68	0.49
37 玉米蛋白粉(CP60%)	5-11-0001	11.59	1.90	2.98	1.18	3.19	4.10	0.36
38 玉米蛋白粉(CP50%)	5-11-0002	7.87	1.48	2.05	0.89	2.25	2.83	0.31
39 玉米蛋白粉(CP40%)	5-11-0008	7.08	1.31	1.84	0.78	2.03	2.61	—
40 玉米蛋白饲料	5-11-0003	1.82	0.77	0.93	0.56	0.50	0.70	0.14

续附表3

饲料名称	中国饲料编号CFN	亮氨酸 Leu	精氨酸 Arg	缬氨酸 Val	组氨酸 His	酪氨酸 Tyr	苯丙氨酸 Phe	色氨酸 Trp
41 玉米胚芽饼	4-10-0026	1.25	1.16	0.91	0.45	0.54	0.64	0.16
42 玉米胚芽粕	5-10-0244	1.54	1.51	1.66	0.62	0.66	0.93	0.18
43 玉米DDGS	5-11-0007	2.63	0.98	1.30	0.59	1.37	1.93	0.19
44 蚕豆粉浆蛋白粉	5-11-0009	5.88	5.96	3.20	1.66	2.21	3.43	—
45 麦芽根	5-11-0004	1.58	1.22	1.44	0.54	0.67	0.85	0.42
46 鱼粉(CP64.5%)	5-13-0044	4.99	3.91	3.25	1.75	2.13	2.71	0.78
47 鱼粉(CP62.5%)	5-13-0045	5.06	3.86	3.14	1.83	2.01	2.67	0.75
48 鱼粉(CP60.2%)	5-13-0046	4.80	3.57	3.17	1.71	1.96	2.35	0.70
49 鱼粉(CP53.5%)	5-13-0077	4.30	3.24	2.77	1.29	1.70	2.22	0.60
50 血粉	5-13-0036	8.38	2.99	6.08	4.40	2.55	5.23	1.11
51 羽毛粉	5-13-0037	6.78	5.30	6.05	0.58	1.79	3.57	0.40
52 皮革粉	5-13-0038	2.53	4.45	1.91	0.40	0.63	1.56	0.50
53 肉骨粉	5-13-0047	2.90	2.70	2.40	1.50	—	1.80	0.18
54 肉粉	5-13-0048	3.84	3.60	2.66	1.14	1.40	2.17	0.35
55 苜蓿草粉(CP19%)	1-05-0074	1.20	0.78	0.91	0.39	0.58	0.82	0.43
56 苜蓿草粉(CP17%)	1-05-0075	1.10	0.74	0.85	0.32	0.54	0.81	0.37
57 苜蓿粉(CP14%~15%)	1-05-0076	1.00	0.61	0.58	0.19	0.38	0.59	0.24
58 啤酒糟	5-11-0005	1.08	0.98	1.66	0.51	1.17	2.35	—
59 啤酒酵母	7-15-0001	4.76	2.67	3.40	1.11	0.12	4.07	2.08
60 乳清粉	4-13-0075	1.20	0.40	0.70	0.20	—	0.40	0.20
61 牛奶乳糖	4-06-0076	0.18	0.29	0.10	0.10	0.02	0.10	0.10

附表 4 猪饲料真和/或表观氨基酸利用率参考值 %

饲料名称	粗蛋白质 CP	赖氨酸 Lys（范围）	蛋氨酸 Met（范围）	胱氨酸 Cys（范围）	苏氨酸 Thr（范围）	异亮氨酸 Ile（范围）
01 玉米	8.0	77	88	84(82～87)	82(80～83)	87(86～88)
02 玉米	8.0	66(58～77)	84(82～87)	76(71～81)	68(60～75)	78(76～80)
03 高粱 单宁(＋)	9.0	71	83	65	76	82
04 高粱 单宁(－)	9.0	83(80～88)	90(89～93)	88(87～88)	86(83～91)	89(88～91)
05 小麦	13.9	78(73～85)	89(84～94)	88(79～92)	84(82～84)	88(78～91)
06 黑麦	11.0	73	83(80～90)	83(81～90)	75(73～82)	79(77～85)
07 大麦(皮)或裸大麦	12.0	78(73～83)	85(83～88)	85(82～90)	81(78～88)	84(84～85)
08 稻谷	7.8	81	77(67～87)	75(70～84)	—	68(60～75)
09 次粉(粗纤维<1.5%)	15.4	87	91	87	85	90
10 次粉(粗纤维<1.5%)	15.4	83(81～85)	90(87～92)	87(83～90)	82(78～85)	88(86～89)
11 小麦麸	15.7	74	82(80～84)	80(79～82)	74(71～76)	79(77～82)
12 小麦麸	15.7	69(65～74)	77(74～79)	71(67～75)	62(55～66)	72(69～74)
13 脱脂米糠	12.8	78	77	68	71	69
14 米糠饼	14.7	75	—	69	—	64
15 全脂大豆(烘焙)	35.5	77	74	74	75	72
16 全脂大豆(膨化)	35.5	88	85	81	84	86
17 生大豆片	35.5	44	47	—	32	43
18 热处理大豆片	35.5	85	82	74	72	78

续附表 4

饲料名称	粗蛋白质 CP	赖氨酸 Lys(范围)	蛋氨酸 Met(范围)	胱氨酸 Cys(范围)	苏氨酸 Thr(范围)	异亮氨酸 Ile(范围)
19 大豆粕(CP=44%)	43.5	88	90	83	84	87
20 大豆粕(CP>46%)	46.8	90	91	87	87	89
21 大豆饼	44.0	85(81～89)	87(83～90)	79(72～88)	75(72～79)	82(76～85)
22 大豆饼	40.9	89(84～92)	90(86～94)	85(78～89)	85(80～88)	87(82～91)
23 大豆饼	40.9	85	86(82～87)	78(74～87)	76(74～79)	82(74～84)
24 棉子粕(无腺体)	42.5	64	75	69	68	71
25 棉子粕(含腺体)	42.5	60(59～62)	70(70～71)	62	60(56～63)	65(60～68)
26 棉子粕(无腺体)	42.5	84(82～85)	87(84～89)	84	79(78～80)	82(80～85)
27 菜子饼(未脱毒)	35.7	77	87(85～89)	81(80～82)	75(71～77)	80
28 菜子饼(未分)	35.7	74(71～76)	84(80～86)	77(73～84)	67(60～69)	75(69～77)
29 菜子饼(经脱毒)	35.7	82	87	87	80	81
30 菜子粕(未分)	38.6	75(72～78)	86(84～88)	79(76～84)	74(70～76)	76(72～79)
31 菜子粕	38.6	72(69～75)	83(77～85)	75(71～81)	68(64～71)	73(68～76)
32 花生饼	44.7	89	89	86	89	91
33 花生饼	44.7	78(72～82)	—	77(74～78)	73(67～77)	81(76～85)
34 花生粕	47.8	87	88	86	91	92
35 花生粕	47.8	66(64～69)	—	—	61(55～67)	82(80～87)

续附表 4

饲料名称	粗蛋白质 CP	赖氨酸 Lys(范围)	蛋氨酸 Met(范围)	胱氨酸 Cys(范围)	苏氨酸 Thr(范围)	异亮氨酸 Ile(范围)
36 向日葵仁饼	29.0	82(80～83)	89	80(79～81)	82(78～84)	83(81～84)
37 向日葵仁粕(CP35%)	35.0	83(81～84)	88(86～89)	80(79～81)	81(79～83)	81(79～83)
38 玉米蛋白粉	60.0	84	92	87	88	88
39 玉米蛋白粉	60.0	77(73～80)	88(86～90)	80(73～85)	83(80～86)	87(84～92)
40 玉米蛋白饲料	20.0	68	81	51	72	83
41 鱼粉(进口与国产)	62.5	93(92～95)	94(92～98)	89(85～96)	94(92～98)	94(93～98)
42 鱼粉	62.5	86(79～91)	89(83～95)	77(63～85)	82(77～88)	86(82～91)
43 发酵血粉	52.5	82	82	82	80	79
44 蒸煮血粉	83.2	84	73	67	76	65
45 喷雾血粉	85.6	97(94～99)	97(96～99)	94(91～97)	97(94～99)	92(88～99)
46 膨化羽毛粉	82.9	60	78	73	85	92
47 水解羽毛粉	77.9	65(64～66)	76(73～78)	73(72～74)	81(80～82)	83(75～87)
48 皮革粉	77.6	55(52～59)	59(55～62)	55	60(54～67)	78(74～80)
49 肉骨粉(高质CP>50%)	50.0	83(82～84)	85(84～85)	64(59～70)	82(81～83)	82(80～84)
50 肉骨粉(低品质)	30.0	62(55～65)	67(62～69)	50	64(58～67)	64(58～67)
51 啤酒酵母	52.4	80	80	63	72	78
52 乳清粉	12.0	90(85～94)	92(88～94)	88(80～92)	85(82～87)	89(85～90)

续附表 4

饲料名称	亮氨酸 Leu(范围)	精氨酸 Arg(范围)	缬氨酸 Val(范围)	组氨酸 His(范围)	酪氨酸 Tyr(范围)	苯丙氨酸 Phe(范围)	色氨酸 Trp(范围)
01 玉米	92	88	88(86～91)	86(85～88)	90	89	88
02 玉米	86(83～88)	82(78～86)	77(75～80)	83(80～86)	81(76～83)	82(79～85)	66(62～72)
03 高粱(单宁(＋))	85	68	80	71	84	84	78
04 高粱(单宁(－))	92(91～93)	86(80～94)	89(86～94)	83	91	90	86
05 小麦	89(81～91)	87(81～90)	87(79～92)	86(73～89)	89(87～90)	91	89(87～90)
06 黑麦	82(80～87)	78	79(76～86)	78	79(76～89)	84(82～89)	—
07 大麦皮或裸大麦	86(85～87)	87(84～96)	84(81～87)	85(82～87)	88(86～96)	86(83～89)	73(69～77)
08 稻谷	74(70～78)	90	77(67～87)	90	69(64～73)	73(72～74)	—
09 次粉(粗纤维＜1.5％)	92	93	89	92	90	93	90
10 次粉(粗纤维＜1.5％)	90(88～91)	92(90～93)	86(84～87)	91(89～93)	85	91(89～92)	86
11 小麦麸	82	88	78(76～79)	84	82	84	70
12 小麦麸	74(69～77)	84(82～85)	71(68～72)	79(75～81)	75	78(75～79)	66(62～70)
13 脱脂米糠	70	89	69	87	81	73	—
14 米糠饼	70	—	65	—	—	67	—
15 全脂大豆(烘焙)	73	80	72	79	76	78	80
16 全脂大豆(膨化)	86	92	84	89	88	87	82
17 生大豆片	37	56	35	48	—	45	25
18 热处理大豆片	20	88	78	82	—	84	77

续附表 4

饲料名称	亮氨酸 Leu(范围)	精氨酸 Arg(范围)	缬氨酸 Val(范围)	组氨酸 His(范围)	酪氨酸 Tyr(范围)	苯丙氨酸 Phe(范围)	色氨酸 Trp(范围)
19 大豆粕(CP44%)	87	92	84	89	89	87	82
20 大豆粕(CP>46%)	89	93	88	91	90	89	90
21 大豆饼	82(78～86)	90(87～92)	80(75～83)	86(81～92)	84(82～86)	85(80～88)	80(76～85)
22 大豆饼	87(81～90)	93(90～95)	86(80～89)	90(85～93)	89(85～94)	86(82～89)	88
23 大豆饼	82(78～83)	90(89～93)	79(71～81)	87(85～93)	83(80～85)	84(81～85)	79(78～80)
24 棉子粕(无腺体)	73	89	72	79	78	81	65
25 棉子粕(含腺体)	68(66～71)	88(87～89)	69(67～71)	78(76～80)	73	80(79～81)	69(59～74)
26 棉子粕(无腺体)	85(84～86)	95	83(82～85)	89(88～91)	88	91	86(81～92)
27 菜子饼(未脱毒)	84	89	76(74～77)	86	81(79～83)	81(75～84)	69
28 菜子饼(未分)	78(72～80)	83(80～84)	70(67～71)	78(72～83)	73(72～74)	76(72～79)	71(63～77)
29 菜子饼(经脱毒)	84	89	80	87	80	82	69
30 菜子粕(未分)	81(78～84)	86(84～88)	74(70～77)	83(81～85)	78(74～81)	81(78～84)	80
31 菜子粕	77(74～80)	82(80～84)	69(65～72)	79(75～82)	—	76(71～79)	—
32 花生饼	92	97	91	90	95	93	—
33 花生饼	83(78～87)	93(90～95)	80(76～83)	80(73～85)	90(89～91)	88(85～89)	71(68～75)
34 花生粕	93	97	91	91	95	94	—
35 花生粕	81(72～89)	91(87～95)	79(73～85)	79(73～87)	—	87(80～91)	71(68～77)

续附表 4

饲料名称	亮氨酸 Leu(范围)	精氨酸 Arg(范围)	缬氨酸 Val(范围)	组氨酸 His(范围)	酪氨酸 Tyr(范围)	苯丙氨酸 Phe(范围)	色氨酸 Trp(范围)
36 向日葵仁饼	83(81～85)	91(89～93)	81(77～82)	85(83～86)	86(86～88)	85(83～86)	—
37 向日葵仁粕(CP35%)	82(79～84)	93	79(76～81)	84	85(83～86)	83(80～85)	—
38 玉米蛋白粉	91	91	85	85	90	89	63
39 玉米蛋白粉	91(87～96)	88(85～91)	86(80～91)	85(80～90)	84(81～87)	90(87～96)	78(72～87)
40 玉米蛋白饲料	88	87	81	82	81	90	64
41 鱼粉进口与国产	95(93～98)	94(93～95)	93(91～96)	94(91～99)	93(90～98)	93(91～96)	97
42 鱼粉	87(83～92)	89(86～92)	84(80～89)	84(76～89)	88(83～93)	85(80～91)	78(74～95)
43 发酵血粉	79	84	77	90	78	81	94
44 蒸煮血粉	73	75	71	78	67	76	88
45 喷雾血粉	97(92～99)	94(88～97)	96(91～99)	97(92～99)	96(93～97)	97(93～99)	94
46 膨化羽毛粉	86	89	89	82	84	89	—
47 水解羽毛粉	80(75～83)	82(79～84)	81(77～83)	70(68～72)	80(79～81)	83(80～85)	60
48 皮革粉	66(63～68)	56(50～60)	67(64～72)	53(52～54)	66	68(62～74)	—
49 肉骨粉高质(CP＞50%)	82(80～83)	87(86～88)	81(80～82)	84(81～86)	83	83(82～84)	78
50 肉骨粉(低质)	60(57～65)	74(72～75)	58	68(63～77)	60(54～64)	62	—
51 啤酒酵母	80	81	76	83	—	80	71
52 乳清粉	93(90～94)	88(83～91)	88(86～89)	93(92～94)	94	90(83～94)	86(81～92)

附表5 常用矿物质饲料添加剂中的元素含量

矿物质名称	矿物质饲料名称	化学式	矿物质含量(%)	矿物质含量(%)
钙、磷	碳酸钙	$CaCO_3$	Ca:40	
	石灰石粉	$CaCO_3$	Ca:35.89	
	煮骨粉		Ca:24～25	P:11～12
	蒸骨粉		Ca:31～32	P:13～15
	磷酸氢钙	$CaHPO_4 \cdot 2H_2O$	Ca:23.2	P:18.0
	磷酸钙	$Ca_3(PO_4)_2$	Ca:38.7	P:20.0
	过磷酸钙	$Ca(H_2PO_4)_2 \cdot H_2O$	Ca:15.9	P:24.6
	磷酸氢二钠	$Na_2HPO_4 \cdot 12H_2O$	Na:12.8	P:8.7
	亚磷酸氢二钠	$Na_2HPO_3 \cdot 5H_2O$	Na:21.3	P:14.3
	磷酸钠	$Na_3PO_4 \cdot 12H_2O$	Na:12.1	P:8.2
氯、钠	氯化钠	$NaCl$	Na:39.7	Cl:60.3
	脱水硫酸钠		Na:13.8	S:9.7
铜	硫酸铜	$CuSO_4 \cdot 5H_2O$	Cu:25.4	
	硫酸铜	$CuSO_4 \cdot H_2O$	Cu:35.8	
	氧化铜	CuO	Cu:79.9	
	氯化铜(绿色)	$CuCl_2 \cdot 2H_2O$	Cu:57.5	
	氯化铜(白色)	$CuCl_2$	Cu:64.2	
铁	硫酸亚铁	$FeSO_4 \cdot 7H_2O$	Fe:20.1	
	硫酸亚铁	$FeSO_4 \cdot H_2O$	Fe:32.9	
	三氯化铁	$FeCl_3 \cdot 6H_2O$	Fe:20.7	
	碳酸亚铁	$FeCO_3 \cdot H_2O$	Fe:41.7	
	延胡索酸亚铁		Fe:32.9	
锌	硫酸锌	$ZnSO_4 \cdot 7H_2O$	Zn:22.7	
	硫酸锌	$ZnSO_4 \cdot H_2O$	Zn:36.4	
	氧化锌	ZnO	Zn:80.3	
	碳酸锌	$ZnCO_3$	Zn:52.1	
	氯化锌	$ZnCl_2$	Zn:48.0	

续附表5

矿物质名称	矿物质饲料名称	化学式	矿物质含量(%)	矿物质含量(%)
锰	硫酸锰	$MnSO_4 \cdot 5H_2O$	Mn:22.7	
	硫酸锰	$MnSO_4 \cdot H_2O$	Mn:32.5	
	碳酸锰	$MnCO_3$	Mn:47.8	
	氯化锰	$MnCl_2 \cdot 4H_2O$	Mn:27.8	
	氧化锰	MnO	Mn:77.4	
碘	碘化钾	KI	I:76.4	
	碘酸钙	$Ca(IO_3)_2 \cdot H_2O$	I:62.2	
硒	亚硒酸钠	Na_2SeO_3	Se:45.6	
	硒酸钠	$NaSe_2O_4$	Se:41.8	
钴	氯化钴	$CoCl_2 \cdot 6H_2O$	Co:24.78	
	硫酸钴	$CoSO_4$	Co:38.02	
	碳酸钴	$CoCO_3$	Co:49.55	

注:某些元素原子量:Cu=63.55;Fe=55.85;Zn=65.39;Mn=54.94;I=126.90;Se=78.96;Co=58.93;Ca=40.08;P=30.97;Na=22.99;Cl=35.45;S=32.07;H=1.01;O=16.00;C:12.01;K=39.10。

参考文献

1. 李德发,等. 饲料工业手册. 北京:中国农业大学出版社,2002
2. 张力,等. 饲料添加剂手册. 北京:化学工业出版社,2000
3. 李同洲. 饲料手册. 北京:中国农业大学出版社,2001
4. 杨公社. 猪生产学. 北京:中国农业出版社,2002
5. 李德发,等. 现代饲料生产. 北京:中国农业大学出版社,1997
6. 胡坚,等. 动物饲养学. 长春:吉林科学技术出版社,2002
7. 李同洲. 科学养猪. 北京:中国农业大学出版社,2001
8. 韩仁圭,等. 最新猪的营养与饲料. 北京:中国农业大学出版社,2000
9. 谯仕彦,等. 猪营养需要. 北京:中国农业大学出版社,1998

图书在版编目(CIP)数据

猪的营养与饲料配制/李同洲主编．—北京：中国农业大学出版社，2003.10

（动物营养与饲料配制技术丛书）

ISBN 978-7-81066-622-0

Ⅰ.猪…　Ⅱ.李…　Ⅲ.①猪-合理营养　②猪-饲料-配制　Ⅳ.S828.5

中国版本图书馆 CIP 数据核字(2003)第 032275 号

书　　名　猪的营养与饲料配制

作　　者　李同洲　主编

策划编辑　高　欣　　**责任编辑**　冯雪梅

封面设计　郑　川　　**责任校对**　王晓凤

出版发行　中国农业大学出版社

社　　址　北京市海淀区圆明园西路 2 号　**邮政编码**　100193

电　　话　发行部 010-62731190，2620　读者服务部 010-62732336

编辑部 010-62732617，2618　出　版　部 010-62733440

网　　址　http://www.cau.edu.cn/caup **E-mail** caup@public.bta.net.cn

经　　销　新华书店

印　　刷　北京鑫丰华彩印有限公司

版　　次　2003 年 10 月第 1 版　　2009 年 3 月第 6 次印刷

规　　格　850×1 168　32 开本　11.5 印张　283 千字

印　　数　16 501～21 500

定　　价　19.00 元